AF391153

TRAITÉ

DES MALADIES

DES GRAINS;

Ouvrage, dans lequel on expose la maniere dont elles se forment, leurs progrès, les particularités qu'elles offrent, les différens produits qu'on en obtient par l'analyse chimique, comparée avec celle des Grains sains, leurs causes, l'influence qu'elles peuvent avoir sur la santé des Hommes & sur celle des Bestiaux, le tort qu'elles font aux Cultivateurs, & les Moyens d'en préserver ; Avec Figures.

Par M. l'Abbé TESSIER.

A PARIS,

Chez {

La Veuve HERISSANT, Imprimeur-Libraire, rue Neuve Notre-Dame,

THÉOPHILE BARROIS, jeune, Libraire, rue du Hurepoix.

____

M. DCC. LXXXIII.

AVERTISSEMENT.

RIEN n'est plus intéressant, pour la fortune des Cultivateurs, que la conservation de leurs Bestiaux & l'abondance des récoltes. Ces deux objets sont tellement liés, qu'ils dépendent l'un de l'autre ; car plus les Bestiaux se trouvent en bon état, plus ils sont propres aux usages auxquels on les destine ; réciproquement, plus les récoltes sont belles, plus on a de ressources pour nourrir & pour élever les animaux, qui servent à labourer ou à fertiliser les terres.

J'ai publié il n'y a pas long-temps des Observations relatives au premier objet. (1) Je m'occuperai aujourd'hui du second, non pas en indiquant une nouvelle espece de culture, ni des engrais d'une nature inconnue ; mais en exposant en détail, ce qui concerne les Maladies des Grains, & les Moyens de les en préserver. C'est aug-

____

(1) L'Ouvrage a pour titre : *Observations sur plusieurs Maladies de Bestiaux*, telles que la *maladie rouge, la maladie du sang*, qui attaquent les Bêtes à laine, & celles que cause aux Bêtes à cornes & aux chevaux, la construction vicieuse des étables & des écuries ; avec le Plan d'une étable & celui d'une écurie convenable aux chevaux de cavalerie, de fermes, de postes, &c. Il se trouve à Paris, chez la Veuve HERISSANT, Imprimeur-Libraire, rue Neuve Notre-Dame, & chez THEOPHILE BARROIS, Libraire, rue du Hurepoix.

menter réellement le produit des terres, & rendre les récoltes plus abondantes, que de faire profpérer, autant qu'il eft poffible, toute la femence qu'on leur confie.

A ce motif, fuffifant fans doute pour déterminer les recherches & les expériences qu'il m'a fallu faire, il s'en eft joint une autre plus puiffant encore ; celui de m'affurer de l'influence que les maladies des Grains pouvoient avoir fur la fanté des hommes. Je rempliffois en cela, les intentions d'une Compagnie , à laquelle j'ai l'honneur d'appartenir. C'eft au milieu des plaines fertiles de la Beauce, que j'ai étudié les maladies des Grains. L'immenfité des terres qu'on y cultive, me permettoit de voir la nature en grand. J'ai confacré à cette occupation plus de fix années ; temps trop court fans doute, fi je n'avois toujours fait marcher plufieurs expériences à la fois. Dans la crainte d'être induit en erreur, je ne me fuis jamais contenté d'un premier apperçu ; les chofes ont été revues autant de fois qu'il m'a paru néceffaire. Chaque expérience a été répétée & variée ; je me fuis fait un devoir de confulter des gens fages & éclairés ; enfin, j'ai cherché de bonne foi la vérité , pour la faire connoître telle qu'elle eft. Malgré ces précautions, il a pu m'échapper des inattentions , & je me fuis peut-être trompé dans quelques points. On doit être affuré que j'en convierdrai fans peine, lorfqu'on aura bien voulu me le faire connoître.

Par maladies des Grains , j'entends ici feulement, celles qui attaquent d'une maniere frappante le Seigle , le Froment , l'Orge & l'Avoine , telles que l'Ergot , la Rouille , la Carie & le Charbon; les autres, qui en dépendent en partie , font de moindre conféquence.

La rouille n'étant pas fufceptible de beaucoup de détail , fera traitée avec peu d'étendue.

Je confidérerai chacune des trois autres fous deux rapports , favoir , phyfiquement ou indépendamment des effets , & relativement aux effets.

Le premier comprendra la defcription de la maladie , la maniere dont elle fe forme , l'analyfe chimique de fes produits , & fes caufes.

Le fecond rapport comprendra 1°. l'examen de l'influence qu'elle peut avoir fur la fanté des hommes , & fur la fortune des Cultivateurs , 2°. Les moyens les plus propres à en préferver le grain , foit entiérement , foit en partie.

Je crois devoir à la suite des Maladies, .placer des Planches, qui les repréfentent dans différens individus, afin que déformais elles ne foient plus confondues les unes avec les autres : on y trouvera auffi dans chacune un individu fain, pour fervir de comparaifon à ceux qui font corrompus.

Si ce travail eft accueilli, je fuivrai avec plus de zele encore le projet, que j'ai formé, d'examiner avec la même attention les autres maladies des Grains, quoique moins importantes que celles dont je rends compte aujourd'hui. Je ne mettrai pas moins de foin à étudier tout ce qui concerne les Plantes, qui croiffent au milieu des moiffons (1), & dont les unes peuvent nuire à la fanté des hommes, ou à celle des beftiaux, & les autres diminuer le produit des récoltes. Déja mes recherches à cet égard font avancées ; puiffent le temps & les circonftances, me permettre de les continuer, & de les perfectionner !

----

(1) Telles font particulierement l'Ivraie, *Gramen temulentum Lin.* le Bled de vache, *Melampyrum arvenfe. Lin.* l'Ail de chien, *Hyacinthus comofus. Lin.* le Pois gras, *Latyrus aphaca. Lin.* l'Averon, *Avena fatua. Lin.* &c.

EXTRAIT

Des Regiſtres de l'Académie Royale des Sciences, du 14 Décembre 1782.

MESSIEURS MACQUER & DE JUSSIEU ayant rendu compte à l'Académie, d'un Ouvrage de M. l'Abbé TESSIER, Docteur-Régent de la Faculté de Médecine de Paris, & de la Société Royale de Médecine, intitulé : *Traité des Maladies des Grains*, l'Académie a jugé que cet Ouvrage, qui renferme un grand nombre d'expériences nouvelles, ainſi que les analyſes comparées, des Grains ſains, & attaqués des différentes maladies auxquels ils ſont ſujets, étoit digne de ſon Approbation, & que l'Auteur devoit être invité à continuer les travaux qu'il a entrepris, ſur les différentes parties de l'économie rurale & de l'agriculture.

En foi de quoi j'ai ſigné le préſent Certificat. A Paris, ce 15 Décembre 1782.

Le Marquis DE CONDORCET, *Secrétaire perpétuel.*

EXTRAIT

Des Regiſtres de la Société Royale de Médecine.

LA Société Royale de Médecine ayant entendu, dans ſa Séance, tenue au Louvre, le 13 Décembre 1782, la lecture d'un Rapport très-avantageux, fait par MM. Poulletier de la Salle, Jeanroi & Thouret, fur un Ouvrage de M. l'Abbé Tessier, l'un de fes Membres, intitulé : *Traité des Maladies des Grains*, a jugé cet Ouvrage très-digne de fon Approbation, & d'être imprimé fous fon Privilége.

En foi de quoi j'ai figné le Préfent. A Paris, ce 14 Décembre 1782.

VICQ D'AZYR, *Secrétaire perpétuel.*

TRAITÉ

DES MALADIES
DES GRAINS.

DES VÉGÉTAUX.

Les Végétaux, composés de parties solides &
fluides, qui ont une action réciproque les unes sur
les autres, exercent, comme les animaux, certaines
fonctions, dont le dérangement constitue l'état de
maladie. Car la structure admirable de leurs organes,
la maniere dont ils croissent, se nourrissent & se
multiplient, les phénomenes qu'on y découvre pendant leur durée, tout indique, tout annonce, tout
établit une analogie frappante (1) entre eux & les

____

(1) On peut lire sur ce sujet, trois Theses, soutenues aux
Ecoles de Médecine de Paris ;

La premiere, par M. Antoine-Laurent de Jussieu, sous

A

Êtres animés. Ils ont auſſi des fibres & des vaiſſeaux, dans leſquels ſont portés des ſucs de diverſe nature. Le tiſſu de leurs feuilles eſt tellement fabriqué, qu'on ne peut douter qu'elles ne ſervent à la tranſpiration inſenſible ; c'eſt dans les fleurs que s'élabore & ſe perfectionne une pouſſiere deſtinée à reproduire les individus, par le jeu des étamines ſur les piſtils. On voit des plantes alternativement veiller & dormir ; on en voit marquer une extrême ſenſibilité à l'approche des corps qui les touchent. Si elles ſont privées du mouvement progreſſif par lequel les animaux ſe tranſportent d'un lieu dans un autre, elles en ſont dédommagées par un mouvement de végétation, qui leur eſt particulier & qui leur fait occuper un plus grand eſpace. Il n'eſt donc pas étonnant que parmi les végétaux, comme parmi les animaux, les uns, traités favorablement par la nature, ſuivent ſans trouble le cours d'une vie plus ou moins longue, tandis que les autres, nés plus frêles & plus délicats, ou expoſés au choc d'un grand nombre d'agens nuiſibles, éprouvent, dans leur ſanté, des altérations, qui les détruiſent & les empêchent de parvenir à un âge avancé. L'hiſtoire qui décriroit toutes les maladies

---

ce titre : *An œconomiam animalem inter & vegetabilem analogia ?* année 1770.

La ſeconde, par nous, ſous celui-ci : *An ſimilis vegetantium & animantium generandi modus ?* année 1775.

La troiſieme, par M. Chriſtophe de Juſſieu, avec ce titre : *An compar animantium & vegetantium perſpiratio ?* année 1777.

auxquelles les plantes font fujettes, offriroit des détails propres à répandre le plus grand jour fur la phyfique des végétaux. Il en naîtroit peut-être auffi des notions avantageufes pour la connoiffance des maladies des animaux, les deux regnes etant liés étroitement l'un à l'autre. Mais qui oferoit feul entreprendre les obfervations neceffaires pour remplir un but auffi important? A quel homme feroit-il donné d'avoir affez de temps, de fanté & de perfé-vérance, pour conduire à fa perfection ce penible travail? Nul ne peut s'en flater. Il eft donc à defirer que plufieurs Botaniftes s'attachent à l'etude appro-fondie de quelques vegétaux en particulier, afin qu'ils puiffent les connoître fous tous les rapports, & con-tribuer à former un enfemble des decouvertes faites dans differens lieux & en differens temps.

Déterminé par des circonftances, je me fuis occupé de la végétation & des maladies des plantes qu'on cul-tive dans la plus fertile partie de la France, pour fervir de nourriture aux hommes & aux beftiaux. Le Seigle, le Froment, l'Orge & l'Avoine, ont fpecialement fixé mon attention, parce que ce font les grains qu'il intéreffe le plus de bien connoître. Car viciés, ils peuvent nuire à la fanté des hommes & des beftiaux; bien conferves & fains, ils forment un aliment falu-taire. J'expoferai d'une maniere fimple, exempte de préjugés & de prévention, l'origine & les progrès des maladies de ces grains, les caufes qui les produifent, fi elles font connues, leurs effets plus ou moins dangereux, les moyens de les empêcher de fe former, lorfqu'il fera poffible d'en indiquer de certains : il me paroît convenable de traiter auparavant de l'état de fanté de ces végétaux. Car, on ne connoît bien le dérangement des fonctions, que lorfqu'on connoît tout ce qui eft néceffaire pour qu'elles puiffent s'exercer librement. Je commencerai par le Seigle, parce que fa culture eft plus répandue que celle du Froment, ce grain croiffant même dans les terres de mauvaife qualité. Une maladie, dont il eft plus ou moins attaqué dans quelques Provinces, méritoit un examen d'autant plus fuivi, que fes effets, tantôt regardés comme fufpects, tantôt déclarés innocens, ne font que trop funeftes, fur-tout aux animaux, auxquels on en donne en fubftance, comme on en jugera plus loin, d'après des expériences nom-breufes & difficiles à contefter. Les maladies des autres grains feront traitées dans le même ordre & avec la même exactitude. Quelque intention que j'aie d'être concis, je ne pourrai me difpenfer d'entrer dans des détails : 1°. parce que tout ce que j'avancerai con-fiftera en faits, 2°. parce que les maladies des grains n'ayant été pour ainfi dire qu'effleurées jufqu'ici, je dois travailler à les mettre dans tout leur jour.

DU SEIGLE.

LE Seigle, *secale hybernum vel majus*, Pin. *Secale cereale hybernum*, **Lin.** est une plante de la famille des graminées. Dans quelques pays on l'appelle *blé*, nom consacré ailleurs pour désigner le froment. Je desirerois, à cause de l'équivoque, que le mot *blé* fût commun au seigle & au froment, & que, pour les distinguer, le premier fût nommé *blé seigle* & l'autre *blé froment.*

Si l'on considere le seigle relativement à la qualité du pain qu'on fait avec sa farine, il occupe le second rang parmi les grains cultivés pour la nourriture des hommes. Car, après le pain de froment, qui est le meilleur de tous, c'est celui de seigle que l'on préfere. Le pain d'orge & d'avoine sont moins bons. Ces derniers grains mêlés avec le froment, n'en rendent pas le pain aussi agréable, ni aussi frais que quand on y joint du seigle. Mais le seigle doit avoir le premier rang, si l'on fait attention à la facilité avec laquelle il se cultive & se multiplie; car il croît aisément dans le sable, dans la craie, dans les pierres, sur les montagnes, dans les vallons, dans les plaines & dans beaucoup de provinces & de cantons où l'on semeroit infructueusement du froment, de l'orge & de l'avoine.

On distingue dans quelques provinces, & particulierement en Sologne, deux sortes de seigle, l'un appellé *seigle d'hiver*, & l'autre *seigle de mars*. Le premier se seme en automne, & le second au printemps. Le seigle d'hiver est au seigle de mars ce que le froment d'hiver est au froment de mars; c'est-à-dire, qu'on ne les reconnoît dans l'état de grain, que par la difference de leur grosseur & de leur poids, le seigle & le froment d'hiver étant plus gros & plus pesans que le seigle & le froment de mars; on peut dessaisonner ces deux sortes de seigle, & rendre seigle de mars le seigle d'hiver, & *vice versâ*. Je l'ai tenté, & vraisemblablement je ne suis pas le premier. Il en est resulté, que du seigle de mars semé en automne, produisoit beaucoup dès la premiere année, & s'assimiloit promptement au seigle d'hiver; il n'en étoit pas de même du seigle d'hiver, semé en mars, il n'a donné un produit ordinaire & n'a acquis la grosseur convenable, qu'après plusieurs années; comme si cette sorte de grain s'accoutumoit plus aisement à une végétation lente qu'à une rapide. Plusieurs fois, sans que je puisse en dire la cause, j'ai vu du seigle d'hiver, semé en mars, ne pousser que de l'herbe & ne porter ni tuyaux, ni épis (1), ou n'en pousser qu'un certain nombre seulement, dont les uns étoient dépourvus de grains & d'autres en avoient plus ou moins (2). Le seigle de mars,

---

(1) Je l'ai éprouvé en 1781, année seche.

(2) En 1782, je n'en ai récolté qu'une petite quantité sur du seigle d'automne, semé en mars, dans une planche de 36 pieds sur 12. L'année avoit été humide. Les épis ne monterent qu'au mois de Juillet, & ne furent récoltés que le 15 Septembre.

chaque fois que j'en ai femé en automne, m'a paru toujours profpérer. Au refte, ces différences n'étant point effentielles, & les deux fortes de feigle ayant une même végétation & les mêmes caracteres, on doit les regarder comme ne formant qu'une efpece.

Végétation du Seigle.

On peut divifer la végétation du feigle en trois temps; le premier, depuis le moment où on le feme, jufqu'à celui où il commence à élever fa tige; le fecond, depuis que la tige paroît jufqu'à la floraifon; le troifieme, depuis la floraifon jufqu'à la maturité.

On eft dans l'ufage de femer le feigle d'hiver de bonne heure & avant le froment. On commence en Beauce dès le milieu de Septembre, & on en feme encore quelquefois trois femaines après. En Sologne, les femailles de feigle ne fe font pas auffi-tôt. A quelque époque qu'on feme les feigles d'hiver, ils font tous mûrs prefque en même-temps. La différence n'eft que de quelques jours, foit parce que les plus avancés font retardés davantage par l'hiver, foit parce que les plus tard femés regagnent les autres au printemps. Ce que j'ai remarqué particulierement dans deux champs de feigle de même qualité & du même canton, femés exprès, l'un le 18 Septembre, & l'autre le 9 Octobre; ils étoient bons à couper en même-temps. On a encore obfervé que du feigle femé tard, produifoit moins de paille & plus de grain, que du feigle femé de bonne heure. C'eft une attention que doivent avoir les Agriculteurs, dans les pays de feigle. Car dans ceux où le froment eft le grain dominant, il eft peut-être plus avantageux de femer le feigle de bonne heure dans les terres médiocres, parce que dans ce cas la paille en eft plus déliée & plus longue, & par conféquent plus propre à faire de la gerbée, dont on fe fert pour lier les récoltes. Dans ces pays on ne cultive du feigle prefque que pour cet objet. On peut le femer tard dans les bonnes terres, où il acquiert toujours affez de longueur.

Le feigle germe & leve promptement. Si la faifon a encore un peu de chaleur & fi la terre eft humide, au bout de huit jours on le voit percer & tracer les fillons; on le feme plus dru que le froment, parce qu'il ne talle pas autant. C'eft d'ailleurs un moyen d'en rendre la paille plus fine. On ne lui fait fubir aucune préparation avant de le femer, même dans les pays où il eft fujet à l'ergot. Il eft étonnant que les Cultivateurs, qui paffent à la chaux ou à quelqu'autre leffive le froment deftiné à être femé, n'aient pas imaginé de préparer de la même maniere le feigle, l'orge & l'avoine, fujets à des maladies également préjudiciables.

Avant l'hiver le feigle fe diftingue à fa feuille pointue, à la couleur rougeâtre de fa jeune tige; il monte de trois à quatre pouces, & garnit bien le champ quand il eft en bon état. Il paroît plus vigoureux dans les terres qui ont du fond. La gelée fait tomber fes premieres feuilles, qui repouffent au printemps. Toute la plante alors végete avec plus de rapidité que le froment. Les racines en font plus fines & moins pivotantes, la tige plus grêle, & les feuilles n'ont pas autant de longueur ni de largeur. Cette différence eft fenfible dans un champ de méteil (1), où le froment, qui ne s'éleve pas fi haut que le feigle, a fa tige du double plus groffe & les feuilles du double plus longues & plus larges. Le feigle parvient à une hauteur qui varie felon les terrains, quelquefois il a jufqu'à· 6 pieds & au-delà. Sa tranfpiration eft peu abondante, comme on l'obferve dans la faifon des rofées; ce qui n'eft point étonnant, fes feuilles étant étroites, courtes & d'un verd pâle, indice d'un tempérament foible.

Si le printemps eft fuffifamment chaud, les feigles commencent à épier peu après le 20 Avril, comme je l'ai vu en 1781, en Beauce; mais on ne voit les premiers épis que vers le 2 Mai, quand le printemps eft froid, ainfi qu'il l'a été en 1782; ce qui fait une différence d'environ trois femaines. De ce moment à celui de leur floraifon, il s'écoule encore un certain temps; car les épis du feigle, en fortant de leurs enveloppes, appellées *fourreaux*, font petits, & ont befoin de croître & de s'étendre, avant d'avoir atteint l'âge de puberté, c'eft-à-dire, avant de fleurir; car la floraifon eft la puberté des plantes. Les épis de

------

(1) Par méteil, j'entends ici un mêlange de feigle & de froment, dont les proportions varient felon les pays & felon l'intention des Cultivateurs.

froment, comme on le verra, fleuriffent dès qu'ils fe montrent, parce qu'ils font dans un état plus parfait.

Selon le climat, le fol & la température de l'air, les feigles fleuriffent plutôt ou plus tard. Les différentes époques où ils ont été femés, établiffent peu de différence dans l'accélération ou le retardement de leur floraifon; puifque alors ils fe rapprochent pour mûrir enfuite prefqu'en même-temps. Mais cette floraifon, qui eft tardive dans les provinces feptentrionales de la France, fur les lieux élevés & à découvert, & quand le mois de Mai fe trouve frais, eft hâtive dans les provinces méridionales, dans les pofitions baffes & abritées du nord, dans les terres légeres, fablonneufes, & lorfqu'il fait chaud. Elle varie du commencement de Mai au commencement de Juin, à-peu-près auffi dans un efpace de trois femaines. Quand l'épi du feigle fleurit, la plante n'a pas encore acquis toute fa hauteur; car elle continue de croître pendant & après la floraifon, comme on voit des perfonnes de l'un & de l'autre fexe, grandir & fe fortifier encore après être parvenues à l'âge de puberté. On peut affurer cependant que, dans ce temps-là, le plus fort de l'accroiffement eft fait.

Les épis du feigle font longs : il y en a qui ont plus de quatre pouces & demie; ils peuvent porter jufqu'à foixante fleurs. Chaque calice en contient deux. Les premieres paroiffent au milieu ou à l'extrémité; celles des bâles inférieures ne fortent que les dernieres. Quelques-unes de celles-ci, foit par un défaut de feve, foit par quelqu'autre caufe, reftent enfermées & périffent.

On reconnoît qu'un épi de feigle n'a pas encore fleuri, quand il eft ferré, opaque & d'un verd foncé; car après la floraifon, il eft moins verd & on voit le jour par les efpaces qui féparent les bâles, alors écartées les unes des autres; l'embryon même fe diftingue a travers la bâle, qui le recouvre.

On fait que la fleur du feigle a trois étamines, compofées de filets, & d'antheres longues de quatre ou cinq lignes. Ces organes doivent être confidérés avant & après leur développement; car, dans l'un & l'autre cas, leur ftructure n'eft pas la même. Les détails dans lefquels je vais entrer, feront peut-être regardés comme fuperflus; mais il y en a qui m'ont paru affez curieux pour mériter que je ne les paffaffe pas fous filence. D'ailleurs, c'eft en faifant des recherches fur les caufes des maladies du feigle, que je me les fuis procurés; je ne puis donc les placer plus convenablement que dans un Ouvrage, où j'examine cette plante, pour ainfi dire en état de fanté & en état de maladie.

Les trois antheres du feigle font placées perpendiculairement dans leurs bâles & preffées les unes contre les autres, formant, dans leur difpofition refpective, un triangle, terminé fupérieurement par une pyramide à plufieurs pans. Elles ont une couleur verte, tant qu'elles font loin de leur maturité; lorfqu'elles en approchent, elles deviennent d'un beau jaune, & leur

extrémité fe colore en rofe. On n'en apperçoit pas
les filets, parce qu'ils font repliés & pofés derriere
deux écailles, que *Linneus* appelle nectaires. Chacune
des antheres eft compofée de deux bourfes, accollées
l'une à l'autre & féparées par une cloifon commune.
Leur forme eft quarrée, avec des angles arrondis &
des rainures dans les intervalles. Au moment où elles
fortent de leurs bâles, leurs extrémités fupérieures
font encore entieres; mais les inférieures font par-
tagées jufqu'aux endroits où s'inferent les filets, qu'on
commence à voir alors, & qui font blancs & tranf-
parens. Les antheres étant hors des bâles, les extrémités, qui étoient reftées entieres, fe partagent à
leur tour, enforte qu'à cette époque, & non auparavant, une anthere de feigle reffemble à une X;
comme on peut le voir auffi dans les autres graminées.
Bientôt le corps prend une couleur de rouille, tandis
que les extrémités deviennent cramoifies. Les filets,
totalement développés, ont de quatre à cinq lignes de
longueur au moins.

Le piftil de la fleur du feigle, examiné au microfcope,
avant d'être dans fon état parfait, n'offre qu'un affem-
blage confus de filamens, qui s'entre-croifent. Bientôt
on y voit diftinctement une bafe arrondie, terminée
cependant par une petite éminence applatie; de cette
bafe s'élevent deux ftigmates, femblables à des aigrettes,
qui font éloignées l'une de l'autre; mais elles fe
rapprochent après le dévelopement des antheres, &
forment un bouquet ou une houpe, qui adhere

fupérieurement à l'embryon, & diminue à mefure qu'il groffit, fans s'effacer entierement, puifqu'on en diftingue toujours un peu dans le grain du feigle mûr, à l'extrémité oppofée à celle où eft le germe.

Tels font les états par lefquels paffent les organes fexuels du feigle. Il s'agit d'expofer maintenant le méchanifme du jeu des antheres. Ce phénomene, que j'ai obfervé fouvent, avoit lieu le matin, quelques heures après le lever du foleil. Les trois antheres s'élevoient par degrés, pendant que la bâle antérieure s'écartoit. Lorfqu'elles étoient parvenues prefqu'en-tierement au-deffus, on les voyoit fe féparer; celle des trois, dont la pofition eft en-devant, commençoit la premiere, elle s'agitoit en différens fens & fe renverfoit de côté. Les deux autres ne tardoient pas à faire les mêmes mouvemens, par lefquels les filets fe développoient & devenoient apparens. l'extrémité des antheres, qui avoit été fupérieure pendant leur féjour dans les bâles, & que le renverfement avoit rendue inférieure, fe partageoit en deux de la profondeur de deux ou trois lignes, par la rétraction fenfible d'une partie des bourfes, qui s'ouvroit & préfentoit la forme d'une cuilliere. Alors je découvrois dans l'intérieur un amas de pouffiere jaune, qui en fortoit par fecouffes répétées, jufqu'à ce que tout fût lancé; les antheres enfuite étoient flafques & moins jaunes. Tout ce méchanifme, fi je faififfois le moment favorable, fe diftinguoit aifément à la loupe & même avec les yeux.

La poufliere des antheres, lorfqu'elle eft à fon point de maturité ou de perfection, paroît, au microfcope, un amas de petits corps ovoïdes, fur chacun defquels j'ai remarqué un endroit lumineux, & un très-grand nombre de raies longirudinales; ils font d'une forme moins réguliere, & femblent fe tenir les uns les autres par une humeur vifqueufe, quand la poufliere, qu'on examine, a été prife fur des antheres encore renfermées dans les bâles & par conféquent avant qu'elles foient parvenues à maturité. Cette poufliere introduite dans une bouteille, s'attache aux parois; elle exhale, dans les premiers inftans, une odeur vireufe, aromatique, femblable à celle de la fleur du châteignier, odeur qui s'affoiblit & prend au bout de quelques jours, un léger piquant d'une fermentation acide commençante.

J'ai développé avec exactitude le méchanifme de l'émiffion de la poufliere des étamines du feigle; mais je n'ai point expliqué comment elle pénétroit dans le piftil, ni comment fe faifoit la fécondation. Le myftere de la génération des plantes eft auffi impénétrable que celui de la génération des animaux: nous en connoiffons les organes dans l'un & l'autre regne; mais la maniere dont fe fait la conception, eft encore pour nous derriere un voile épais. La poufliere contenue dans les étamines du feigle, féconde-t-elle le piftil en s'y introduifant elle-même, ou laiffe-t-elle feulement échapper une vapeur fubtile, un efprit recteur, qui foit l'agent principal de la reproduction? Est-ce sur les individus dont elle émane, que cette poussiere produit son effet, ou sur ceux qui sont dans le voisinage? voilà ce que je n'entreprendrai pas de décider. Ce qu'il y a de certain, c'est que dans un champ de seigle, des antheres ayant été coupées avec promptitude, au moment où elles sortoient de leurs bâles & avant qu'elles eussent jeté leurs poussiere, toutes les fleurs, à l'exception d'une seule, ont donné des grains sains; ce qu'il y a de certain encore, c'est qu'à l'époque de la floraison des seigles, il s'éleve peu au-dessus des épis, un nuage léger formé par la poussiere des étamines, & qu'on ne peut alors agiter des épis de seigle sans que cette poussiere se répande.

Quoi qu'il en soit, si l'on tient dans une situation horisontale des épis de seigle, lorsque les antheres sont prêtes à sortir de leurs bâles, leur développement n'en a pas moins lieu ; mais l'émission de la poussiere n'en est pas tout-à-fait aussi prompte, & au lieu de se faire entierement par l'extrémité des bourses, elle se fait dans toute leur longueur, par jet & en forme de pluie. Cette force de contraction se manifeste davantage quand, avec un stilet, on touche les antheres, peu de temps après leur renversement; car si la poussiere ne sort pas encore, on en détermine sur le champ la sortie; & si l'émission est commencée, l'impression faite par le stilet l'accélére sensiblement. Il y a plus, on provoque la sortie & le développement des antheres, lorsqu'on les pique à

travers leurs bâles; pour y réuffir, il ne faut le
faire qu'au moment où leurs extrémités font couleur de rofe. Plutôt, elles ne font pas irritables,
parce qu'elles n'ont pas acquis le degré de maturité
convenable. Encore ne faut-il chercher ce figne que
dans les épis principaux, c'eft-à dire, dans ceux qui,
nés les premiers, jouiffent de toute leur force & de
tous leurs droits. Car, dans les épis fecondaires, où
la nature eft foible & languiffante, parce qu'ils ne fe
forment que long-temps après les autres, dont ils ne
font pour ainfi dire que la furabondance, l'extrémité
des antheres n'eft point couleur de rofe à la veille de leur
développement, mais d'un verd plus ou moins foncé.
Elles préfentent les même phénomenes que celles des
épis principaux, fi on les pique lorfqu'elles commencent à fe montrer hors des bâles.

Ce n'eft pas à la chaleur de la main qui fait ces
expériences, qu'on doit attribuer l'élévation & le
renverfement des étamines; puifqu'on produit cet
effet en les piquant fans les toucher de la main,
puifque fi on ne pique que les antheres d'un côté,
elles fe développent plus promptement que celles du
côté oppofé; puifqu'en verfant deffus une goutte
d'efprit de vinaigre, puifqu'en foufflant de la maniere
dont on refroidit, on caufe un développement pareil à
celui qui a lieu, quand on met les extrémités des épis
en cet état, dans la bouche ou dans de l'eau chaude. J'ai
obfervé que les piquures faites aux antheres, n'importe
à quelles parties, étoient le moyen le plus actif.

Je

Je préviens que ces expériences demandent de la patience, & qu'il faut les faire dans le moment favorable; car la nature va souvent plus vîte que l'Observateur, & on ne réussit pas quand on veut.

Il en est de l'époque de la maturité du seigle, comme de celle de sa floraison; l'une & l'autre dépend de plusieurs circonstances qui l'accélerent ou la retardent. Des Moissonneurs, après avoir coupé les seigles dans quelques provinces du milieu de la France, se transportent dans des provinces un peu plus septentrionales, & arrivent encore à temps pour couper les seigles de ces derniers pays. C'est dans tout le cours du mois de Juillet que cette maturité s'accomplit, pour les seigles semés en automne; car ceux qu'on seme en Mars ne mûrissent qu'environ quinze jours après les autres, & même plus tard. Leur vegétation est plus rapide; mais il est rare qu'ils soient aussi beaux, aussi garnis de plants & qu'ils produisent autant. Les grains de seigle, parvenus à maturité, adherent peu dans leurs bâles, qui sont minces & transparentes; aussi, en sortent-ils avec la plus grande facilité : car dans bien des endroits, on se contente de battré le seigle poignée à poignée sur un tonneau, & il se nettoie aisement à la grange. Si, pour le récolter, on attend qu'il soit parfaitement mûr & très-sec, il s'en égraine beaucoup sur le champ. Un Fermier qui, en 1777, en avoit semé sous mes yeux, dans une terre nouvellement défrichée, en fit une belle récolte, en 1778. Au mois d'Août fuivant, il fit labourer fa piece de terre pour y mettre de la fanve; mais s'étant apperçu enfuite qu'il levoit une auffi grande quantité de feigle, que s'il en eut femé de nouveau, il le laiffa croître, & fe procura une récolte, non moins abondante que celle d'auparavant; ce feigle, au mois de Juillet 1778, avoit été récolté par un temps fec, & il étoit au dernier point de maturité & par conféquent très-difpofé à s'égrainer.

Les beftiaux n'ont pas autant de goût pour la longue paille de feigle que pour celle de froment, qui, apparemment, étant moins defféchée, conferve plus de faveur; elle fert pour faire de la litiere, & on l'emploie pour couvrir des bâtimens, empailler des chaifes & former des liens pour les gerbes de grains, dans différens pays.

MALADIES DU SEIGLE.

Le feigle, comme les autres grains, peut être expofé à des accidens qui dérangent fa végétation. La gelée & plufieurs efpeces d'infectes le flétriffent, le mutilent & le détruifent. Quelquefois fes fonctions fe trouvent altérées, fans qu'on fache par quelle caufe. J'ai vu, dans quelques champs de feigle, tous les épis de diverfes fouches fe courber en forme de croffe, s'écarter les uns des autres pour fe jeter de tous côtés, croître & mûrir plus rapidement. Ils étoient de quelques pouces plus longs que ceux des épis ordi-

naires, & les tiges qui les portoient, étoient plus
élevées ; leurs fleurs, à la vérité, fortoient des bâles ;
mais les étamines n'étoient pas jaunes comme elles le
font toujours, & elles contenoient peu de poussiere
fécondante. Les grains, qui en provenoient, étoient
étroits & ridés, quoique plus longs que les grains de
feigle ordinaires. C'est particulierement fur les bords
des chemins, qu'il fe rencontre en cet état des epis,
dont les fouches, à certaine époque, avoient peut-
être été foulevées ou bleffées par les pieds des hommes
& des beftiaux, ou par quelqu'autre caufe. Il eft certain au moins, que j'ai vu beaucoup d'epis ainfi
maltraités, dans toute la partie d'un champ de feigle,
fur laquelle une herfe, pofée fur les dents, avoit
paffé au mois d'Avril.

Le feigle eft fujet à la *Rouille*, maladie qu'il partage
avec le Froment, l'Orge, l'Avoine, &c. Mais la rouille
paroiffant dépendre d'une tranfpiration fupprimée ou
interrompue, le feigle, qui tranfpire moins que le
froment, en eft plus rarement & moins fortement
attaqué ; d'ailleurs, dans la faifon où la rouille eft le
plus à craindre, le feigle eft deja très-avancé, & par
conféquent en eft moins fufceptible. Je différerai
de traiter de la rouille, jufqu'au moment où je
décrirai les maladies du froment, ce dernier grain
y étant le plus expofé de tous.

Une maladie, qu'on peut regarder comme une des
plus confidérables, & comme particuliere au feigle,
quoiqu'elle fe manifefte dans d'autres graminées, eft

celle qui, depuis long-temps, eſt connue ſous le nom d'*Ergot*, à cauſe de la reſſemblance de la graine, qui en eſt le produit, avec l'ergot d'un coq de baſſe-cour. Je conſacrerai une partie de cet Ouvrage, à la développer dans toute ſon étendue. Les matériaux, que des obſervations & des expériences ſuivies m'ont mis à portée de réunir, me font eſpérer que je laiſſerai peu de choſe à deſirer ſur cet objet. Je ne chercherai point à m'étendre, en faiſant l'énumération de tous les Auteurs qui ont parlé de l'ergot, ni en rappellant ce qu'ils en ont dit ; car les uns ont écrit d'après des livres, qu'ils ont copiés & qu'ils ont cités ; les autres n'ont formé que des conjectures, ou ſe ſont contentés de rapporter, ſans preuves, les opinions des habitans des campagnes. Je ne nommerai que les perſonnes, qui ont fait des obſervations ou des expériences par elles-mêmes : ce ſont les ſeules, dont les témoignages ſoient précieux. En Phyſique, les autorités doivent ſe calculer par le nombre des faits, & non par celui de écrivains qui les répetent.

L'ergot ſera conſidéré de deux manieres, ou indépendamment de ſes effets, ou relativement à ſes effets. La premiere comprendra la deſcription de l'ergot, ſes différences, les terrains & les circonſtances qui en produiſent le plus, les phénomenes de ſa formation, ſon accroiſſement, ſes cauſes, & les principes qui le conſtituent, reconnus par l'analyſe chimique. Je rapporterai à la ſeconde, plus intereſſante que la premiere, 1°. tout ce que les expériences des autres, & les miennes m'ont appris sur le mal que peut occasionner l'ergot, qui entre dans la nourriture des hommes, 2°. le tort que le Cultivateur reçoit lorsqu'il se forme beaucoup d'ergot dans ses seigles. Suivront ensuite les moyens de séparer cette graine du seigle, avec lequel elle est mêlée, & de l'empêcher de naître, sinon entierement, au moins en partie.

DE L'ERGOT, CONSIDÉRÉ INDÉPENDAMMENT DE SES EFFETS.

Description de l'Ergot.

Les descriptions, qu'on trouve de l'ergot, dans plusieurs Auteurs (1), ne m'ont pas paru aussi complettes qu'elles peuvent l'être. Je ferai ensorte, dans celle qui va suivre, de suppléer à ce qui manque aux autres. Quelques Naturalistes (2) l'ont désigné sous le nom de *clavus secalinus, secalis mater, clavus siliginis, secale luxurians;* il est appellé communément, *blé cornu, ergot, seigle ergoté.* Dans le Maine, on le nomme *mane,* & en quelques endroits, *seigle ivre,* ou *blé farouche,* ou *blé have.* C'est une espece de graine, qui ne se montre presque que dans les

____

(1) Langins, MM. Tillet, Model, Read, Aimen, &c.

(2) Thalius, Ray, &c. Il paroît que les anciens Auteurs n'en ont pas fait mention.

épis du feigle. Sa forme eft ordinairement courbe &
allongée. L'ergot excede le plus fouvent la bâle, qui
lui tient lieu de réceptacle; fes deux extrémités,
moins épaiffes que le milieu, font tantôt obtufes,
tantôt pointues; rarement il eft arrondi dans toute
fa longueur; mais on y remarque trois angles mouffes,
& féparés par des lignes longitudinales, qui fe portent
d'un bout à l'autre. Plufieurs ergots, fur-tout les plus
gros, laiffent appercevoir de petites cavités, qu'on
croiroit formées par des infectes & des gerçures,
occafionnés par la féchereffe & par le foleil, comme
je l'expliquerai quand il fera queftion de la maniere
dont fe forme l'ergot.

Le Pere Cotte, & M. Saillant, Docteur en Médecine, ont examiné au microfcope un grain entier
d'ergot (1). Ils ont vu, à l'extrémité fupérieure,
beaucoup de petits filamens, au-deffus defquels étoient
plufieurs petits trous, bordés d'une matiere luifante,
rangée par couches. L'extrémité inférieure étoit liffe &
garnie de la même matiere luifante. Le fillon latéral
paroiffoit être une ouverture environnée d'une écorce;
vers fon fond, on appercevoit une feconde écorce,
enduite d'une couche légere de matiere luifante,
laquelle étoit également contenue dans l'intérieur d'un
grain ergoté.

De l'ergot récent, concaffé & infufé dans l'eau

______

(1) Hiftoire de la Société Royale de Médecine, année 1776,
page 345.

chaude, ne m'a offert, vu au microfcope, que des corpufcules informes, fans organifation, nageant dans le liquide. M. le Comte de Buffon, page 475 & fuivantes, de fon *Hiftoire Naturelle*, dit : » qu'on » découvre dans l'ergot, à l'aide du microfcope, une » infinité de filets ou de petits corps organifés fem- » blables, pour la figure, à des anguilles », phéno- mene que je n'ai apperçu que dans le produit de la maladie appellée, par M. Tillet, *blé avorté*, *blé rachitique*.

M. L'Abbé Fontana, célébre Phyficien d'Italie, a confondu l'ergot avec le blé rachitique (1); enforte qu'on ne peut point compter fur ce qu'il a écrit relativement à ce fujet. Il paroît que les Italiens admettent deux fortes d'ergot, celui du feigle, qui eft le plus grand, & celui du froment, qui n'eft autre chofe que le blé rachitique.

Lorfque des yeux l'on parcoure des champs de feigle, on en diftingue aifément, & de loin, les grains ergotés, dont la couleur, qui eft d'un violet fombre, paroît noire, à caufe du jaune des tiges & des épis qui les portent. On affure que dans les envi- rons de Mayenne, l'ergot eft gris (2). Si on détache ces grains, on remarque, à une de leurs extrémités, quelques traces blanchâtres, qui indiquent par où ils adhéroient aux bâles. Cette adhérence eft foible,

---

(1) Journal de Phyfique, tome 7, page 42.
(2) Note envoyée par M Vetillard, Médecin au Mans.

parce que l'ergot n'a pas de germe, & par conséquent pas de filamens, qui l'attachent au support de
l'épi; l'écorce violette recouvre une substance
d'un blanc terne & d'une consistance ferme, qui ne
s'en separe pas facilement, même après une longue
ébullition. L'ergot moulu, a l'apparence d'une poudre
brune, tant est foible la teinte blanche de la pulpe,
dont il est en partie composé.

Qu'on rompe un grain d'ergot, il casse net comme
une amande seche. Un grain isolé n'a pas d'odeur;
mais un grand nombre de grains réunis, sur-tout s'ils
sont nouvellement récoltés, en ont une très-sensible,
& vraiment vireuse, laquelle, si on réduit l'ergot en
poudre, se développe davantage & se conserve très-
long-temps, même à l'air libre. C'est en cet état,
que l'ergot imprime sur la langue une saveur légerement mordicante : le pain, dont il fait partie, est
coloré en violet foncé, ayant une odeur & une
saveur peu désagréables. La farine, exempte d'ergot,
absorbe plus d'eau dans le pétrissage, que quand elle
en contient. Car un pain, fait avec dix onces de belle
farine de froment, jointe à deux onces & demie
de farine d'ergot, étoit du poids d'une livre, une once
& deux gros, tandis qu'un pain fait en même-
temps, avec douze onces & demie de la même farine
de froment, sans ergot, pesoit une once & quatre
gros de plus.

Grosseur de l'Ergot, quantité qu'on en trouve sur les épis, & sa pesanteur.

Il y a des ergots de différente grosseur & de différente longueur. On en voit de plus petits que des grains de seigle même ; d'autres ont jusqu'à dix-huit & dix-neuf lignes de longueur, sur deux ou trois d'épaisseur ; la longueur, la plus ordinaire, est de dix ou douze lignes. L'ergot de Sologne, où il est le plus abondant, est, en général, mince, & d'une longueur inégale ; il y en a cependant des grains, qui sont courts & gros à la fois ; ces derniers n'ayant pas la forme ordinaire, peuvent être regardés comme monstrueux ; l'ergot de Beauce est plus nourri & moins effilé. Cette différence dépend de la nature des terres, qui sont de meilleure qualité en Beauce qu'en Sologne.

Quand l'ergot est gros, il est ordinairement seul, & les grains de seigle du reste de l'épi sont beaux & sains, la plante entiere est vigoureuse. Au contraire, les épis, qui portent de petits ergots, en ont toujours plusieurs, sur une tige foible. Communément, il y a quatre ou cinq ergots sur un épi ; souvent on en compte dix & douze ; quelquefois jusqu'à vingt, ce qui est rare. La place qu'ils occupent n'est pas déterminée ; cependant, jai cru m'appercevoir qu'il y en avoit plus auprès du tuyau, ou à l'extrémité de l'épi, qu'au milieu.

Il se trouve peu, & quelquefois point de bons

grains dans les épis, qui portent beaucoup d'ergots, soit que ceux-ci rempliffent prefque toutes les places, soit qu'il refte un certain nombre de bâles vuides. Les grains de feigle des épis, chargés d'ergots, ne font jamais en bon état ; ils paroiffent retraits & recouverts, à leur extrémité fupérieure, d'une poudre noire ; les épis eux-mêmes font fales & noirâtres. Quelquefois, fur une même fouche , on voit des épis, qui ont plus ou moins d'ergots, & d'autres qui n'en ont point, mais dont les grains de feigle font retraits & noircis. Souvent auffi , une même fouche porte des épis ergotés & des épis qui con-tiennent des grains parfaitement fains ; les tuyaux même, qui foutiennent des épis ergotés, s'élevent & groffiffent comme les autres, dont ils ont la couleur ; les feuilles n'en paroiffent pas altérées, comme le font celles des grains cariés ou charbonnés, ainfi que je le dirai.

L'ergot, expofé à l'air, fe deffeche promptement, & perd de fon volume ; il eft très-leger, fi on le compare au feigle. Car un boiffeau, mefure de Vierzon , qui contient quatorze livres de feigle , ne contient que neuf livres d'ergot (1). Cette différence de poids eft due, en partie feulement, à la forme

---

(1) Un demi-litron d'ergot, pulvérifé, mefure de Paris, pefe cinq onces quatre gros & demi ; un demi-litron de feigle , pefe huit onces & fept gros.

longue & irréguliere des grains d'ergot, qui ne peuvent fe taffer comme ceux du feigle.

Grains, compofés de Seigle & d'Ergot.

J'ai vu, fur beaucoup d'épis de feigle, des grains compofés de feigle & d'ergot (1); du moins, les deux fubftances qui les conftituent, ont la plus grande analogie, l'une, avec le feigle, & l'autre, avec l'ergot. Car la premiere a extérieurement la forme & la couleur du feigle ; elle contient de la farine ; la feconde eft d'un violet foncé, à la furface, & intérieurement, d'un blanc terne ; la reffemblance de la partie farineufe de ces grains, avec le feigle, eft beaucoup plus fenfible lorfqu'ils font frais, que lorf-qu'ils font defféchés. Ce qui eft digne de remarque, c'eft que la portion ergotée, qui, tantôt fait la moitié, tantôt le tiers ou le quart, eft la plus voifine du fupport de l'épi, & fe trouve inférée dans la bâle, occupant la place du germe ; au lieu que la portion femblable à du feigle, eft à découvert, & la plus éloignée du fupport. Celle-ci, dans quelques-uns des grains, eft, en partie, recouverte de la portion ergotée, comme fi la corruption s'y étoit faite d'une maniere inégale & précipitée. On ne peut douter que ce fait, qui n'avoit point été obfervé, parce que peu de perfonnes font entrées dans les mêmes details que moi, ne doive fervir beaucoup,

____

(1) J'en conferve plufieurs.

pour expliquer la maniere dont fe forme l'ergot. Si on feme ces grains, aucun ne leve; ce qui ne doit point étonner, puifque la partie du germe fe trouve altérée.

Le Seigle d'automne produit-il plus d'Ergot que le Seigle de Mars ?

On feme en Sologne du feigle à deux temps différens, avant l'hiver, & au mois de Mars. Le premier eft appellé, dans le pays, *gros blé*, (il vaudroit mieux dire, *gros feigle*), parce qu'en effet, le grain en eft plus gros; & le fecond, eft connu fous le nom de *blé de Mars*, c'eft-à-dire, feigle de Mars. Je n'ai pu découvrir fi l'un produifoit plus d'ergot que l'autre; ce qu'il y a de certain, c'eft que j'en ai recueilli beaucoup dans ces deux fortes de feigle. Je fuis porté à croire qu'il s'en trouve davantage dans le feigle de mars; car, toutes chofes étant égales d'ailleurs, on en voit une plus grande quantité, dans les épis tardifs du feigle d'automne, que dans les épis principaux. M. Read (1) a remarqué que l'hiver-nache, qui eft un mélange de feigle & de vefce, deftiné pour la nourriture des beftiaux, contenoit proportionnellement plus d'ergot, que le feigle femé feul.

____

(1) Traité du Seigle ergoté, par M. Read, Médecin des Hôpitaux militaires.

Plantes fur lefquelles fe trouvent des Ergots.

Parmi les végétaux, le feigle n'eft pas la feule plante qui porte de l'ergot ; M. de Juffieu conferve dans fes herbiers, un Souchet ergoté, qui a été envoyé de la Louifiane. C'eft, fur-tout, la famille des graminées, qui en fournit. M. Duchefne, Botanifte connu par des ouvrages eftimés, m'a certifié qu'il en avoit beaucoup vu, dans un terrain gras & frais. Sur l'alpifte (*Phalaris Canarienfis*), fur le *Feftuca duriufcula*, & fa variété *Feftuca foliis glaucis Monfpelienfis*, fur le fromental (*Avena elatior*), & fur une efpece de *Poa*. Le gramen *Mannæ*, nommé par Linneus *Feftuca fluitans*, en a dans la prairie de Gentilly, près Paris. Il en a paru au Jardin du Roi, fur le *Gramen loliaceum ariftis donatum*, J. R. H. Selon Thalius, il s'en forme, en Saxe, fur le *Feftuca tertia feu graminea nemoralis*. M. Frederic Rainville (1), de l'Académie de Rotterdam, dit en avoir vu, fur le *Triticum repens*, fur le *Triticum junceum*, l'*Arundo arenaria*, l'*Aira Criftata*, le *Lolium perenne*, le *Feftuca elatior*, l'*Agroftis ftolonifera*, l'*Holcus lanatus*, l'*Alopecurus geniculatus* & l'*Alopecurus pratenfis*. M. Thouin, Jardinier en chef du Jardin du Roi, m'a rapporté plufieurs épis du Thimothy *Phleum pratenfe* L. (*gramen Thyphoides maximum*. C. B.) qui

---

(1) Journal de Phyfique, tome 6, page 380.

étoient ergotés. Il les a cueilli dans une petite plaine humide, entourée de hautes montagnes, & traverfée par la Dordogne, entre le village de Bains & le Mont-d'Or, en Auvergne. Il affure qu'il y avoit un grand nombre d'individus de cette plante, ergotés. Schmieder en a apperçu fur l'Orge & l'Avoine. MM. Duhamel, Tillet, Read, Ginani, Beguillet, Vetillard, & beaucoup d'autres Savans, dont quelques-uns en avoient découvert fur plufieurs des plantes citées, en ont vu fur du Froment. J'en ai trouvé, en Beauce, fur un épi de cette derniere plante. Il étoit court, gros & bien nourri, comme les grains fains qui l'accompagnoient. J'en ai auffi trouvé fur de l'Ivraie. Mais la petite quantité d'ergot que toutes ces plantes produifent, ne doit être comptée pour rien, & ne peut jamais être comparée à ce qu'on en voit dans le feigle, en quelques pays, & dans certaines années.

Pays où vient d'Ergot.

Par-tout où il croît du feigle, il peut y avoir de l'ergot. Mais il n'y en a point, ou prefque point, dans certains cantons, tandis que d'autres en fourniffent beaucoup. La Sologne, qui fait partie de l'Orléanois, eft la Province où il s'en trouve davantage. Le feigle en eft le principal objet de culture; c'eft dans ce pays, que j'ai cru devoir aller particulierement, pour mieux obferver ce qui a rapport à cette production. Voici ce que j'y ai remarqué.

Plus un terrain étoit humide, plus il avoit produit d'ergot.

Les champs les plus élevés en avoient peu, à moins que les fillons ne fuffent difpofés de maniere à ne pas laiffer écouler facilement les eaux.

La partie la plus baffe d'une piece de terre, en offroit aux yeux une plus grande quantité, que la partie la plus haute.

Il en paroiffoit bien plus fur le bord des chemins, & autour des pieces de terres, qu'au milieu & dans les endroits où le fol étoit meuble.

Enfin, à humidité égale, les champs les plus infectés d'ergot, étoient ceux qu'on avoit nouvellement défriché. Cependant, une perfonne a prétendu, que de trois pieces, qu'elle avoit enfemencées en feigle, l'une d'elles, qui étoit un nouveau défrichement, avoit le moins d'ergot.

Quantité d'Ergots qu'on trouve dans les Seigles.

Il n'eft pas facile d'eftimer la quantité d'ergot que contiennent les feigles de la Sologne, parce qu'elle varie felon les lieux & les années. Salbris, Seille Saint-Denis, Nancay, Teilley, Souefme, Marfilly, Tremblevif, &c., Villages fitués au centre de la Sologne, y font extrêmement fujets. Pour ne dire que ce que j'ai obfervé moi-même (1), en 1777,

---

(1) Des gens du pays m'ont affuré, qu'en 1775 & 1776, années feches, il n'y en avoit prefque pas eu.

année humide, il y en eut bien plus qu'en 1780, année feche. Au mois de Juillet, de la premiere de ces deux années, des feigles de Mars, qui étoient encore fur pied, étoient tous noirs d'ergots. Une feule gerbe de feigle d'hiver, qui pouvoit rendre environ quatorze livres de feigle, m'a produit, à la grange, huit onces d'ergot. Douze autres gerbes, prifes au hafard, & capables de rendre douze boiffeaux de feigle, chacun du poids de quatorze livres, ont fourni la quatrieme partie d'un boiffeau d'ergot. Il faut obferver, que ce n'étoit que les ergots renfermés dans le milieu des gerbes. Ceux de la circonférence, & les plus gros, étoient tombés, à caufe du frottement qu'éprouvent les épis, dans le tranfport des gerbes. En ajoutant, s'il étoit poffible, à ce déchet, ce qui s'eft perdu d'ergot, pendant le travail des Moiffonneurs, ce qu'en ont difperfé les vents, qui, heureufement, ont précédé la moiffon, enfin, ce que des circonftances encore plus favorables à la production de l'ergot, pourroient en faire naître de plus, on fe perfuaderoit, qu'en certaines années, il peut y en avoir, en Sologne, une grande quantité.

J'ai trouvé, en 1777, beaucoup d'ergots dans le Berri, fut-tout, à Montipouret, Chaffignoles, & autres Villages voifins de la Châtre, dont le fol eft analogue à celui de la Sologne. Il n'y en avoit pas moins dans les nouveaux défrichemens des landes, près d'Ardenres & de Clavieres. Ce qu'on lit dans le Volume de la Méridienne de Paris, eft d'acord

avec

avec cette obfervation. M. Lemonnier, favant Botanifte, rapporte, que le feigle eft particulierement
fujet à l'ergot, dans la grande Lande de Mery-ès-
Bois, en Berri, qu'il trouva remplie de fougeres,
dont les racines donnoient beaucoup de peine à ceux
qui vouloient les défricher. Dans le Néboufan, pays
de la Généralité d'Auch, il y eut une grande quantité
d'ergots, en 1777, année pluvieufe. On affure que
le feigle, en Saxe, en Luface, & dans quelques
cantons de l'Allemagne & de la Suiffe, produit beaucoup d'ergot. Perfonne, à ce qu'il paroît, n'en a
calculé la quantité, ni les proportions.

Il en vient peu en Brie, où, à la vérité, on ne
cultive que très-peu de feigle.

J'ai parcouru une partie de la Champagne, & j'ai
examiné beaucoup de champs de feigle, fur les bords
des chemins, où on trouve le plus d'ergot; je n'en ai
pas apperçu. Cependant, M. Tillet en a vu beaucoup
dans les environs de Troyes, dans des terrains fecs
& fur des remparts. C'eft auffi fur les bords des
chemins, que M. Fougeroux, de l'Académie des
Sciences, croit qu'il en naît davantage.

On peut dire, en général, que l'ergot eft rare en
Beauce, quoiqu'on y en decouvre quelquefois. Ayant
fait battre, à part, douze douzaines de gerbes de
feigle, qui ont produit onze mines de grains,
mefure de Pithiviers, dont chacune eft du poids de
quatre-vingts livres, il n'y avoit, en tout, que trois
ergots. Cependant, dans le même pays, j'en ai vu

C

une affez grande quantité, dans quatre endroits différens; favoir, le long d'un chemin, au bord d'un
foffe, auprès d'un bois, & à la place d'une berge,
qu'on avoit défrichée récemment. Un terrain rarement mis en valeur, & dans lequel j'avois femé du
méteil, en 1778, refta inculte en 1779. Quelques
grains de feigle, qui s'y étoient femés, leverent, malgré
la dureté du fol, & beaucoup de chiendent qui
l'infeftoit. Ils produifirent des épis fains & des épis
ergotés, chargés d'ergots; on en comptoit, fur plufieurs, jufqu'à dix-fept. La plupart en avoient douze
ou quatorze. Au moment de la maturité, fur mille
huit cens cinquante épis, il s'en eft trouvé trois
cens vingt-deux ergotés, fans y comprendre ce que
les vents & les oifeaux en avoient fait tomber. Une
feule fouche portoit dix épis de bon feigle & huit
épis ergotés. Il fembloit qu'il y en eût davantage,
où il y avoit le plus de chiendent. Le même
terrain ayant produit trente épis d'ivraie, il y en
avoit quinze ergotés; une feule fouche qui portoit
treize épis d'ivraie, en avoit huit ergotés. M. Baumé,
de l'Académie des Sciences, m'a certifié, qu'il
avoit vu beaucoup d'ergots dans du feigle, qui fe
fémoit de lui-même, plufieurs années de fuite, dans
un terrain, où on en avoit cultivé quelques temps
auparavant.

J'ai obtenu trois cens vingt épis fains & quatre-vingts
ergotés, dans un petit efpace, où j'avois fait une
expérience fur la caufe de l'ergot.

Le P. Cotte, Curé de Montmorenci, affure, qu'en certaines années, il a recueilli un quarteron d'ergot, en deux heures de promenade, & en ne prenant que celui qui fe trouvoit fur le bord des champs. Enfin, je connois quelques endroits, auprès d'Andonville, en Beauce, où les terres étant maigres, on eft obligé de temps en temps, de les laiffer repofer plufieurs années de fuite. Lorfqu'on recommence à les enfemencer, on y met du feigle; elles produifent plus d'ergot que celles qui font habituellement cultivées.

Si cette derniere circonftance, comme les faits précédens fembleroient le prouver, fervoit beaucoup à la multiplication de l'ergot, il ne feroit pas difficile d'expliquer pourquoi il y en a en Sologne plus qu'ailleurs; car c'eft un pays où l'on défriche perpé-tuellement. Les terres ne rapportent que neuf à douze ans, en les laiffant repofer de trois années l'une. Ce terme expiré, elles reftent incultes, & ce qu'elles produifent n'eft plus que pour la pâture des beftiaux. On ne recommence à les cultiver que long-temps après. Si un terrain eft remis en valeur, dans une année propre à la génération de l'ergot, il s'y en trouve beaucoup. On verra, quand il s'agira des caufes, que jufqu'ici il eft difficile de rendre raifon de ce phénomene, & qu'il faut fe contenter de l'avoir remarqué.

Temps où l'Ergot paroît.

L'époque où paroiffent les premiers ergots, eft différente, felon les pays, les terrains, la température de l'année, & le temps où le feigle a été femé; toutes chofes étant égales d'ailleurs, ils font formés plutôt dans les provinces méridionales, dans les champs fablonneux & légers, lorfque les mois de Mai & de Juin font chauds & fecs, dans les feigles femés de bonne-heure, & dans les feigles d'automne. Cette différence fuit la progreffion & la maturité du feigle. Dans une année feche, j'ai vu, en Beauce, le 20 Juin, de l'ergot formé fur du feigle d'automne. Le P. Cotte ayant femé du feigle, au mois d'Avril 1777, n'y trouva de l'ergot, que le 12 Août; le printemps de cette année avoit été humide & frais. En 1778, où la température du printemps fut toute différente, le 23 Juillet, j'apperçus des ergots, formés fur du feigle, femé en Avril, & le long d'un mur au nord, & par conféquent, à l'expofition la plus propre à retarder la floraifon & la maturité du feigle, d'où dépend la naiffance de l'ergot; enfin, de plufieurs planches, compofées de diverfes terres, où j'avois femé du feigle, celle qui étoit formée de fable à la furface, a produit les premiers épis de feigle, les premieres fleurs, & les premiers ergots.

Comment se forme l'Ergot.

Quelque attentif que soit un Observateur, la nature souvent lui dérobe ses secrets, ou ne les lui dévoile qu'après qu'il a long-temps cherché à les deviner. Je ne me flate point d'avoir découvert la maniere dont se forme l'ergot; c'est un point difficile à saisir; mais, au moins, mes recherches m'en ont approché de très-près.

J'ai vu, ainsi que quelques Physiciens, sur des épis de seigle, un suc visqueux, luisant, d'un goût mielleux, qui enduisoit l'intérieur, l'extérieur & les arrêtes même des bâles, où étoient renfermés des ergots naissans. Mais, plusieurs bâles étant privées de ce suc, quoiqu'elles continssent de jeunes ergots, je ne puis prononcer sur la cause qui le produit, ni sur la part qu'il a à la formation de l'ergot; j'aurai la même réserve à l'égard d'un grand nombre d'insectes, qu'on trouve sur le seigle, sur-tout au temps de sa floraison. Les uns sont de petites mouches, semblables à celles qui se voient sur le vinaigre, sur la lie de vin, ou sur le vin éventé. On les prend facilement à la main, &, d'après le P. Cotte, elles sautent plutôt qu'elles ne volent. Les autres sont des vers très-déliés, très-agiles, d'une ligne de longueur, & d'un jaune aurore, qui, quelquefois, sont au nombre de sept ou huit dans une même bâle; la couleur brunâtre, qu'elle acquierre, est un signe certain de leur présence. Ils sont plus rares dans les épis des tuyaux principaux, que dans ceux des tuyaux secondaires, & ils se trouvent, particulierement, dans les bâles inférieures. Mais, 1°, le nombre des insectes qu'on découvre sur tous les grains, à l'époque de leur floraison, est considérable, & on n'est pas assuré qu'ils produisent du désordre dans la vegetation; 2°. pour juger si les mouches, dont il s'agit, causent l'ergot en piquant l'embryon du seigle à travers les bâles, il faudroit les avoir, pour ainsi dire, surpris dans ce travail. 3°. J'ai remarqué, que d'un grand nombre de bâles, qui contenoient des vers jaunes, aucune n'a porté d'ergots. Ces insectes rongent entierement les antheres, & disparoissent ensuite, sans qu'on s'apperçoive de quelle maniere.

Quoi qu'il en soit, ayant apperçu, dans un épi de seigle, à la place d'un grain, une substance blanchâtre, plus alongée que du seigle, & sans organisation distincte, j'ai soupçonné qu'il se formeroit à cet endroit un ergot. Les bâles étoient fortement adhérentes entr'elles, & couvertes du suc mielleux & luisant, dont j'ai parlé. La substance blanchâtre, en vingt-quatre heures, prit une couleur jaunâtre, qui augmenta d'intensité par degrés, ensorte que huit jours après, ce fut un ergot bien formé & coloré en violet. Une substance semblable, observée sur un autre épi, éprouva les mêmes changemens, & fut entierement convertie en ergot dans l'espace de dix jours; voilà ce que j'ai vu d'abord, sans déranger les bâles. Ensuite, j'en ai entr'ouvert plusieurs, & j'ai remarqué, qu'à la partie inférieure de la substance blanchâtre, vers l'endroit où est le germe du grain de seigle, il paroissoit, avant tout, une petite tache violette, qui se fonçoit de plus en plus, & s'étendoit de maniere, que la partie qui sortoit de la bâle, restoit encore blanche, les autres parties étant déjà violettes. Je ne suis autorisé à avancer ce dernier fait que par trois observations, nombre à la vérité peu considérable; il est difficile de les multiplier, en matiere aussi délicate, & qui exige tant d'attention.

En se rappellant ce que j'ai dit plus haut, qu'il y a des grains mixtes, dont une partie est de l'ergot, & l'autre du seigle, celle-ci étant plus ou moins considérable & la plus éloignée de l'insertion, & en réfléchissant sur la derniere observation, qui constate que c'est vers le côté du germe que commence l'altération du grain destiné à être ergot, on sera porté à croire que cette graine monstrueuse se forme par l'accroissement du germe, contre nature, aux dépends du corps farineux. Au reste, je ne tiens point à cette idée, quelque fondée qu'elle me paroisse.

L'ergot, nouvellement formé, est d'une consistance molle; il se durcit peu à peu, il exhale, lorsqu'on l'écrase sous les doigts, une odeur semblable à celle du miel qui commence à fermenter, il a une saveur sucrée, qui vraisemblablement attire quelquefois des fourmis; car j'en ai vu monter le long du tuyau, parvenir jusqu'à l'épi, & ronger l'ergot tendre.

C'eſt donc à elles qu'on doit attribuer ces cavités profondes qu'on y remarque quelquefois; cavités bien differentes des gerçures, qui ne peuvent être que l'effet d'une deſſiccation rapide. Reſte à ſavoir ſi les mouches, dont j'ai parlé, ſe portent ſur les épis de ſeigle ergotés, afin de ſe nourrir, comme les fourmis, du ſuc doux qui s'extravaſe, ou ſi c'eſt leur piquure qui occaſionne l'extravaſation de ce ſuc & la formation de l'ergot.

Aucune des bâles, dans leſquelles l'ergot commençoit à ſe former, ne paroiſſoit contenir des parties de la fructification. Pour être aſſuré qu'il n'y a point eu de fleurs dans les bâles, qui portent des ergots, il faudroit, peu de temps après que le ſeigle eſt épié, diſſequer un grand nombre d'épis, qu'on ſoupçonneroit devoir être attaqués de cette maladie. Ce qu'on ne peut faire qu'avec une extrême patience, & dans un pays où l'ergot eſt abondant. Cependant, il y a lieu de préſumer que les bâles, qui renferment des ergots, contiennent des fleurs, qui ſe développent, ou que leurs embryons ſont fécondés. Car, comment ſe formeroient les grains compoſés de ſeigle & d'ergots ?

Progrès de l'Ergot, depuis ſa formation.

J'ai meſuré, jour par jour, deux grains d'ergot, pour connoître leurs degrés d'accroiſſement. L'un d'eux, qui a atteint la longueur de douze lignes en neuf jours, croiſſoit tantôt d'une ligne, tantôt d'une ligne & demie en vingt-quatre heures. Son plus grand accroiſſement s'eſt fait dans les jours qui tenoient le milieu entre les premiers & les derniers ; l'autre eſt parvenu, pendant le même temps, à la même longueur, en croiſſant plus les premiers jours que les ſuivans; il a augmenté une fois de deux lignes en vingt-quatre heures. Ce qui mérite d'être remarqué, c'eſt que ces ergots, dans leur accroiſſement, n'ont pas ſuivi l'ordre des degrés de chaleur; car ils ont quelquefois augmenté davantage dans des jours moins chauds.

Analyse chimique de l'Ergot,

Comparée avec celle du Seigle.

Quelqu'importante que ſoit la Chimie, quelque confiance qu'on doive aux découvertes qu'elle procure, cependant il ſeroit imprudent d'adopter légerement tous les réſultats que fourniſſent les analyſes d'un grand nombre de ſubſtances, & ſur-tout des ſubſtances végétales. Mais, lorſqu'ils s'accordent avec des obſervations faites par d'autres moyens, lorſqu'ils ſont le fruit de recherches impartiales & ſans préjugé ; loin d'être rejetés, ils méritent d'être admis, & doivent concourir, pour leur part, à répandre du jour ſur une matiere qu'on veut éclaircir: C'eſt d'après cette idée, que j'ai cru devoir analyſer chimiquement l'ergot, & publier ici les procédés que jai employés, & ce qu'ils ont produit. Parmi les Phyſiciens qui ſe ſont occupés de cette graine, pluſieurs en ont fait une analyſe chimique, entr'autres, MM. Smieder (1), Model (2), Parmentier (3), & Read (4). Mais comme leurs réſultats ne ſont pas les mêmes, comme ils n'ont point d'ailleurs épuiſé toutes les manieres poſſibles d'analyſer, & qu'aucun d'eux n'a fait pour ainſi dire marcher à côté l'analyſe du ſeigle, il m'a paru néceſſaire de reprendre ce travail de nouveau, & de le faire avec le plus grand ſoin. En conſéquence, j'ai choiſi de l'ergot, ſur lequel j'ai répété les expériences ſuivantes (5).

Analyſe de l'Ergot par la voie humide.

Douze onces d'ergot concaſſé, ont été mis dans une cucurbîte, au bain-marie, avec trois livres d'eau. J'en ai tiré par la diſtillation, à la chaleur la plus douce, environ douze onces de produit, que j'ai

---

(1) Hiſtoria morbi Epidemici, anno 1776, in Luſacia, ab eſu clavorum ſecal.

(2) Récréations chimiques.

(3) Idem.

(4) Traité de l'Ergot, ou du Seigle ergoté.

(5) N'étant pas aſſez verſé dans la Chimie, pour m'en rapporter à mes ſeules lumieres, dans une matiere auſſi importante, j'ai eu recours à MM. Bucquet & Cornet, mes Confreres, qui ont bien voulu me guider, & ſe charger ſous mes yeux, de la plus grande partie des opérations. J'en rends ici hommage à l'un & à l'autre, & particulierement à la mémoire du premier, qui, en mourant, a emporté tous nos regrets.

féparé en quatre parts, recevant feulement trois onces à chaque fois ; tous ces produits m'ayant paru parfaitement femblables pour l'odeur & pour le goût, je les ai réuni. C'étoit une eau très-limpide, d'une odeur défagréable, vireufe, & d'un goût nauféabond.

La matiere reftée dans le bain-marie, affectoit le nez, de la même maniere que l'efpece d'efprit recteur, que j'en avois obtenu.

Les grains d'ergot n'etoient point amollis, ni altérés dans leur couleur : l'infufion étoit d'un beau violet. Ayant été verfee par inclinaifon, elle a paru couverte d'une pellicule blanche, qui étoit huileufe, comme je m'en fuis affuré en la touchant, & en en imbibant du papier. M. Read a obfervé que, fi l'on fait macérer l'ergot pendant vingt-quatre heures dans l'eau chaude, il s'en eleve une fubftance onctueufe, qui forme, à la fuperficie, une cuticule affez épaiffe, & de différente couleur. Il a auffi remarqué que l'infufion d'ergot fait effervefcence avec les acides ; mais je n'ai pu voir ni cette couleur, ni cette effervefcence.

L'infufion filtrée & évaporée au bain-marie à ficcité, a fourni quatre gros d'un extrait brun & tranfparent. Cet extrait, mis fur les charbons ardens, fe bourfouffle, brûle fans donner de flamme, & laiffe après lui un charbon très-fpongieux ; il attire fenfiblement l'humidité de l'air, fe diffout entierement dans l'eau, & ne colore point du tout l'efprit-de-vin. Je le regarde donc comme un véritable extrait gommeux.

Si l'on abandonne à elle-même de l'infufion d'ergot, au bout de vingt-quatre heures elle prend une odeur piquante ; elle fe couvre d'une mouffe légere, qui indique un commencement de fermentation : après quarante-huit heures, elle exhale une odeur infecte & putride. Dans cet état, elle verdit le fyrop de violettes, & devient trouble, fi on y ajoute un peu d'efprit-de-vitriol, qui lui fait perdre fon odeur fétide.

J'ai fait bouillir, pendant environ un quart-d'heure, dans quatre pintes d'eau, l'ergot, dont j'avois enlevé l'efprit recteur & la partie extractive par l'infufion ; j'ai filtré la décoction, qui étoit d'un brun rougeâtre affez foncé ; j'ai fait bouillir de nouveau le marc avec quatre autres pintes d'eau ; cette feconde décoction étoit d'un jaune pâle : enfin, j'ai réitéré une troifieme fois, en employant la même quantité d'eau, qui ne s'eft point colorée. Après ces décoctions répétées, la couleur des grains d'ergot n'a pas paru fenfiblement altérée ; elle avoit feulement pénétré dans l'intérieur des grains ; obfervation qui n'a point échappée à M. Read. Ils ne fe font pas trouvés beaucoup plus attendris, ni gonflés ; mais ils font devenus un peu plus fouples. La décoction d'ergot, fuivant M. Read, verdit le fyrop de violettes, & fait effervefcence avec les acides : je n'ai rien pu appercevoir de femblable.

Ayant raffemblé toutes les décoctions, je les ai fait évaporer au bain-marie, & j'ai fait deffécher le réfidu à une chaleur douce ; j'en ai obtenu fix gros d'un extrait brun, d'une odeur affez fétide. Mis fur les charbons ardens, il se boursouffle, brûle sans donner de flamme, & laisse, après sa déflagration, un charbon très-spongieux.

Cet extrait, ayant été soumis à la distillation dans une cornue au fourneau de réverbere, a donné deux gros de produit, qui n'étoit, pour la majeure partie, qu'un esprit roux, fétide, qui a verdi le syrop de violettes, & a fait une vive effervescence avec tous les acides. C'étoit donc, en conséquence, un véritable esprit alkalin, qui se trouvoit couvert de quelques gouttes d'une huile empyreumatique, légere & très-fluide; la matiere restée dans la cornue pesoit un gros; elle étoit de couleur grise, & avoit l'apparence d'une substance saline. A la vérité, la cornue s'étoit entr'ouverte en fondant au feu; ce résidu a verdi le syrop de violettes, & a fait effervescence avec les acides.

L'extrait d'ergot, préparé par décoction, attire l'humidité de l'air; il se dissout entierement dans l'eau, à laquelle il communique une couleur brune très-foncée. Il est insoluble dans l'esprit-de-vin, qu'il colore cependant plus que l'extrait d'ergot préparé par infusion : ce que je crois pouvoir attribuer à l'altération qu'il a éprouvée par la longue action du feu; car je le regarde, ainsi que l'autre, comme un véritable extrait gommeux, mais plus altérable que la plupart des extraits de cette espece, à en juger par la nature des produits qu'il fournit, & par la facilité avec laquelle la dissolution de cet extrait tourne à la putréfaction.

Analyſe du Seigle, par la voie humide.

J'AI mis en digeſtion, dans une cucurbite de verre, avec trois livres d'eau pure, douze onces de ſeigle de la derniere récolte ; il s'eſt tellement gonflé, qu'il a abſorbé preſque la totalité de l'eau. En cet état, il a été ſoumis à la diſtillation au bain-marie, & a laiſſé échapper douze onces d'une liqueur de ſaveur douce, qui n'a point changé la teinture bleue des végétaux.

Ce qui reſtoit dans la cucurbite étoit très-volumineux, & ſi adhérent aux parois, que c'eſt avec beaucoup de peine qu'on l'en a détaché. Je l'ai fait bouillir dans ſuffiſante quantité d'eau pour en tirer la partie extractive. Six pintes ſuffirent à peine ; car cette quantité d'eau fut convertie en une eſpece de gelée, ſemblable à de la colle d'amidon, ſans odeur, d'une ſaveur agréable, ſoluble dans l'eau, ne laiſſant après elle aucun dépôt. Elle s'eſt conſervée quelques temps ſans s'altérer ; au bout de huit à dix jours elle a commencé à s'aigrir, & ce mouvement de fermentation en a détruit la viſcoſité. Cette premiere opération établit déja une différence entre les produits chimiques du ſeigle & ceux de l'ergot ; elle fait voir ſur-tout que dans celui-ci il ne ſe trouve point de partie amilacée, puiſqu'il ne fournit point de mucilage, qui eſt très-abondant dans le ſeigle.

Analyse de l'Ergot, à feu nu, ou par la voie séche.

J'AI diftillé douze onces d'ergot dans une cornue de verre, au feu de réverbere, en procédant d'abord par une chaleur très-douce. J'en ai retiré deux onces d'un phlegme tranfparent, dont les premieres portions verdiffoient fenfiblement le fyrop de violettes. Il avoit une odeur d'alkali volatil très-défagréable. J'augmentai infenfiblement le feu, jufqu'à faire rougir la cornue, que j'ai tenue dans cet état pendant environ deux heures. J'ai obtenu une once & un gros & demi d'un efprit roux, fétide, & capable de verdir le fyrop de violettes, & de faire une effervefcence marquée avec les acides. Il étoit couvert d'une couche d'huile épaiffe, & figée en forme de beurre, du poids de trois onces. Le charbon refté dans la cornue pefoit une once & cinq gros ; il confervoit la forme des grains d'ergot, qui paroiffoient brillans comme des fubftances métalliques. La cornue, qui avoit été ramollie & déformée par le feu, étoit enduite, à l'intérieur, d'une efpece de vernis auffi brillant. Le charbon d'ergot ne fait pas effervefcence avec les acides, & ne verdit que foiblement le fyrop de violettes ; il brûle très-difficilement : je l'ai tenu dans un creufet pendant quinze heures, à un très-grand feu, fans pouvoir le réduire en une véritable cendre : il s'eft feulement converti en une matiere demi-fondue, de couleur de rouille, blanche en quelques endroits, avec l'apparence faline, & du poids d'un gros. Je l'ai leſſivé avec deux onces d'eau diſtillée : la leſſive filtrée n'a point fait efferveſcence avec les acides ; mais elle a verdi le ſyrop de violettes, & a précïpité des ſels à baſe terreuſe & des ſels à baſe métallique. Elle étoit donc ſenſiblement alkaline.

L'ergot, dont j'avois enlevé l'extrait par des dé-coctions répétées, ayant été ſéché, peſoit ſix onces & cinq gros. Je l'ai également ſoumis à la diſtillation dans une cornue au feu de réverbere, & j'en ai retiré trois gros & demi d'un eſprit roux & fétide, qui ver-diſſoit le ſyrop de violettes, & faiſoit cependant peu d'efferveſcence avec les acides. Il étoit auſſi couvert d'une couche épaiſſe d'huile brune & figée, qui pe-ſoit deux onces & demie & demi gros. Le charbon reſté dans la cornue conſervoit encore la forme des grains d'ergot, & avoit pareillement une apparence métallique : il ne faiſoit point efferveſcence avec les acides, & ne verdiſſoit pas le ſyrop de violettes.

Cette expérience reſſemble, comme on voit, à la précédente ; car les ſix onces & cinq gros d'ergot diſ-tillés en dernier lieu, repréſentoient les douze onces d'ergot, que j'avois d'abord mis en diſtillation au bain-marie : la quantité d'huile retirée dans l'un & l'autre cas, eſt à-peu-près égale ; la différence n'eſt que de trois gros & demi ; mais ce déchet de la ſe-conde expérience, peut être raiſonnablement attribué à l'extrait que j'avois d'abord ſéparé du grain.

Gas contenus dans l'Ergot.

La recherche des différens fluides aëriformes ou gas, qui entrent dans la composition des corps, étant un moyen de plus de les connoître, dont on est redevable à la chimie moderne, j'ai cru devoir examiner quelle étoit la nature de ceux que contenoit l'ergot ; ce qui n'avoit encore été tenté par aucun des Physiciens qui l'avoient analysé. Pour cet effet, une once d'ergot a été mise dans une cornue de verre, placée sur un fourneau ; le bec passoit à travers de l'eau contenue dans une terrine ; & s'insinuoit sous un récipient, aussi rempli d'eau ; appareil simple, décrit par M. de Lassone, premier Médecin du Roi, & inséré dans les Mémoires de l'Académie des Sciences, année 1776. Après avoir laissé échapper l'air atmosphérique de la cornue, j'ai reçu d'abord vingt-quatre pieds cubes de gas, qui étoit de l'air fixe, puisqu'il éteignoit la lumiere ; ensuite, en deux fois, cent seize pouces cubes d'un gas, qui étoit, en grande partie, de l'air inflammable ; car à l'approche d'une lumiere, la premiere portion a pris feu, & a jeté une flamme blanche, qui répandoit une odeur empyreumatique ; la seconde portion, également inflammable, brûloit avec une flamme bleue.

Analyse du Seigle, à feu nu, ou par la voie seche.

Douze onces de seigle ont été exposées dans une cornue au fourneau de réverbere, comme l'ergot ; le feu a été également conduit avec ménagement; d'abord il a paſſé une once de liqueur claire, d'un jaune ci-trin, d'une odeur légcrement empyreumatique, & qui rougiſſoit foiblement la teinture de tourneſol. A un feu plus fort, la liqueur qui diſtilloit étoit plus colorée, plus empyreumatique, & rougiſſoit davan-tage la teinture de tourneſol. Cette ſeconde fois, il en a paſſé trois onces. Bientôt, & preſque en même temps, il eſt entré, dans le récipient, une once d'huile, dont une petite partie, très-légere, ſurna-geoit la liqueur; la plus grande partie, plus épaiſſe, & de la conſiſtance de la poix, s'étoit précipitée au fond. Ce n'eſt que ſur la fin de la diſtillation, qu'il a paſſé un peu d'alkali volatil; ſubſtance regardée, par tous les Chimiſtes, comme étrangere aux végé-taux qu'on analyſe, & qui peut être produite par les changemens ou altérations qu'ils éprouvent dans ce cas, excepté lorſque l'alkali volatil ſe manifeſte dès les premieres impreſſions du feu; car alors on peut croire qu'il exiſte réellement dans les corps ſoumis à la diſtillation. Il eſt reſté dans la cornue trois onces & demie de charbon, ſans ſaveur, ſe réduiſant facilement en poudre, ne produiſant aucun effet avec les acides; les grains de ſeigle avoient con-ſervé leur forme, ils étoient brillans à la ſurface, & avoient un éclat métallique. Cette matiere charbon-neuſe, pulvériſée & expoſée dans un creuſet à un très-grand feu, étoit à peine incinérée à la ſurface au bout de trois heures. Retirée du feu & encore chaude, elle n'a pas formé de pyrophore, comme le charbon de froment, ainſi que je le ferai voir ailleurs.

Pour ſuivre de point en point tous les procédés employés pour l'ergot, j'ai diſtillé de la même maniere le ſeigle, que j'avois dépouillé entierement par des décoctions réitérées de ſa partie amilacée, gommeuſe. Ce n'étoit plus que de l'écorce qui conſervoit la forme des grains, ſeulement un peu applatis. J'en ai retiré encore de l'eſprit acide & de l'huile empyreumatique. Le charbon avoit l'aſpect métallique, comme celui du ſeigle qui n'avoit pas bouilli, & étoit auſſi difficile à incinérer. Une partie réduite en cendres, par douze heures d'ignition, & leſſivée dans l'eau diſtillée, a verdi à peine, d'une maniere ſenſible, le ſyrop de violettes; le ſurplus du charbon a donné une aſſez grande quantité d'alkali fixe.

Gas contenus dans le Seigle.

Une once de ſeigle, diſtillée pour en obtenir les gas, a donné, 1°. trente-ſix pouces d'air, dans lequel la lumiere-brûloit un peu moins bien que dans l'air atmoſphérique. C'étoit de l'air atmoſpherique, mêlé à un peu d'air fixe; 2°. quatre-vingts-quatre pouces d'air inflammable, & trente pouces d'un air plus inflammable encore, qui répandoit, ſans détonner, la flamme de l'eſprit-de-vin.

Comparaison de cette analyse, avec celles qui l'ont précédée.

L'analyse que je viens de faire de l'ergot, me paroît justifier ce qu'avance M. Read (1), qui dit, que les grains ergotés, si on les présente à la flamme d'une chandelle, s'allument comme les amandes, & se convertissent en une cendre noire, d'une odeur empyreumatique, & aussi luisante que celles des cornes & des cheveux brûlés. Il y a, en effet, une grande parité entre les produits de l'ergot & ceux des semences émulsives & en particulier des amandes douces. Car elles m'ont donné, dès les premiers degrés du feu, un flegme sensiblement alkalin, un esprit alkali volatil très-roux, & une quantité considérable d'une huile brune & très-épaisse. M. Read, qui a distillé l'ergot à feu nu, en a également retiré de l'alkali volatil, une huile épaisse & brune, & un charbon, très-difficile à incinérer : d'où il conclud que l'ergot a une qualité alkaline manifeste. Peut-être eût-il été plus exact de dire qu'il étoit susceptible de s'altérer facilement au feu, & qu'il peut fournir de l'alkali volatil; car il est certain, que l'esprit recteur retiré de l'ergot, n'est point du tout alkalin.

M. Model, Chimiste Russe, dans ses Recréations physiques & chimiques, a publié une analyse de l'ergot, qui paroît presque entiérement opposée à celle que je viens

____

(1) Traité de l'Ergot, par M. Read.

de détailler. Car l'Auteur dit avoir retiré de quatre onces d'ergot, deux gros & quelques grains d'un flegme pur, dont la saveur étoit deja acide. A un feu beaucoup plus fort, l'ergot donna six gros d'une liqueur plus acide & plus concentrée que celle qu'on avoit retirée du seigle ; ensuite il passa une huile jaune, mais figée, & semblable à l'huile de cire, du poids de trois gros ; enfin, une once d'une huile brune & fétide.

M. Parmentier a aussi fait l'analyse de l'ergot, qu'il a insérée sous le titre d'Observations & d'additions, dans l'Ouvrage de M. Model, dont il a donné la traduction. Ce Chimiste françois convient, que dans l'analyse à feu nu il a obtenu beaucoup d'huile & de l'alkali volatil. » Mais, dit-il page 439, tous » les grains, dont nous nous nourrissons, donnent à la » fin de leur distillation ces deux produits, en plus » ou moins grande proportion. Ce sont leur muci- » lage & leur partie corticale, qui fournissent l'alkali » volatil ; car l'amidon ne donne absolument que de » l'acide & de l'huile ». On ne sauroit douter que les semences farineuses ne donnent de l'alkali volatil & de l'huile ; mais, comme le dit M. Parmentier lui-même, ce n'est qu'à la fin de la distillation ; au lieu que l'ergot donne de l'alkali volatil, dès les premieres impressions de la chaleur, & il fournit beaucoup plus d'huile qu'aucune semence farineuse. M. Parmentier ne peut attribuer à l'écorce l'alkali volatil qu'on en retire, puisqu'il assure que l'ergot

n'a point d'écorce, quoique cependant il en ait une
senfible, qui s'enleve par la diffection, & c'eft dans
cette pellicule que réfide la partie colorante. A l'égard
du mucilage, M. Parmentier ne décide pas quelle eft
l'efpece que l'ergot en contient; ce qui éft d'autant moins
indifférent, qu'il n'y en a qu'une feule efpece, favoir
la partie glutineufe, qui donne de l'alkali volatil dès les
premiers degrés de chaleur; encore la matiere glutineufe de la farine n'eft-elle pas un vrai mucilage, puifqu'elle ne fe peut diffoudre dans l'eau fans intermede.
Or, je ne connois aucune expérience qui démontre
l'exiftence de la partie glutineufe dans l'ergot.

L'analyfe faite par l'Auteur, que M. Parmentier
a traduit, ne reffemble à celle que j'ai répétée, que
pour la quantité & la qualité de l'huile que nous
avons obtenu l'un & l'autre; mais elles different
effentiellement par la nature de l'efprit, que nous
avons retiré dans la diftillation de l'ergot. Suivant ce
que j'ai obfervé, cet efprit verdit fortement le fyrop de
violettes (1), & fait une effervefcence fenfible avec les
acides; tandis que, fuivant M. Model, il fait effervefcence avec les alkalis, précipite l'hépar, & change
en rofe la couleur du fyrop de violettes. Auffi, cet
Auteur en conclud-il, que l'ergot eft une femence

____

(1) M. Prozet, Apothicaire d'Orléans, ayant diftillé de
l'ergot au bain-marie, en a retiré un efprit, qui coloroit en
verd la teinture bleue des végétaux. *Lettre de M. Prozet,
communiquée par M. Parmentier.*

farineuſe; concluſion, que je ſuis d'autant moins porté à admettre , que les plantes farineuſes ne donnent pas, à beaucoup près, la même quantité d'huile par l'analyſe. D'ailleurs , la ſimilitude que je trouvois entre les produits de l'ergot & ceux de la graine de Sinapi, le peu de molleſſe que contracte l'ergot, même après l'ébullition, la couche huileuſe qui couvre l'infuſion de cette graine, me firent penſer que c'étoit une ſemence émulſive.

Preuves que l'Ergot eſt une graine émulſive.

Pour m'en convaincre davantage , je broyai exactement quelques grains d'ergot dans un mortier de marbre , en ajoutant, peu-à-peu , environ trois onces d'eau diſtillée. Il en réſulta une liqueur de couleur de gris-de-lin pâle, laquelle, paſſée par un linge , avoit tous les caractères d'une véritable émulſion. Sa ſaveur étoit déſagréable, & ne peut être comparée qu'à celle des haricots cruds. Elle a conſervé ſa qualité laiteuſe pendant plus de trente heures ; elle n'a laiſſé dépoſer que quelques portions du parenchyme des grains qui n'étoient pas aſſez diviſés, & ſa ſurface s'eſt couverte d'une pellicule d'un blanc de lait, comme il arrive aux émulſions abandonnées à elles-mêmes.

Enfin, dix onces d'ergot réduites en poudre groſ-ſiere, ont été renfermées dans une toile forte , & ont été ſoumiſes à la preſſe. Elles ont donné deux gros d'une huile jaunâtre, limpide, & très-combuſtible : je crois pouvoir affurer que cette quantité d'ergot eût pu m'en fournir davantage ; mais je n'avois à ma portée qu'une preffe de bois très-foible, & d'ailleurs la poudre d'ergot étoit renfermée dans une toile neuve, qui a abforbé une partie de l'huile.

Quoique je fuffe convaincu, d'après tous les faits précédens, du caractere émulfif de l'ergot, & de la différence qu'il y avoit entre lui & le feigle, pour m'affurer davantage de cette différence, j'ai employé les moyens fuivans.

J'ai mis féparément en macération dans l'eau froide, des quantités égales d'ergot & de feigle fain ; auffi-tôt le feigle s'eft précipité au fond de l'eau ; l'ergot a furnagé, & ne s'eft précipité que quelque temps après avoir été imprégné d'eau, dont il n'abforbe qu'une très-petite quantité, tandis que le feigle en abforbe au point de fe gonfler confidérablement, & même de crever. Ces deux mélanges ayant été abandonnés à eux-mêmes pendant quarante-huit heures, le feigle exhaloit une odeur piquante & vineufe ; il s'étoit formé au-deffus de l'eau dans laquelle étoit l'ergot, une couche graffe au toucher, & d'une odeur fétide (1). Le quatrieme jour, le piquant du feigle étoit augmenté, & la fétidité de l'ergot étoit telle, que je ne pus le garder plus long-temps dans le lieu où fe faifoit l'expérience.

____

(1) M. Prozet, déja cité, ayant fait la même infufion, l'a effayé avec le fyrop de violettes, qu'elle a verdi. *Lettre de M. Prozet, communiquée par M. Parmentier.*

M. Model, dans son Analyse de l'Ergot, dit que cette graine, macérée dans l'eau, a une odeur acide, & qu'il s'éleve à la surface une poudre blanche farineuse. Il dit aussi que la décoction d'ergot réduit en poudre, passe promptement à l'acidité. Il ajoute, dans son Supplément à l'Analyse de l'Ergot, qu'il n'est pas possible de retirer de l'alkali volatil de cette graine, ni par la macération, ni par la distillation. Dans tous ces cas, j'ai vu absolument le contraire.

J'ai pris six onces d'ergot en poudre; je les ai humecté pour en former une pâte, qui a absorbé quatre onces & demie d'eau; cette pâte n'avoit aucun liant, & n'a pu me donner le moindre indice de l'existence d'une partie glutineuse : ce qui prouve, de la manière la plus sensible, la différence de l'ergot & du seigle. On lit dans l'extrait d'un Mémoire (1) de M. Schleger, Médecin du Landgrave de Hesse Cassel, que » l'ergot, concassé grossiérement & infusé dans » l'eau pure, est entré en fermentation, sans qu'il » ait été nécessaire d'y ajouter un ferment ; qu'on l'a » distillé, & qu'il a fourni une eau verdâtre, d'un » goût aigrelet «. Ces effets sont entiérement opposés à ceux que j'ai observés.

Nature de la partie colorante de l'Ergot.

Afin de déterminer la nature de la partie colorante de l'ergot qui me restoit à examiner, j'en ai fait

____

(1) Journal Encyclopédique, du mois de Juin 1771, page 211.

macérer dans de l'efprit-de-vin très-pur ; il n'a pris aucune couleur, quoique M. Model ait affuré que cette
graine donne fa couleur à l'efprit-de-vin. Les alkalis
fixes & volatils cauftiques décolorent l'ergot promptement, & forment avec lui des teintures très-chargées.
Celle, qui eft faite par l'alkali fixe cauftique, eft d'un
brun foncé, & celle, qui eft faite par l'alkali volatil
cauftique, eft d'un brun rougeâtre : toutes les deux
font précipitées par les acides. La teinture d'ergot,
obtenue par l'alkali fixe cauftique, a fourni, lorfque
je l'ai précipitée avec l'efprit-de-vitriol, une fécule
d'un très-beau rouge. La liqueur qui furnageoit, étoit
très-claire & fans couleur.

Il réfulte de ces expériences, que l'ergot, comme
le fafran, le carthame , & beaucoup d'autres fubftances végétales colorées, contient deux fortes de matieres colorantes ; dont l'une eft extractive & très-
diffoluble dans l'eau ; l'autre eft une réfine d'une nature particuliere, que l'efprit-de-vin n'attaque point,
mais à laquelle les alkalis fe combinent facilement,
& dont ils peuvent être féparés par les acides.

A l'égard de l'amidon & du mucilage que M. Parmentier admet dans l'ergot, mais dans un état de
combinaifon particuliere, & pour ainfi dire defféché,
je n'ai rien obfervé qui pût tendre à démontrer l'exiftence de ces fubftances.

Les grains d'ergot m'ont paru ne contenir, indépendamment de la partie colorante, dont il vient
d'être queftion, qu'un principe odorant très-fétide ,

de l'air fixe, de l'air inflammable, une grande quantité d'huile douce, (1) une petite portion de matiere extractive gommeuse, très-susceptible de s'alterer, & de donner de l'alkali volatil & très-peu de terre, ainsi qu'on en retire par l'analyse des semences émulsives.

Les grains de seigle fournissent, dans l'analyse, un mucilage abondant, peu de matiere huileuse, un esprit acide, &, sur la fin de la distillation à feu nu, une petite quantité d'alkali volatil; mais bien plus d'alkali fixe, qu'on retrouve dans les cendres; produits ordinaires des semences farineuses.

Ce tableau comparé, offre des differences sensibles entre les principes constitutifs de l'ergot & ceux du seigle. Il est difficile de comprendre comment une graine, qui prend naissance dans des bâles pareilles à celles où se forment les grains de seigle, étant portée sur la même tige, sur le même épi, & nourrie de la même seve, est tellement altérée, qu'elle n'a ni la forme, ni la couleur, ni les principes du seigle. Mais ce n'est pas le seul mystère que nous offre le regne végétal : il est inutile de chercher à le pénétrer.

----

(1) Schmieder a fait l'analyse de l'ergot, à feu nu. Il en a obtenu un esprit urineux très-volatil, beaucoup d'huile, de couleur brune, & quelques grains d'un sel volatil. *Historia morbi Epidemici*, an. 1776. *In Lusacia, ab esu clavor. secali.*

DES CAUSES DE L'ERGOT.

Je sens parfaitement toute l'importance de cet article, toujours très-difficile à traiter, parce que c'est celui où l'esprit de système se glisse le plus aisément ; aussi ne m'attacherai-je qu'à exposer les diverses opinions & les fondemens sur lesquels elles sont appuyées, & à rendre compte des expériences que j'ai tentées pour savoir ce qu'on doit penser de tout ce qui a été écrit sur cet objet.

Selon l'opinion le plus généralement répandue parmi les habitans des campagnes, l'ergot est occasionné par la pluie ou les brouillards qui tombent sur les épis du seigle. Langius, (1) Médecin & Naturaliste, admet, outre ces deux causes, les rosées & l'excessive humidité de l'air. Voici l'explication qu'il en tire : L'air humide, imprégné de nitre, de soufre volatil & d'autres particules-subtiles, est extrêmement pénétrant ; il environne l'épi, amollit la bâle, l'étend, presse l'écorce du grain, le dispose à la corruption, excite un mouvement de fermentation, & ainsi augmente sa croissance

On lit dans l'Histoire de l'Académie Royale des Sciences, année 1710, p. 63, d'après M. Fagon, (2)

----

(1) *Descriptio morborum ex esu clavorum secalinorum cum pane. Lucernæ* 1717. *act. Lipf.* année 1718, page 309.

(2) Le Mémoire de M. Fagon n'a pas été imprimé. On n'en connoît que l'Extrait, donné dans l'Histoire de l'Académie des Sciences.

» qu'il y a des brouillards qui gâtent les fromens, &
» dont la plupart des épis de feigle fe défendent par
» leurs barbes : dans ceux que cette humidité ma-
» ligne peut atteindre & pénétrer, elle pourrit la
» peau qui couvre le grain, la noircit, & altére la
» fubftance du grain même. La feve qui s'y porte,
» n'étant plus refferrée pat la peau dans les bornes
» ordinaires, s'y porte en plus grande abondance, &,
» s'amaffant irréguliérement, forme une efpece de
» monftre, parce qu'il eft compofé d'un mélange de
» cette feve fuperflue avec une humidité maligne. Ce
» n'eft que dans le feigle que fe trouve l'ergot. « Et
plus loin, » cette mauvaife efpece de grain vient en
» plus grande abondance dans les terres humides &
» froides, & dans les années pluvieufes. Un certain
» feigle particulier qu'on feme en Mars, y eft plus
» fujet que ceux qu'on feme en automne. «

M. Lemonnier, favant Botanifte, a avancé, dans
le volume de la Méridienne de Paris, (1) que les récoltes, dans quelques endroits du Berry, font fouvent endommagées par des vents humides & chauds,
qui regnent pendant les mois de Juin & de Juillet,
& qu'on voyoit alors beaucoup de fromens niellés &
ergotés.

Je m'en tiens à ces autorités pour une opinion qui
paroît fondée fur des obfervations faites depuis long-

------

(1) Suite des Mémoires de l'Académie des Sciences,
1740, troifieme Partie, page 114.

temps. En effet, il se forme en Sologne, comme je l'ai dit, plus d'ergot dans les années pluvieuses & humides, que dans les années seches. Les terrains situés sur les bords des marais & auprès des bois, & par conséquent le plus exposés aux brouillards, en produisent une grande quantité. On voit les fromens se gâter, quand il s'éleve certains brouillards, qui les couvrent dans la force de leur végétation. Pourquoi, dira-t-on, le seigle ne seroit-il pas susceptible, comme le froment, de la mauvaise influence de l'air ? A ces raisons, propres à appuyer la premiere opinion, il est aisé d'en opposer d'autres qui pourront, au moins, les balancer.

J'observerai d'abord, que l'explication que donne Langius est hasardée, & qu'il suppose, dans l'air, des corpuscules de diverse nature, qui n'y sont pas démontrés, & une maniere d'agir bien difficile à prouver. Ce que M. Fagon dit, mérite une discussion particuliere.

Il est vrai qu'il y a des brouillards qui gâtent les fromens, & dont la plupart des épis du seigle se défendent, non pas à cause de leurs barbes, comme le croyoit M. Fagon, mais parce que le seigle, à l'époque où ces brouillards sont nuisibles, n'en peut plus être affecté. Ces brouillards, dans les fromens barbus comme dans les fromens sans barbe, causent évidemment la rouille; maladie dont le seigle est peu susceptible; car ce grain étant plus hâtif que les autres, & n'ayant pas une végétation vigoureuse, il n'est pas aussi fujet aux effets d'une tranfpiration fupprimée, & par conféquent à la rouille. Auffi remarque-t on que les champs de méteil, dont les épis de feigle excédent ceux du froment, fe rouillent moins que les champs de pur froment. M. Fagon, au refte, regarde l'humidité de l'air, comme caufe & des maladies du froment & de celles du feigle, qu'il paroît confondre, quoiqu'elles ne fe reffemblent pas. Si cette humidité produifoit de l'ergot en pourriffant la peau, qui recouvre le grain & en la noirciffant, le mal ne commenceroit-il pas par la partie du grain qui eft le plus à découvert, & le plus expofée au contact de l'air? Or, j'ai obfervé précifément le contraire. On ne peut difconvenir, avec M. Fagon, que l'ergot vient en grande abondance dans les terres humides & froides, & dans les années pluvieufes; mais ce ne font pas là les feules circonftances qui en donnent le plus; & je ne me fuis pas apperçu que le feigle de Mars y fût beaucoup plus fujet que celui qu'on feme en automne. Je me fuis affuré, par une expérience, que du feigle femé le 18 Septembre, n'avoit pas plus d'ergot que du feigle femé le 21 Octobre, c'eft-à-dire, un mois plus tard, quoique bien des gens penfaffent que ce dernier dût en avoir davantage.

Il eft étonnant que M. Lemonnier annonce que, dans fon voyage du Berry, il voyoit beaucoup de fromens niellés & ergotés, parce qu'il eft extrêmement rare de trouver des épis de froment ergotés. Quelques recherches que j'aie faites depuis huit ans, en paffant

l'été au milieu de vaftes plaines de froment, je n'en
ai découvert qu'un feul épi ergoté. Je ferois porté à
croire que les ergots que M. Lemonnier a vus, étoient
fur du feigle; d'autant plus que je fuis certain que
cette efpece de grain en produit beaucoup dans la
partie du Berry dont il s'agit, & que la nielle (nom
qu'on donne au charbon) étoit fur du froment. Ce
qu'il y a de prouvé, c'eft que le charbon n'eft pas dû
aux vents humides & chauds : je doute qu'on puiffe
leur attribuer l'ergot, puifqu'on affûre qu'il eft plus
abondant dans les années humides & froides.

L'opinion de M. Tillet ne mérite pas moins d'attention que la précédente. Une circonftance particuliere lui en a donné l'idée. En faifant des expériences
pour conftater les caufes d'une maladie du froment,
il trouva quelques épis ergotés, &, dans les ergots,
des vers renfermés, qui fe changerent en papillons
de la plus petite efpece. Il examina l'ergot avec plus
de foin, & crut appercevoir à fa bafe un trou
qui communiquoit dans un canal intérieur, pratiqué
au centre. Quelquefois l'infecte endommageoit peu
l'ergot; quelquefois il en rongeoit tout l'intérieur, &
ne laiffoit que l'écorce. Ces fentes, qu'on découvre
fur de gros ergots, & que Langius & d'autres ont attribué à la féchereffe, M. Tillet les regarde comme
l'ouvrage du même infecte. Il s'étaye des obfervations
de MM. Marchant & de Réaumur, fur les galles de
différens végétaux, qui, pour la plupart, doivent leur
origine à des infectes.

M. Read

M. Read & plufieurs autres Phyficiens ont adopté l'opinion de M. Tillet, qui, au premier coup-d'œil, paroît vraifemblable; mais cependant elle n'eft pas prouvée : car, indépendamment de ce que cet Académicien eftimable convient qu'il n'a trouvé des infectes que dans le plus petit nombre des ergots foumis à l'examen; pour mettre la chofe hors de doute, il eût fallu qu'il eût vu les infectes piquer les bâles ou les jeunes grains de feigle, ou que les papillons, qu'il en a obtenus euffent produit des œufs & des infectes, pareils à ceux qui les avoient formés. D'ailleurs, comment peut-on être affuré que ces infectes foient la caufe de l'ergot, puifqu'il eft également poffible qu'ils ne s'y introduifent que pour s'en nourrir, comme on voit des charanfons ou des milabres ronger intérieurement du froment, des pois, des fèves, des lentilles, &c? On a cru que les petites mouches, qui fe rencontrent fur les épis du feigle, à l'époque de leur floraifon, en piquoient certaines bâles, & donnoient naiffance à l'ergot. Dans ce cas, il faudroit admettre d'autres infectes que ceux qu'admet M. Tillet, puifque les derniers, au lieu de mouches, donnent des papillons. J'ai déja fait obferver qu'il ne fe formoit pas d'ergots dans les bâles, qui renfermoient plufieurs petits vers de couleur jaune aurore, parce que j'en ai fuivi plufieurs avec beaucoup d'affiduité. Voilà donc deux fortes d'infectes qui ne font pas caufe de l'ergot. Enfin, le P. Cotte (1) ayant con-

____

(1) Lettre du P. Cotte, 20 Octobre 1776.

E

fervé pendant trois mois des grains ergotés, les a vu
fe réduire en pouffiere, & fervir de nourriture à de
petits infectes. Mais il a cru qu'ils pouvoient y être
venus après-coup : ce qui eft d'autant plus vraifemblable, que des grains ergotés que j'ai gardé cinq ans,
étoient, au bout de ce temps, entiers & fains.

Les fectateurs d'une troifieme opinion croient que
l'humidité du fol eft la caufe principale de l'ergot :
ils fe fondent fur ce qu'il en croît davantage dans les
terres abreuvées d'eau, & dans les années pluvieufes.
Mais on en trouve auffi dans des endroits élevés, fur
des remparts, dans des années feches. M. Tillet en
cite des exemples ; j'en ai cité plufieurs précédemment.
M. le Comte du Buat, Seigneur de Nancay en Sologne, pour s'affurer s'il étoit vrai que plus un terrain eft humide, plus on y trouve d'ergot, choifit (1)
trois pieces de terre différemment fituées, l'une dans
un endroit un peu plus élevé que le refte du pays,
l'autre dans un lieu qui l'étoit moins, & la troifieme
dans un parc auprès d'un large foffé, pratiqué pour
égouter les eaux. Le terrain le plus élevé produifit le
plus d'ergots. Je dois à la vérité de dire qu'il n'étoit
pas beaucoup plus élevé que ceux du pays, & que
les fillons auxquels on donne un pied d'élévation, y
étoient difpofés tranfverfalement ; enforte, qu'au rapport de quelques habitans même, ils avoient été

____

(1) Le Mémoire de M. le Comte du Buat, eft un Ma-
nufcrit, que j'ai entre les mains.

long-temps couverts d'eau : ce qui m'empêcha de me rendre à l'avis de M. du Buat, qui d'abord m'avoit fait une grande impreſſion. Ces trois champs furent ſemés à des époques différentes; ſavoir, un au commencement d'Octobre, un autre à la mi-Novembre, & le troiſieme vers la fin de Décembre. M. du Buat alloit ſouvent les viſiter : il remarqua que la floraiſon, dans les deux derniers ſemés, avoit été ſucceſſive, ayant duré plus d'un mois, pendant lequel le temps fut alternativement beau & pluvieux. La floraiſon de la piece ſemée la premiere & dans le terrain le plus élevé, avoit été ſimultanée, & s'étoit paſſée en huit jours, durant une pluie continuelle. Il en eſt réſulté que la piece enſemencée de bonne heure, & dont la floraiſon s'étoit faite rapidement, & pendant la pluie, fut perdue d'ergots; au lieu qu'il y en eut bien moins dans les deux autres, enſemencées plus tard, & dont la floraiſon fut de longue durée, avec des alternatives de beau & de mauvais temps. Cette expérience expliqueroit pourquoi il ſe trouve, dans le même canton, des champs remplis d'ergot, & d'autres qui n'en ont guere; pourquoi, dans la même piece de terre, il y a des épis qui en ſont infectés, tandis que les autres en ſont exempts; pourquoi enfin, un épi a plus ou moins d'ergots. C'eſt que les effers de la pluie, à laquelle, dans ce cas, il faudroit rapporter la formation de l'ergot, dépendroient, d'après M. du Buat, de l'état & du degré de floraiſon où ſeroient les différens champs de ſeigle, les différens épis & les différens germes. Cette ingénieuse remarque feroit d'un grand poids, si elle eût été faite dans differens pays, par differentes perfonnes, & si l'on pouvoit fe perfuader que la floraifon d'une piece de terre, dont tous les grains ont été femés au même temps, ait été tellement fucceffive, qu'il y ait eu prefque un mois de différence entre celle d'un épi & celle d'un autre, & que la floraifon ait été plus prompte dans la piece de terre qui a fleuri pendant la pluie. On demanderoit encore pourquoi les feigles de Sologne font plus fujets à être gâtés par les pluies pendant leur floraifon, que ceux des autres provinces.

Dans une quatrieme opinion, adoptée par d'autres Savans, l'ergot eft regardé comme une môle occafionnée par un défaut de fécondation : le piftil, dans ce cas, ne recevant point la pouffiere des étamines, le grain devient monftrueux. C'eft ainfi qu'ont penfé les célebres Geoffroy (1) & Bernard de Juffieu ; c'eft ainfi que penfent MM. Aymen (2) & Beguillet (3). Cette opinion n'eft pas contraire aux trois qui la précédent ; car, en la fuppofant bien fondée, le défaut de fécondation ne peut être qu'une caufe immédiate de l'ergot ; & il en faut admettre une autre qui la détermine, foit des piquures d'infectes, foit la pluie ou

---

(1) Mémoire de l'Académie des Sciences, 1711.
(2) Tomes III & IV, des Savans étrangers.
(3) Differtation fur l'Ergot, ou Blé cornu, imprimée à Dijon, en 1761.

le brouillard, foit l'humidité ou la nature du fol. Je
ne rappellerai point ici tout ce qu'on lit dans l'Encyclopédie, fur la maniere d'expliquer comment un
défaut de fécondation peut produire l'ergot : je ne
dois infifter que fur.des faits, & non fur des raifon-
nemens. Il eft certain que plufieurs vegetaux portent
des fruits informes & extraordinaires; mais il n'eft pas
facile de décider quel eft l'accident qui y donne lieu.
J'obferverai feulement, à l'egard de l'ergot, que s'il
s'en formoit dans toutes les bâles, dont les ovaires ne
font pas fécondés, les feigles, non-feulement de la
Sologne, mais de tous les pays où l'on en cultive,
en feroient remplis chaque année, ainfi que le froment, l'orge & l'avoine. Beaucoup de bâles de graminées contiennent des ovaires qui n'ont pas été fécondés : ils font dans un état de deffechement, & on
n'y apperçoit point de principe d'ergot. M. Aymen,
Cultivateur & Phyficien éclairé, pour appuyer fon
avis, compare l'ergot au charbon : c'eft de la carie
qu'il veut parler, fans doute, d'après ce qu'il en dit.
Or ces deux maladies ne fe reffemblent pas; je crois
qu'en cela M. Aymen fe trompe; car il paroît que
l'ergot ne fe forme que quand le grain de feigle eft
déja formé, & que c'eft aux dépens de celui-ci. Les
grains, qui font en partie du feigle, & en partie de
l'ergot, le font d'autant plus préfumer, que, comme
je l'ai expofe, la·partie ergotée eft tantôt d'un
quart, tantôt d'un tiers, tantôt. de la moitié,
& qu'elle eft toujours le plus près du fupport.

D'ailleurs, j'ai déja fait obferver que la corruption commençoit par un point renfermé dans la bâle, & qu'elle s'étendoit de plus en plus. Dans les bâles qui renferment des grains ergotés, on ne voit aucun refte d'étamines : ce qui indique que leur développement, en fuppofant qu'il ait eu lieu, a été complet, & qu'a-près avoir produit leur effet, elles font tombées comme celles des fleurs qui fructifient. Il n'en eft pas de même de la carie, dont le principe fe manifefte long-temps avant que l'épi foit apparent & forti du fourreau ; l'ovaire y eft à peine formé, qu'il eft altéré & infect, les étamines ne font pas détruites ; on les trouve flaf-ques feulement, & collées fur les grains de carie, & dans un état de defféchement. Enfin, il m'eft difficile de regarder le défaut de fécondation comme caufe de l'ergot, puifque j'ai obfervé dans plufieurs bâles de petits corps blanchâtres fort reffemblans au feigle, & qui font devenus violets par degrés, ayant com-mencé par la partie où eft placé ordinairement le germe.

Après avoir rapporté, fur les caufes de l'ergot, celles des opinions qui font établies d'après des faits, & les feules qui méritent attention, j'expoferai les di-verfes expériences que j'ai tentées pour éclaircir ces objets, & j'en jugerai les réfultats avec la même fé-vérité.

Expériences qui tendent à faire connoître, si la pluie est cause de l'Ergot.

Au mois de Juin 1778, n'ayant pu avoir de l'eau stagnante, parce que les mares étoient à sec, (1) j'exposai, pendant quelque temps, de l'eau de puits à l'air chaud, afin que, par le séjour, elle acquit, s'il étoit possible, une mauvaise qualité. Je m'en servis pour arroser, 1°. six principaux épis de seigle, d'une même souche, dont les étamines étoient récemment sorties de leurs bâles, c'est-à-dire, qui étoient en pleine fleur. L'arrosement se faisoit sur les épis seulement, à l'aide d'une petite seringue, de maniere que l'eau y tomboit en forme de pluie, & que j'en insinuois souvent entre les paquets de fleurs appartenantes aux mêmes calices; 2°. trois épis tardifs ou secondaires, de la même souche que les précedens, & dont les étamines étoient encore dans les bâles, &, par conséquent dans un état different; 3°. trois épis foibles d'une autre souche; l'un étoit nouvellement défleuri, l'autre en pleine fleur, & le troisieme prêt à fleurir. Ceux-ci furent arrosés pendant vingt-deux jours, & les autres pendant dix-huit jours de suite, quelquefois deux fois par jour. Au moment de la maturité, les six épis principaux se trouverent les plus beaux du canton; car ils avoient cinq pouces de longueur, & les grains qu'ils contenoient étoient très-gros. Quel-

(1) Ces expériences ont été faites à Andonville, en Beauce.

ques fleurs cependant avoient coulé : ce que je ne crois pas devoir attribuer à l'arrofement, puifqu'à cet égard ces épis reffembloient à beaucoup d'autres abandonnés à eux-mêmes. Les trois épis fecondaires, & qui avoient été arrofés avant leur floraifon, ne différoient des premiers que parce qu'ils avoient un peu plus de bâles vuides : ils étoient auffi femblables, en cela, à des épis fecondaires non arrofés. Leur floraifon n'en a paru ni accélérée ni retardée. Il en étoit de même des trois épis foibles d'une autre fouche, & qui avoient été arrofés, chacun étant dans un état différent : aucun de ces douze épis n'a fouffert & n'a produit d'ergot; ils en ont même profité davantage.

J'ai arrofé, de la même maniere, quatre épis de froment bien conftitués. Mon intention étoit, fi je parvenois à y faire naître de l'ergot par ce moyen, d'en tirer la plus forte induction, puifque le froment porte rarement de ce grain. L'arrofement fe fit avant la floraifon, & fut continué long-temps après. Les épis fleurirent bien, & furent remplis de très-beaux grains.

De ces faits, je ne conclurai pas que jamais la pluie, qui tombe fur les épis du feigle, ne peut leur être nuifible, parce que j'ignore fi certaines pluies ne contiennent pas des principes malins & deftructeurs; mais pouvois-je imiter autrement la pluie? On en peut au moins conjecturer qu'elle n'eft pas la véritable caufe de l'ergot, fur-tout puifqu'on en produit par d'autres moyens.

*Expériences qui tendent à faire connoître si les piquures
d'insectes sont cause de l'Ergot.*

Afin de savoir ce que produiroient des piquures
faites à travers des bâles de seigle, les jeunes grains
étant plus ou moins avancés, ou même étant à
peine formés, 1°. je piquai profondément, avec un
stilet, les bâles inférieures de deux épis de seigle,
dont les supérieures étoient en fleur, & toutes les
bâles d'un troisieme épi de la même souche, qui n'a-
voit pas encore commencé à fleurir; de maniere que
le stilet atteignit le pistil ou l'embryon; 2°. toutes
les bâles de l'épi d'une souche particuliere, & plus
avancé que les précédens, dont j'avois ôté quelques
étamines après leur sortie; 3°. les bâles des deux ran-
gées d'un épi, celles d'une rangée seulement d'un autre épi, & celles de la moitié d'une rangée d'un troisieme épi, les grains de ces trois derniers épis ayant
déja une ligne ou une ligne & demie de longueur;
4°. toutes les bâles de deux épis de seigle, qui étoient
bien formés, & que j'ai arrosés par injection pendant
quinze jours, pour voir si dans ceux-ci l'eau s'insi-
nuant par les piquures à travers les bâles, donne-
roit naissance à de l'ergot : moyen de perfectionner
encore une des expériences précédentes.

Dans tous ces cas, les épis étoient sains au temps
de la récolte; ils contenoient des grains en bon état,
sans qu'il y eût de bâles vuides, ni d'ergots.

Je ne me dissimule pas que des piquures de stilet

ne peuvent remplacer celles d'un infecte, qui introduit un fluide capable de caufer des altérations; auffi ne préfenté-je pas ces faits pour détruire l'opinion de M. Tillet, mais feulement pour rendre compte de ce que j'ai imaginé pour fuppléer, autant qu'il étoit en moi, aux piquures d'infectes. Toutes infuffifantes que doivent paroître ces expériences, elles feront peut-être de quelque force, comme celles qui les précédent, fi je parviens, par une autre maniere, à faire naitre de l'ergot.

Expériences, qui tendent à faire connoître fi l'humidité du fol eft la caufe de l'Ergot.

A parler exactement, c'eft, en France, la Sologne qui produit le plus d'ergot : tout ce qu'on en voit ailleurs, quelque confidérable qu'on le dife, n'eft pas comparable à ce qui s'en trouve dans ce pays-là. C'eft donc, d'après les circonftances que réunit la Sologne, qu'il faut chercher la caufe de l'ergot. Le fol en eft toujours humide ou frais, parce qu'il eft compofé d'argile & de fable qui le recouvre. Préfumant que ce terrain pouvoit être plus propre qu'aucun autre à la production de l'ergot, foit à caufe de fon humidité plus ou moins grande, foit à caufe de quelque qualité particuliere, j'en formai artificiellement un pareil en Beauce, pays où l'ergot eft très-rare, afin de donner encore plus de force à l'expérience. Je fis enlever la terre franche d'un efpace de quatre pieds fur trois, & mettre à la place un lit de terre glaife,

& par-deſſus un lit de ſable blanchâtre, tel que j'avois pu me le procurer. Les premiers jours d'Avril, on l'enſemença de ſeigle d'automne, récolté dans le pays; c'eſt à cette époque que les habitans de la Sologne ſement leurs ſeigles de Mars. On enſemença, en même temps, & du même ſeigle, deux terrains ordinaires, chacun d'une étendue égale à celle du terrain factice, & ſitués des deux côtés, pour avoir des objets de comparaiſon. Ils étoient le long d'un mur, à l'expoſition du Nord: circonſtances plus propres à tenir le pied du grain frais. Les deux terrains ordinaires furent abandonnés à la nature; mais on arroſa de temps en temps le terrain factice, ſur-tout lorſqu'il faiſoit ſec, avant & après la floraiſon du ſeigle. Incertain ſi la formation de l'ergot ne dépendoit pas de deux cauſes combinées, ſavoir, de l'humidité du ſol & de l'effet immédiat de la pluie, ſur les épis du ſeigle; j'en arroſai, par injection, ſix, choiſis dans le terrain factice, en commençant avant leur floraiſon, & continuant après. Le vent en caſſa deux, avant que je puſſe voir ſi le grain étoit formé.

Vers le 20 Juillet, on commença à découvrir les premiers ergots dans le terrain factice, c'eſt-à-dire, compoſé de glaiſe & de ſable. Chaque jour on en vit éclôre de nouveaux, d'abord dans les épis principaux, enſuite dans les épis ſecondaires (1). Des quatre, qui

---

(1) M. Antoine-Laurent de Juſſieu a vu les terrains, & la formation des premiers ergots, dans le terrain factice.

avoient été arrofés par injection, trois portoient des ergots & des grains de feigle très-beaux; ce qui n'eft point étonnant, puifque j'ai remarqué plus haut, que des épis, foit de feigle, foit de froment, arrofés de cette maniere, ont produit des grains plus beaux que ceux auxquels on n'a point injecté d'eau. Le feigle eft devenu plus haut dans le terrain factice, parce que l'arrofement a fuppléé à l'ingratitude du fol. Il a produit quatre cens épis, dont quatre-vingts ergotés, tandis que des deux terrains ordinaires, dont la récolte entiere n'étoit que de quatre cens épis, l'un avoit quinze ergots, & l'autre cinq; huit des quinze étoient fur le bord du terrain factice, à l'humidité duquel ils avoient vraifemblablement participé. Comme dans les expériences de recherches, il faut tout compter, le terrain ordinaire, qui a donné quinze épis ergotés, étoit tellement fitué, que fans l'arrofer un peu, on ne pouvoit arrofer le terrain factice.

Si l'on compare feulement le produit en épis ergotés de chacun des terrains ordinaires avec celui du terrain factice, on verra que ce dernier en a porté quatre fois plus qu'un des deux, & dix-neuf fois plus que l'autre. Mais, fi c'eft la proportion des épis fains aux épis ergotés qu'on examine, un des terrains ordinaires a eu un quarantieme d'épis ergotés, & l'autre un treizieme, tandis qu'on en a compté un cinquieme dans le produit du terrain factice, en fuppofant que les huit épis ergotés

qui étoient fur le bord du terrain factice, appar-
tinffent à celui des terrains ordinaires, qui en a eu
quinze. Cette expérience, qui indique des circonftances propres à donner naiffance à une grande
quantité d'ergots, éclaircit en outre un point con-
tefté, puifqu'elle prouve qu'il peut, dans une récolte, fe trouver un cinquieme d'épis ergotés. Que
penfer de l'arrofement fait à quatre épis. par injection, finon que, fans être arrofés, les trois d'entr'eux qui ont porté des ergots, auroient pu en
produire comme tous les autres?

Quelque fatisfaifans que m'aient paru ces réfultats,
cependant ils exigeoient d'autres recherches; car il
falloit découvrir fi la quantité d'ergots qu'a produit
le terrain factice, étoit due à fa qualité, ou à l'arrofement, ou à l'un & à l'autre en même temps. Il
falloit encore placer du feigle à une expofition qui
ne fût pas celle du nord, & le femer en automne,
celui de l'expérience ayant été femé au printemps.

Au mois de Septembre fuivant, je difpofai quatre
planches, chacune de onze pieds fur cinq; on
enleva de deux la terre franche, pour la remplacer
dans une d'un lit de glaife & d'un de fable, &,
dans l'autre, d'un lit de glaife, qu'on recouvrit
de terre franche. Les deux autres refterent dans leur
état ordinaire, ayant feulement été labourées a la
bêche. Elles furent, toutes à la fois, enfemencées
de feigle nouveau, à la fin de Septembre. Elles
étoient feparées par des fentiers de deux pieds, afin

que l'arrofemment qu'on leur devoit donner ne communiquât pas de l'une à l'autre.

Le 16 Mai, peu de jours avant la floraifon, on commença à arrofer, une fois par jour, le terrain compofé de glaife & de fable, & celui qui étoit compofé de glaife & de terre franche. Un des terrains ordinaires a été arrofé deux fois par jour pendant un mois, & l'autre ne l'a pas été du tout.

Ces quatre planches ont produit peu d'ergots; la plupart fe trouvoient dans les épis tardifs, dont les pieds avoient été arrofés avant la floraifon. Le terrain de glaife & de fable, plus avancé que les autres, eût dû être arrofé plutôt. Il a porté quarante-quatre épis ergotés, chargés de beaucoup d'ergots. Le terrain de glaife & de terre franche, arrofé, comme le précédent, une fois par jour, avoit dix-huit épis ergotés : il s'en eft trouvé trente-fix dans un des terrains ordinaires, arrofé deux fois par jour, & neuf dans l'autre terrain ordinaire non arrofé. Les épis ergotés de ces trois derniers terrains, étoient moins chargés d'ergots que ceux du premier. Chacun a produit une petite gerbe de feigle fain, dont il ne m'a pas été poffible de compter les épis. On obfervera que la planche de terrain ordinaire, qui a été arrofée deux fois par jour, & la planche de celui qui avoit été formé de glaife & de fable, étoient expofées prefque toujours au foleil, tandis que les deux autres avoient de l'ombre une partie de la journée; pofition qui les difpofoit à produire de l'ergot, comme je l'ai déja fait obferver.

La plupart des épis ergotés étoient sur les bords des sentiers.

Les conséquences que semble permettre cette expérience, se réduisent à celles-ci. A arrosement égal, un terrain formé de glaise & de sable, produit plus d'ergots qu'un terrain de glaise & de terre franche : il en naît moins dans ce dernier, arrosé une fois par jour, que dans un terrain de pure terre franche, arrosé deux fois par jour ; sans arrosement même, un terrain de terre franche, exposé à l'ombre, & par conséquent plus au frais, donne de l'ergot, mais bien moins que s'il avoit été arrosé. Ne seroit-ce pas la raison pour laquelle, dans l'expérience précédente, il a paru de l'ergot dans les deux terrains ordinaires qui accompagnoient le terrain factice, & qui étoient, comme lui, au Nord? Circonstance qui expliqueroit pourquoi on trouve de l'ergot particuliérement dans les parties des champs de seigle qui sont auprès des bois & des habitations.

Moins scrupuleux, sans doute, je m'en serois tenu, sur les causes de l'ergot, aux faits positifs que je viens de rapporter, & j'aurois été persuadé qu'on doit l'attribuer à l'humidité du sol & à sa qualité, puisque le seigle semé dans un terrain d'argile & de sable, y est le plus sujet. D'autres faits aussi positifs ne s'accordoient pas, en apparence, avec ces causes; car, ainsi que je l'ai deja dit, M. Tillet a trouvé de l'ergot sur des remparts, dans des endroits élevés; M. Fougeroux en a vu sur les bords des chemins; moi-

même j'avois obfervé dans le Berry, dans la Sologne
& en Beauce, que toutes chofes étant égales d'ailleurs, les feigles des terres nouvellement défrichées
produifoient le plus d'ergots : j'en avois aufli découvert le long des chemins, dans des terres incultes,
qui portoient même de l'ivraie ergotée. J'ai donc cru
devoir faire de nouvelles recherches, & des expériences propres, ou à indiquer d'autres caufes, ou à
concilier ces derniers faits avec les premiers.

Pour favoir quelle influence avoit fur la formation
de l'ergot un terrain nouvellement défriché, au mois
d'Octobre 1779, je fis défricher un morceau d'allée
de jardin, de trente-deux pieds fur quatre ; on le partagea en deux parties égales, & on y fema du feigle.
On arrofa l'une vers le temps de la floraifon, & on
n'arrofa pas l'autre. Celle-ci a donné un feul épi ergoté, & celle-là en a donné huit. Jamais année ne
fut moins propre à la production de l'ergot, que
l'année 1780, puifqu'en Sologne même il y en eut
très-peu. Pour trouver en Beauce autant d'épis ergotés que le petit efpace de terrain défriché en a produit, il eût fallu examiner beaucoup d'arpens de
feigle : le nombre en eût été plus grand, fans doute,
fi la terre avoit été en partie argilleufe.

Deux autres terrains d'égale grandeur, chacun de
trente pieds fur douze, furent enfemencés de feigle ;
l'un étoit à fa premiere année de défrichement, l'autre
à fa feconde, celui-ci ayant produit de l'avoine l'année
d'auparavant. Dans le premier il y a eu deux cens épis
ergotés,

ergotés, & feulement huit dans le fecond : différence frappante, qui femble indiquer qu'une terre ameublie par les labours, eft moins fujette à l'ergot. Le dernier terrain étoit enfemencé en feigle de Mars, femé en Mars ; & l'autre en feigle d'automne, femé en automne.

CONCLUSION
Sur les caufes de l'Ergot.

Pour réfumer ce qui concerne les caufes de l'ergot, je rappellerai qu'il y a quatre opinions principales : la premiere, la plus ancienne, & la plus générale, attribue la naiffance de cette graine à une humidité de l'air, froide, felon les uns, chaude, felon les autres ; la feconde, à des piquures d'infectes ; la troifieme, à l'humidité du fol ; & la quatrieme regarde l'ergot comme une môle occafionnée par un défaut de fécondation. La premiere & la troifieme peuvent rentrer l'une dans l'autre, parce que l'air n'eft jamais auffi humide que dans les pays où le fol l'eft habituellement, les évaporations y étant très-abondantes ; d'ailleurs, quand les pluies font fréquentes, l'air & la terre font à la fois humides. La quatrieme, qui n'eft que caufe immédiate, en fuppofe ou une des trois premieres, ou une autre inconnue. Ainfi ces opinions fe réduifent à deux ; favoir, à celle qui regarde les piquures d'infectes, & à celle qui regarde l'humidité du fol comme caufe de l'ergot.

Si, dans la plupart des ergots que M. Tillet a examinés, il eût vu des infectes, comme il en a trouvé dans quelques-uns; si les infectes eussent été apperçus par lui au moment où ils piquoient le grain de seigle, de maniere qu'il s'en fût suivi la formation & l'accroissement gradué des ergots; si les papillons qui en font provenus eussent produit des infectes semblables, l'opinion de ce Savant eût été universellement adoptée, sans la moindre difficulté. Il eût été néanmoins difficile de concevoir comment ces infectes s'attachoient plutôt à des épis de seigle qu'à d'autres, plutôt dans un pays que dans un autre, plutôt dans une année humide que dans une année seche, plutôt dans des terres fraîches ou récemment défrichées, que dans des terres en culture suivie. Mais des faits de cette nature, rapportés par un homme digne de foi, eussent suffi pour convaincre & pour écarter tous les doutes. Jusqu'ici l'opinion de M. Tillet n'a donc que de la vraisemblance.

Celle qui admet l'humidité, je ne dis pas de l'air, mais du sol, a des degrés de probabilité de plus; car on ne peut nier que la Sologne, qui est le pays où il croît le plus d'ergot, ne soit en même temps le pays le plus humide : il est également certain que dans ce pays & dans d'autres, les années les plus pluvieuses font les plus fécondes en ergot. Dans plusieurs de mes expériences, j'ai obtenu d'autant plus d'ergot, que j'ai plus arrosé le terrain : il est vrai que la quantité en peut être augmentée par la qualité du sol, puisque quand il est formé de glaise & de

fable, ou récemment défriché, ou même quand il reſte
ſans culture, il en produit davantage. Je ferai voir
que ce qui a lieu ici pour l'ergot, a également lieu
pour la carie & le charbon, qui ſont plus abondans
dans des terres diſpoſées d'une certaine maniere, quoique ce ne ſoit peut-être pas là la cauſe ·particuliere
qui les produiſe. Au reſte, ne ſeroit-on pas en droit
de ſoupçonner que ſi un certain nouvellement défriché ou non cultivé, & les bords des pieces de terre le
long des chemins, où la charrue empiéte toujours, ſont
plus ſujets à l'ergot, c'eſt parce qu'ils ſont plus frais
& plus humides; car une terre nouvellement ·défri-
chée, n'eſt pas meuble, & n'abſorbe pas autant d'eau,
ou ne ſe prête pas autant aux ·évaporations. Une terre
non cultivée, porte des plantes qui peuvent tenir frais
le pied du ſeigle, qui s'y ſeme ou leve par haſard.
On peut également penſer que les épis ſecondaires du
ſeigle ont plus d'ergot que les principaux, parce qu'ils
ſont plus bas, & abrités par ceux-ci. Dans l'hyver-
nache, (1) qui y eſt très-ſujet, les racines du ſeigle
ſont tenues fraîches par la veſce. En ſuppoſant qu'il
fallût attribuer quelque choſe à la qualité du terrain,
& peut-être à la culture, ce que je croirois très-
volontiers, l'humidité entre, pour la majeure partie,
dans la cauſe de l'ergot, ainſi que les expériences particulieres que j'ai rapportées ſemblent le conſtater.
Comment l'humidité du ſol agiroit-elle pour former

––––––––––––––––––––––––––––––––––––––

(1) Mélange de ſeigle & de veſce.

des ergots ? C'eft une explication que je ne fuis pas en état de donner, & qui ne me paroît d'ailleurs nullement néceffaire ; il fuffit que des faits l'atteftent ; la tâche que je me fuis impofée ne confifte qu'à en rendre un compte exact, & à les éclaircir autant qu'il dépend de moi.

DE L'ERGOT,
Confidéré par rapport à fes effets.

La maniere dont j'ai confidéré l'ergot jufqu'ici, offre des détails, qui fans doute fatisferont la curiofité de plufieurs Phyficiens. Ils me fauront gré d'avoir développé, autant que je le pouvois, toutes les particularités qui concernent fes qualités extérieures, la maniere dont il fe forme, fes principes conftitutifs & fes caufes. Mais fi je m'en étois tenu à ces obfervations, je n'aurois qu'imparfaitement rempli le but que je me fuis propofé. Car je devois fpécialement m'occuper de faire connoître les véritables effets de l'ergot, fur les hommes qui s'en nourriffent quelquefois. C'eft-là le point qui intéreffe un plus grand nombre de perfonnes, & celui fur lequel les avis & les opinions ont été très-partagés. Je me croirai heureux, fi mes obfervations & mes expériences, peuvent tellement éclairer le Public fur cet objet, qu'il fache deformais à quoi s'en tenir. Je parlerai auffi du tort que l'ergot fait aux Cultivateurs, en diminuant le produit de leurs récoltes. Quelqu'avantageux qu'il fût pour cette claffe de citoyens, d'être délivrés d'une production qui tient la place de bons grains ; fi l'ergot eft innocent, on a bien moins d'intérêt à le detruire.

Opinion commune fur les effets de l'Ergot.

Il a régné, en différentes années, des épidémies gangreneufes, qui ont été attribuées à l'ergot, parce que dans les pays où elles fe font manifeftées, il s'étoit formé beaucoup de cette graine, dans la récolte qui avoit précédé. On les a éprouvé vers l'année 1676 (1) aux environs de Blois & de Montargis ; en 1709 (2) en Sologne, dans le Blaifois & dans le Dauphiné ; en 1747 (3) en Sologne ; en 1749 (4) auprès de Lille en Flandre & de Béthune en Artois ; en 1764 (5) auprès d'Arras & de Douai en 1772 (6) en Sologne, fur-tout à Nancay ;

---

(1) Mémoires de l'Académie des Sciences, année 1676.

(2) *Idem,* année 1710, & détails communiqués par l'Abbaye Saint Antoine.

(3) Mémoires de l'Académie des Sciences, & Mercure de Janvier 1748.

(4) Obfervations de M. Boucher, Médecin de Lille, Journal de Médecine 1762, & Mémoires de M. Cauvet, adreffé à la Société Royale de Médecine, en 1777. Ces deux Médecins, très-eftimés, ont attribué cette maladie aux variations de l'air, & non à l'ergot.

(5) Méthode curative, par MM. de Larfé & Taranget, à Arras, 1755.

(6) Faits qui me font connus.

& depuis ce temps-là (1), dans le Limofin & dans l'Auvergne. Je ne parle pas de celles qui ont caufé de grands ravages dans toute la Heffe, en 1597, dans d'autres parties de l'Allemagne, en 1648, 1649 & 1675; ni de celles qui ont régné dans la Luface, dans la Mifnie & dans le Canton de Lucerne, parce qu'elles ont des fymptomes différens, comme on peut le voir, dans un Mémoire de M. Saillant, inféré dans les Mémoires de la Société Royale de Médecine, année 1776. Il paroît que la Sologne a été le plus fouvent affligée de ce fléau. Ce qui a confirmé dans l'idée, qu'il eft occafionné par l'ergot.

Ce fut vers 1670, ou 1672, que M. Perrault en informa le premier, l'Académie des Sciences. M. Dodart, en 1675, rendit compte à la même Compagnie, de tout ce qu'il avoit appris fur ce fujet. Mais les perfonnes qui lui avoient écrit, n'alléguoient aucuns faits qui puffent prouver que l'ergot étoit la véritable caufe du mal. L'Académie alors, pour s'en affurer, arrêta qu'on feroit des expériences, tant pour connoître l'origine de l'ergot, que pour conftater fes effets. Elle crut également néceffaire d'en faire l'analyfe chimique. On ignore par quelles circonftances, les vues fages de cette Compagnie n'ont pas été remplies; des expériences faites par fes Membres, auroient, dès ce temps-là, éclairci la queftion d'une maniere fatisfaifante. Le

____

(1) Lettres que j'ai reçues.

Travail que je publie aujourd'hui fur l'ergot, eft abfolument tracé fur ce plan. Si on le trouve de quelque utilité, c'eft à l'Académie des Sciences qu'on en aura la premiere obligation. Depuis cette époque, cette Compagnie eut connoiffance des mêmes maladies, qui fe firent fentir en Sologne : on annonçoit toujours, fans le prouver, que l'ergot en étoit la caufe. Après un Mémoire de M. de Salerne, Médecin d'Orléans, imprimé dans le fecond volume des Savans étrangers, on commença à fortir de l'incertitude raifonnable où l'on avoit été jufques-là. Dans ces derniers temps, quelques Phyficiens eftimables (1), guidés fans doute par des motifs louables, ont cru pouvoir juftifier l'ergot, d'après des expériences qu'ils avoient tentées. Les faits, qu'ils ont publiés, ont jeté un grand nombre de perfonnes dans l'état d'indécifion où l'on étoit avant le Mémoire de M. de Salerne. Comme cet objet intéreffe la fanté des hommes, la Société Royale de Médecine (2) a penfé qu'il lui importoit de connoître la vérité, dans cette circonftance. Elle a décidé en conféquence, qu'il falloit de nouveau

---

(1) MM. Schleger, Model & Parmentier.

(2) La Société, pour cet objet, nomma plufieurs Commiffaires, favoir, MM. de Juffieu, Paulet, Saillant, Chamferu & moi. Chacun de nous fit quelques recherches dans les Auteurs; & l'on voulut bien s'en rapporter à moi pour les obfervations & les expériences.

F iv

confulter l'expérience ; & elle m'a chargé de ce foin.
Deux chofes m'ont paru néceffaires pour parvenir,
d'une maniere plus fûre, au but propofé; la premiere, d'examiner le fol de la Sologne, fi abondante
en ergot, l'air qu'on y refpire, les alimens dont fe
nourriffent les habitans, leur conftitution, leur
genre de vie, les maladies auxquelles ils font fujets,
afin que s'il étoit pro[...]que l'ergot ne donnât pas
la gangrene feche, qui regne quelquefois dans cette
Province, on pût avoir fur fa caufe de nouveaux
renfeignemens; la feconde, de chercher à découvrir
l'origine de l'ergot, de voir ce que les feigles en
produifent, & l'ufage qu'on en fait, enfin, d'en
ramaffer une quantité fuffifante pour en donner à
des animaux, & en faire l'analyfe chimique. Ces
confidérations, adoptées par la Société, & accueillies
par M. Necker, Directeur général des Finances, ont
déterminé un voyage que j'ai fait en Sologne, au
mois de Juillet 1777; voyage dans lequel je n'ai rien
épargné pour m'acquitter convenablement de la
commiffion dont j'étois chargé.

OPINIONS ET EXPÉRIENCES,

*Qui tendent à faire regarder l'Ergot, comme caufe
de la Gangrene feche.*

JE pourrois citer ici un grand nombre de perfonnes, dont les noms font refpectables dans les
fciences, qui ont penfé & écrit, que l'ergot étoit la

cause des gangrenes seches de la Sologne. Mais les unes ont conçu cette opinion d'après de simples oui-dires, & fondées seulement sur ce qu'en certaines années fécondes en ergot, il est venu de plusieurs cantons de la Sologne, à l'Hôtel-Dieu d'Orléans, beaucoup d'hommes attaqués de cette maladie. Les autres ont adopté la même idée, depuis le Mémoire de M. de Salerne, Médecin d'Orléans, qui rend compte d'une expérience, propre à constater les mauvais effets de l'ergot. S'il est permis de le dire, les premiers ont regardé trop précipitamment l'ergot comme dangereux, parce que les maladies de Sologne, quoiquelles régnassent d'autant plus qu'il y avoit plus d'ergot, pouvoient dépendre d'une ou de plusieurs autres causes. Ceux qui, pour former leur avis, ont attendu la publication du Mémoire de M. de Salerne, se font moins exposés à être trompés, parce qu'ils ont jugé d'après un fait positif. Mais ce n'en étoit encore qu'un, & il avoit besoin d'être confirmé par les expériences de M. Read, qui ne s'en est occupé que long-temps après : celles-ci ont bientôt été suivies de beaucoup d'autres, dont les résultats font totalement opposés à ceux de MM. de Salerne & Read. J'exposerai les unes & les autres, & ensuite, celles que j'ai cru devoir faire, pour décider la question.

Expériences de MM. de Salerne (1) *& Read* (2).

M. de Salerne a nourri un jeune cochon, d'abord de fon de froment, enfuite d'orge, mêlés avec de l'ergot. L'animal en a mangé environ huit livres. Il marqua les premiers jours une grande répugnance, qui cessa quand on eut fubftitué l'orge au fon. Au bout de quinze jours, fon ventre devint dur, fes jambes furent rouges & enflammées; il en fuinta une liqueur verdâtre & infecte, qui augmenta de jour en jour. Le dos & le deffous du ventre noircirent; la queue & les oreilles étoient pendantes. L'animal avoit de la peine à marcher, il chanceloit & fe plaignoit : cependant il confervoit de l'appétit. Ses urines couloient librement, & fes excrémens étoient durs. Il mourut; on trouva une tache gangreneufe au foie : une partie du méfentere, le jejunum, & fur-tout l'ileum étoient enflammés. Il y avoit fous la gorge & fous le ventre quelques boutons noirs & entr'ouverts, par lefquels il fortoit une humeur rouffe; le corps de l'animal étoit très-maigre.

M. de Salerne, à l'appui de cette obfervation, rapporte une Lettre d'une Demoifelle, de la Borde-

____

(1) Académie des Sciences, tome 2, des Savans étrangers.
(2) Traité de l'Ergot, par M. Read, Médecin des Hôpitaux Militaires.

Vernoux, en Sologne, qui annonce qu'un cochon a perdu les quatre pieds & les deux oreilles, pour avoir mangé du son de deux setiers de seigle, mêlé d'ergot, & la mort de quelques animaux, qui en avoient mangé d'eux-mêmes.

M. Read a donné, en 1766, à un cochon, de l'ergot mêlé avec moitié de son de froment. Cet ergot avoit été ramassé dans les environs de Fresne & d'Haussi près Valenciennes. Dans les dix premiers jours, l'animal a mangé trois livres & demie d'ergot, dont la dose a été augmentée les jours suivans : en tout, il en a mangé environ sept livres, avec le même poids, à-peu-près de son de froment ; ainsi la proportion étoit de moitié. Le dix-neuvieme jour, les yeux du cochon étoient enflammés ; il en distilloit une sérosité qui faisoit tomber les soies des parties voisines ; le cochon étoit affaissé ; il se plaçoit toujours de maniere qu'une de ses oreilles étoit appuyée contre le mur. Le vingt-troisieme jour, cette oreille, qui s'étoit enflée à sa base, & étoit devenue livide, tomba : le vingt-quatrieme, le cochon, dont les yeux s'étoient encore enflammés davantage, & fermés même, mourut dans des convulsions. Les visceres du bas-ventre étoient gonflés ; il y avoit au foie une tache gangreneuse, d'un pouce de diametre.

M. Read ayant fait une forte décoction d'ergot, qu'il mêla avec du miel, des mouches qui en goûterent, périrent dans l'espace de deux ou trois minutes.

Quelque concluantes qu'aient paru les expériences de MM. de Salerne & Read, on ne peut difconvenir qu'elles ne démontroient pas encore les funeftes effets de l'ergot; car il leur manquoit des détails très-intéreflans : ni l'un ni l'autre n'a parlé de l'état où étoit chaque cochon avant qu'il commençât à manger de l'ergot : on ne fait pas en quelle proportion cette graine etoit chaque jour dans les alimens que M. de Salerne a fait donner au fien. Les faits arrivés à la Borde-Vernoux, & que ce Médecin rapporte, ne font rien moins que prouvés, comme on le verra par la fuite : car on annonce que des animaux ont mangé d'eux-mêmes de l'ergot, tandis qu'ils ont pour cette graine la plus grande répugnance. La fauffeté de cette derniere affertion rend fufpecte celle où l'on annonce qu'un cochon a perdu les quatre jambes & les deux oreilles. Le fon de froment, que M. Read a joint à l'ergot pendant tout le temps de fon expérience, & que M. de Salerne a joint pendant les premiers jours feulement de la fienne, formoit-il une nourriture affez fubftantielle, pour qu'on ne pût imputer la maladie & la mort des cochons à l'inanition, qui difpofe à la grangrene ? Comment, au furplus, ces animaux ont-ils été foignés, & avec quelles précautions ? Ces éclairciffemens, fi MM. de Salerne & Read euffent penfé à les donner, auroient porté la conviction dans tous les efprits, au lieu de laiffer des doutes, & de faire defirer de nouvelles recherches.

EXPÉRIENCES,

Par lesquelles on essaie de prouver que l'Ergot n'est pas dangereux.

L'opinion, qui regarde l'ergot comme capable de causer des maladies grangreneuses, n'étoit pas assez prouvée, même après les expériences de MM. de Salerne & Read, pour ralentir le zele de quelques autres Physiciens qui s'occupent à éclairer les hommes, en leur ôtant des préjugés qui les inquiétent. Il devoit d'ailleurs en résulter un grand avantage, si l'on découvroit que l'ergot n'étoit pas mal-faisant ; c'étoit d'engager par-là les hommes livrés à l'art de guérir, à chercher la véritable cause de ces maladies, afin d'en indiquer les moyens préservatifs. Ce motif, aidé d'observations particulieres, a sans doute donné lieu aux expériences qui suivent.

Expériences de M. Schleger (1).

M. Schleger a fait sur l'ergot des observations & des expériences qui méritent d'être rapportées.

Des mouches qui ont mangé de la farine d'ergot, mêlée avec du sucre, de l'eau, du vinaigre dulcifié, ou avec de l'eau de chaux, en sont mortes. On a donné du pain fait d'ergot & d'un peu de levain, à manger à deux chiens, à des poules, à un cochon,

---

(1) Journal Encyclopédique, du mois de Juin 1771.

à un mouton, & à deux carpes; les quadrupedes
n'en ont pris que quand ils ont été preffés par la faim :
un des deux chiens, dont la boiffon étoit un mêlange d'eau & de poudre d'ergot, a vomi, fans autre
incommodité : l'un & l'autre a été conftipé, & a
eu le ventre tendu pendant trois jours; mais après
qu'ils eurent mangé quinze onces de ce pain, ils ont
éprouvé du dévoiement : les deux carpes (1) n'ont
point paru affectées : les poules l'ont refufé; lorfqu'on
leur en a fait avaler de force, leur eftomac s'eft gonflé, & a long-temps retenu la pâte, dont l'ergot faifoit la plus grande partie; mais il ne s'en eft pas fuivi
d'accidens.

On a fait manger à un petit chien une once de
farine d'ergot dans du lait; un autre en a avalé trois
onces dans du bouillon : un chat en a pris deux
onces : aucun de ces animaux n'en a reffenti de mal.

Un chien a refpiré pendant dix minutes la vapeur
d'ergot, qu'on avoit mis fur un caillou rougi au feu.
Les fpectateurs de cette expérience n'en ont eu qu'un
peu de chaleur aux yeux, & le chien a paru ne rien
éprouver.

De l'infufion d'ergot, injectée dans la veine d'un
mouton, lui a occafionné des mouvemens convulfifs,
de l'oppreffion, des battemens de ventre. Cet animal
a mangé enfuite, & il lui eft furvenu une roideur

____

(1) L'Auteur qui a extrait M. Schleger, a omis de rendre
compte de ce qui a pu arriver au cochon & au mouton.

univerfelle : on l'a tué ; mais M. Schleger ne rapporte pas le réfultat de l'ouverture du corps.

On a faupoudré d'ergot une plaie récente, dans
une partie charnue du doigt d'un homme ; le fang
s'eft arrêté tout-à-coup ; le bleffé a éprouvé une ar-
deur légere, fuivie d'un engourdiffement dans la plaie
& dans le bout du doigt. Le même Auteur convient
que quelque temps après qu'on a mâché de l'ergot,
il imprime fur la langue un goût d'huile rance, une
fenfation brûlante, une fechereffe âcre & mordicante, qui ne fe diffipe que par l'ufage du lait ; &
que la pouffiere de l'ergot pique le nez comme du
tabac très-fort.

C'eft avec ces expériences que M. Schleger effaie de
juftifier l'ergot du mal qu'on lui attribue : il eft certain
que d'après elles on ne peut conclure que l'ergot foit
caufe des maladies gangreneufes de la Sologne, puifqu'aucun des animaux dont M. Schleger s'eft fervi
n'a été attaqué de gangrene : mais on peut objec-
ter à M. Schleger que fes expériences n'ont pas été
portées affez loin ; que dans la plupart, il s'eft contenté de donner une fois de l'ergot à des animaux ;
que les habitans de Sologne peuvent en manger beaucoup & long-temps de fuite (1), &c. D'ailleurs, les

____

(1) » Un homme, dit M. Schleger, qui mangeroit chaque
» jour quatre ou fix livres de pain, ne s'expoferoit pas à
» un grand danger, en avalant avec ce pain, une demi-
» once d'ergot en huit jours, proportion exacte, quelque

faits même qu'il rapporte, dépofent fortement contre l'ergot : la répugnance des animaux pour cette graine, ainfi qu'il l'obferve, le chien qui a vomi pour en avoir pris dans de l'eau, les volailles qui ont eu de la peine à le digérer, des chiens dont le ventre a été diftendu & conftipé d'abord, relâché enfuite, parce qu'ils avoient mangé de l'ergot; les convulfions & autres accidens du mouton, dans les veines duquel on en a injeĉté de l'infufion; l'effet qu'il a produit fur le doigt d'un homme; l'impreffion qu'il fait fur la langue & dans le nez; toutes ces circonftances ne font-elles pas propres à le faire regarder comme dangereux, & à le faire foupçonner d'être la caufe des épidémies gangreneufes qui lui ont été attribuées?

Expériences de M. Model (1).

M. Model, Phyficien Ruffe, dit qu'il y a beaucoup de preuves que des gens, par bravade, ont mangé de l'ergot cru, fans en avoir été incommodés.

Il mêla différentes fois de l'ergot avec du feigle & du froment; il jeta ce mélange à des pigeons, qui

---

» ergoté qu'on fuppofe le grain, dont on fe fert. » M. Schleger ne prévoyoit pas qu'une feule gerbe de feigle, qui pouvoit rendre environ quatorze livres de grain, me fourniroit huit onces d'ergot; & que de deux terrains, l'un fur mille huit cens cinquante épis, en auroit trois cens vingt-deux ergotés, & l'autre fur quatre cens en auroit environ quatre-vingts ergotés, comme je l'ai attefté précédemment.

(1) Récréations Chimiques de M. Model, publiées en 1768.

le

le laifferent d'abord ; peut-être, dit-il, par rapport
à la couleur noire : le lendemain ils le mangerent
avec beaucoup d'empreffement : il ne leur en arriva
rien.

De la farine de feigle & de la farine d'ergot ayant
été mêlées à parties égales, ce mélange fe gonfla, &
perdit beaucoup de fa couleur noire. M. Model le
fit pêtrir enfuite avec deux fois autant de farine de
feigle qu'il y avoit d'ergot : on en forma un pain,
qui, après qu'il fut cuit, étoit fans goût, bien levé,
& d'une couleur peu différente de celle du pain de pur
feigle. Ceux qui le mangerent n'en reçurent aucune
incommodité.

Des trois faits allégués par M. Model, le dernier
eft le feul qui mérite attention ; car les gens qui ont
mangé de l'ergot par bravade, en ont vraifemblablement mangé fi peu, qu'on n'en doit rien conclure ;
il en eft de même de ce qu'en ont mangé les pigeons,
puifqu'il paroît qu'on ne leur en a donné qu'une
fois, encore ne fait-on pas à quelle dofe : leur répugnance pour l'ergot eft plus facile à concevoir, que
leur empreffement pour cette graine.

Le pain, que quelques perfonnes ont mangé, contenoit, felon M. Model, un quart d'ergot ; quantité
confidérable, fans doute : mais on ne dit pas de quel
poids il étoit, ni combien, en le mangeant entier,
on a mangé d'ergot. D'ailleurs, il n'eft pas certain
que ces perfonnes n'aient pas pris en même temps
des alimens capables de détruire le poifon de l'ergot.

G

Ce fait n'eft pas affez détaillé pour qu'il puiffe faire quelque impreffion.

Expériences de M. Parmentier (1).

M. Parmentier, Apothicaire Major des Invalides, & Phyficien recommandable par des ouvrages utiles, publiés en différens temps, eft celui qui a fait les plus nombreufes expériences fur l'ergot, qu'il a regardé comme incapable de produire de dangereux effets.

Il s'eft foumis lui-même à l'épreuve de l'ergot : il en a pris à jeun pendant huit jours de fuite, un demi-gros chaque matin, & il n'en a pas été incommodé.

Il en a ajouté, pendant quatre jours, un huitieme aux alimens dont on nourriffoit un pigeon & une poule : celle-ci n'en voulut pas d'abord ; le lendemain elle en mangea, ainfi que le pigeon, avec avidité ; on leur en donna un quart les quatre jours qui fuivirent : on en fit pendant le même temps manger à un chien, en même proportion, en le mêlant en poudre avec du pain & de la viande.

M. Parmentier a fait un pain compofé d'une once d'ergot, de huit onces de pâte de farine de feigle, y

______

(1) Obfervations & additions aux Récréations Chimiques de M. Model.

Journal de Phyfique.

Mémoire particulier.

compris le levain : ce pain fut diftribué aux trois animaux précédens. Les deux jours fuivans, on leur fit d'autres pains, en augmentant chaque jour du double la dofe d'ergot. Dans aucun de ces cas il ne réfulta de mal; on tua le pigeon & la poule; on ne trouva pas dans leurs corps de veftiges de gangrene ni d'érofion.

Un cochon mangea, pendant huit jours, tous les matins, une once d'ergot joint à deux onces de farine de feigle, indépendamment des autres alimens, dans lefquels on avoit foin qu'il n'entrât pas de fon. Un chien, pendant le même temps, en prit par jour une demi-once mélée à du pain & à de la viande: M. Parmentier en joignit un huitieme à de la vefce & à du chénevis, deftinés pour deux pigeons, qui, les premiers jours feulement, refuferent l'ergot, à ce qu'il croit, à caufe de fa couleur noire. Il leur en fit injecter plufieurs fois dans le bec, un demi-gros chaque fois : tous ces animaux fe porterent toujours bien. Les deux pigeons furent tués au bout d'un mois, & mangés fans nul inconvénient.

Enfin, il forma encore un pain ergoté, qu'il fit manger à deux mendians pendant huit jours, en le trempant dans du bouillon. La proportion de l'ergot étoit telle, que chaque jour chaque mendiant mangeoit une once & trois gros d'ergot, en tout cinq onces & demie. Le refte de leur nourriture confiftoit en un quarteron de viande, une demi-livre de bon pain, & de l'eau. Ils n'éprouverent pas la moindre incommodité.

G ij

Expérience faite dans le Maine (1).

Une perfonne, que je ne nomme pas, parce que je ne lui en ai pas demandé la permiffion, & parce que fon expérience n'a pas été publique, a defiré s'affurer, par elle-même, fi les effets de l'ergot étoient auffi pernicieux que le Bureau d'Agriculture du Mans l'a annoncé en 1764. Affurée qu'une graine qu'elle avoit ramaffée, étoit le véritable ergot nuifible, elle fit attacher par la patte, dans fa cuifine, un jeune coq de trois à quatre mois. On deffécha de l'ergot, on le broya dans un moulin à poivre, on en paîtrit de temps en temps la farine avec de l'eau, & on la mit cuire fous la cendre en forme de tourteau. Ce fut pendant trois femaines la nourriture unique du poulet, fi ce n'eft qu'il ramaffoit, par hafard, quelques miettes dans l'efpace où il pouvoit fe mouvoir : il étoit fouvent vifité ; on remarqua feulement qu'il mangeoit du tourteau ergoté avec beaucoup de répugnance, qu'il devenoit trifte & maigre de plus en plus, & que fa crête avoit beaucoup pâli ; ce qui fut attribué à fa détention. Au bout de trois femaines on le relâcha ; il reprit fa gaieté, & fa crête redevint vermeille. Il avoit mange une livre & un quarteron d'ergot.

Le Bureau d'Agriculture du Mans, auquel cette

______

(1) Le détail de cette expérience m'a été communiqué par la perfonne même qui l'a faite.

expérience fut communiquée, ne la regarda pas comme suffisante & comme assez probatoire pour détruire des expériences contradictoires; parce qu'un seul fait, d'ailleurs susceptible d'être discuté, n'est jamais une preuve convaincante. Le Bureau pensa sagement que, vu l'état de la crête du coq, si on eût continué à lui donner de l'ergot, il auroit éprouvé des effets plus marqués.

On ne peut cependant disconvenir que des expériences de cette espece sont très-importantes, & capables de laisser des doutes fondés sur les effets funestes de l'ergot. S'il n'y avoit eu trop de risque à rassurer les habitans des campagnes sur leurs craintes à cet égard, & si on n'avoit pas soupçonné que les quantités d'ergot qu'on a employé étoient peut-être trop foibles, personne n'auroit osé entreprendre de nouvelles expériences, & on eût regardé l'ergot comme innocent. Mais à quels dangers n'exposoit-on pas les habitans des lieux où il est abondant, si une erreur, dans les expériences, eût été cause qu'on l'eût justifié à tort? Parmi les substances nuisibles, n'y en a-t-il pas qui empoisonnent lentement, & lorsqu'on en prend une certaine quantité? Aucun des hommes qui, d'après les expériences de M. Parmentier, ont mangé de l'ergot, aucun des animaux auxquels lui & d'autres en ont donné, n'ont approché des doses que MM. de Salerne & Read en ont fait prendre aux deux cochons, qui en sont morts. Ces réflexions ne seront certainement pas désapprouvées des Savans dont les intentions font pures : c'eft un témoignage que je dois fur-tout à M. Parmentier, à caufe des preuves que j'en ai entre les mains (1).

EXPÉRIENCES,

Deftinées à faire connoître quelles font celles des précédentes, qui méritent le plus de confiance.

La diverfité des réfultats obtenus dans les expériences de MM. de Salerne, Read, Schleger, Model & Parmentier ayant donc néceffité de nouvelles recherches, j'ai cru devoir ne négliger dans les miennes aucune attention, & fur-tout être exact dans le calcul & les proportions des alimens qu'il falloit joindre à l'ergot : je ne me flate point d'avoir atteint, auffi parfaitement qu'on le, defireroit, le but que je me fuis propofé ; mais l'expofé des précautions que j'ai prifes, le détail de chaque expérience, & les conféquences qui peuvent en être tirées, mettront les Lecteurs en état d'en juger.

Précautions prifes dans les Expériences.

J'ai fait choix d'animaux de différentes efpeces, tous bien fains, & la plupart dans l'âge de la force ; trop jeunes, ils auroient pu ne pas s'accommoder de la nourriture que je voulois leur donner ; trop âgés, ils auroient peut-être eu déja de la difpofition à la gangrene.

____

(1) Lettre de M. Parmentier, du 27 Mars 1777.

Les quadrupedes ont été placés dans des cabanes spacieuses & suffisamment aërées; & les oiseaux dans des poulaillers vastes, dont les fenêtres étoient grillées, & les portes exactement fermées, pour ne s'ouvrir qu'en ma présence. Il eût été mieux, sans doute, de laisser ces animaux en pleine liberté; mais dans ce cas, comment les observer, comment les contraindre de manger, lorsqu'ils refusoient ce qu'on leur présentoit? Comment empêcher qu'on ne leur donnât secrétement des alimens capables de détruire les effets de l'ergot?

Les habitans de Sologne, où la maladie gangreneuse a régné le plus souvent, & où l'ergot est plus abondant qu'ailleurs, ne vivent, pendant les trois premiers mois qui suivent la récolte, que de pain fait de seigle, en y comprenant le son. Pour imiter d'abord leur maniere de se nourrir, je fis donner aux animaux de l'ergot réduit en poudre, & de la farine de seigle : ensuite j'y mêlai d'autres alimens, soit pour les engager, par ces changemens, à prendre plus aisément de l'ergot, soit pour être assuré des effets de cette graine jointe à différentes substances. Chaque jour les doses d'alimens & d'ergot étoient pesées, les vaisseaux & ustensiles dont on se servoit, nettoyés, l'eau qu'on destinoit à abreuver les animaux, renouvellée. Lorsque, par dégoût, quelques-uns n'avoient pas mangé leur nourriture, je la faisois jeter, pour lui en substituer de la nouvelle. Les proportions 'ergot varioient du commencement à la fin de chaque expérience : d'abord je n'en faifois donner qu'une petite quantité, qu'on augmentoit par degrés. Il falloit éviter, par cette attention, de caufer la gangrene aux organes de la digeftion, avant de la déterminer aux extrémités ; parties qu'elle attaquoit fpécialement dans les maladies de Sologne. Quelquefois je fis mettre un quart, & même plus d'un quart d'ergot dans la nourriture ; mais ce fut rarement, dans quelques circonftances feulement, & particulierement dans les premieres expériences, où il s'agiffoit, pour ainfi dire, de tâtonner. D'ailleurs, en certaines années les habitans de Sologne peuvent habituellement en manger prefque cette quantité pendant plufieurs mois de fuite, comme le prouvent les calculs que j'en ai faits.

Je marquois exactement fur un journal les dofes d'ergot & d'alimens, les dérangemens dont je m'appercevois dans la fanté des animaux, & tous les phénomenes qui fe préfentoient avant & après leur mort. Enfin, pour donner plus de force aux expériences, elles ont été faites dans un pays très-fain (1), & en

---

(1) Au château d'Andonville en Beauce, où j'avois rapporté de Sologne, quarante-cinq livres d'ergot, qui m'avoient coûté à ramaffer beaucoup de temps, de peine & de patience ; au milieu d'une foule d'obftacles, & peut-être de dangers, de la part des gens du pays, qui ne comptant pas fur la pureté des intentions qui dirigeoit mes recherches, font excufables, à plus d'un égard.

préfence de perfonnes dont le témoignage ne fauroit être fufpect. (1)

Je placerai fous trois ordres toutes les expériences dont je dois rendre compte. Le premier comprendra celles qui prouvent jufqu'à quel point l'ergot récent peut être dangereux; le fecond, celles qui démontrent l'extrême répugnance des animaux pour cette graine; & dans le troifieme, feront celles qui conftatent que de l'ergot ancien n'eft pas moins funefte que de l'ergot récent, que celui de Sologne n'eft pas le feul mal-faifant, & que cette graine, donnée fous forme de pain, caufe la mort, comme lorfqu'on la donne fans lui faire fubir la fermentation & la coction.

____

(1) J'ai eu pour témoins, M. de Fourcroi, Grand-Croix de l'Ordre de Saint Louis, Directeur du Génie, auffi diftingué par fes connoiffances en phyfique, que par fes qualités militaires; M. le Long, Maitre des Comptes, le Sieur Pelé, Artifte vétérinaire éclairé, & beaucoup d'autres perfonnes inftruites, qui vinrent à Andonville, pendant que je m'occupois de ces expériences. Je ne rappelle point ces témoignages, uniquement afin qu'ils dépofent en faveur de ce que j'avance; fous ce point de vue, je les regarde comme inutiles. Car, fi le Public n'a pas de confiance dans mes fimples affertions, quelques autorités de plus ne leur donneront pas plus d'authenticité. Mais je defire qu'on fache que j'ai toujours cherché à m'aider des lumieres des autres, pour être moins fujet à errer.

EXPÉRIENCES DU PREMIER ORDRE,

Qui prouvent jusqu'à quel point l'Ergot récent peut être dangereux.

Premiere Expérience, 22 Septembre 1777.

Deux canards, de l'âge de quatre mois, un mâle & une femelle, ayant été renfermés enfemble, on leur donna le premier jour de l'ergot en grain, auquel ils ne toucherent pas. J'y fubftituai une pâtée faite avec de la farine de feigle, & de la poudre d'ergot : ils n'en mangerent que très-peu. On les fit promener pour leur donner plus d'appétit; mais ce fut inutilement : il fallut donc leur en faire avaler de force. Les deux jours fuivans on les nourrit ainfi.

Le quatrieme jour, pour voir fi leur appétit étoit dérangé, je leur fis jeter de l'orge en grain, dont ils ne laifferent rien. Voulant enfuite m'affurer fi ce n'étoit pas pour la farine de feigle autant que pour l'ergot qu'ils avoient de la répugnance, je fis mêler du fon gras de froment à de la poudre d'ergot ; ils n'en prirent pas plus que du mêlange de farine de feigle & d'ergot. On continua à les empâter, à la maniere dont on empâte les volailles qu'on engraiffe. On avoit l'attention d'interrompre (1) de temps en temps cette opération pour les faire boire, afin de

(1) Indépendamment de cette précaution, néceffaire dans le moment où on les faifoit manger, ils avoient toujours dans leur cabane, de l'eau pour boire & pour barboter.

se conformer à la coutume des canards : on leur introduisoit la nourriture dans le bec sans les blesser.

Ils mangerent d'abord un dix-septieme d'ergot, dont j'augmentai la proportion jusqu'à un neuvieme.

Dès le cinquieme jour, il suintoit, par les ouvertures du nez de la femelle, des gouttes de sang noirâtre. A cette époque, elle n'avoit encore pris qu'une once & deux gros d'ergot. Sa langue jaunissoit, & paroissoit gonflée & mollasse sur les bords.

Le sixieme jour, la couleur du bec commençoit à changer sensiblement : l'humeur qui sortoit par les ouvertures du nez, étoit moins rouge; elle s'éclaircit par degrés, & devint limpide : le bec se brunit ensuite, & se noircit particulierement vers sa racine; la peau qui supérieurement le recouvroit, se gonfla en plusieurs endroits; il devint froid, ainsi que la langue, dont l'extrémité pâlit, & se sphacéla (1) au point qu'on pouvoit en détacher des parties. L'oiseau fut plus triste de jour en jour; quelquefois il appuyoit contre la muraille son bec, qui étoit infect ; ses plumes n'étoient plus lisses & luisantes comme auparavant : il mourut dans la nuit du neuvieme au dixieme jour.

Il avoit mangé une livre & quatre onces de fa-

------

(1) Ce mot est consacré, en Chirurgie, pour exprimer les effets de la gangrene, portée au plus haut degré.

rine de feigle, une once de fon, & une once &
fept gros d'ergot.

Le canard mâle ne fut fenfiblement attaqué que le
huitieme jour, après avoir mangé une once & trois
gros d'ergot : alors j'apperçus, pour la premiere fois,
une humeur rougeâtre qui découloit des ouvertures
du nez ; bientôt le bec éprouva auffi de l'altération ;
le mal fit des progrès jufqu'à la nuit du treize au
quatorze, que cet oifeau mourut : dans ce dernier,
la langue pâlit feulement, fans fe fphacéler ; il dif-
féra encore de l'autre, parce que la membrane intérieure de fon bec devint noire à fon extrémité. Sur
la fin de fa vie, il traînoit une aile, & paroiffoit
avoir des vertiges.

Ce fecond canard avoit mangé deux livres de farine de feigle, une once de fon, & deux onces &
fix gros d'ergot.

J'obferverai que leurs excrémens avoient toujours
été moulés, excepté les derniers jours.

Examen & ouverture des corps après la mort.

Toutes les plumes du canard femelle, dont le corps
étoit très-maigre, tenoient bien : les pattes n'avoient
éprouvé aucun changement.

La chair paroiffoit belle ; elle étoit fans odeur.

L'œfophage, le gros boyau, qui tient lieu d'eftomac, les inteftins, & les autres parties du bas-ventre
n'offroient rien de contraire à l'état naturel : je n'y

ai remarqué aucun point gangreneux, pas même le moindre figne d'inflammation.

Il en étoit de même du cerveau & des vifceres de la poitrine.

Tout le mal étoit concentré dans le bec; on y voyoit une grande tache violette, qui s'étendoit depuis les ouvertures du nez, par où elle avoit commencé, jufques vers la pointe du bec, dont elle occupoit la largeur. L'épiderme qui le recouvre étoit foulevé, gonflé, & rempli, en quelques endroits, d'un fang noir & fétide. La pointe de la langue étoit fphacelée, quoiqu'il n'y eût rien à fa bafe, ni à l'arriere-bec. La membrane pituitaire étoit entiérement réduite en bouillie noire, d'une odeur infupportable.

Le corps du canard mâle avoit peu de chair : j'apperçus à fa furface deux traces d'inflammation, l'une au pli, l'autre à la premiere phalange de l'aile, qu'il laiffoit traîner quelquefois avant fa mort. Rien de particulier dans l'intérieur de la tête, de la poitrine & du bas-ventre, fi ce n'eft qu'on diftinguoit encore des parties d'ergot non digéré dans le géfier.

Le bec à l'extérieur avoit une couleur livide; il étoit gonflé; on y trouvoit même du fang noir fous l'épiderme; on voyoit l'extrémité de la membrane du palais gangrenée au plus haut degré : là, le mal s'étendoit depuis la pointe du bec, où il avoit commencé, jufques vers l'entrée des narines; fa largeur diminuoit infenfiblement; & il étoit environné d'une ligne rouge.

La langue étoit feulement pâle & jaunâtre : l'arriere-bec, & particuliérement l'entrée des narines, paroiffoient fains; mais la membrane pituitaire, depuis l'os frontal jufqu'à l'extrémité du bec, fe trouvoit entiérement fphacélée, fans que les nerfs olfactifs fuffent endommagés; les parties même des os qu'elle recouvroit, commençoient à fe carier; il s'en exhaloit une odeur infecte.

Par cet expofé, on voit que dans l'un & l'autre canard, le bec a été particuliérement affecté. La gangrene a eu plus d'étendue & a été plus confidérable dans celui des deux qui a vécu le plus long-temps, & qui a mangé le plus d'ergot.

Seconde Expérience, 8 *Octobre* 1777.

Une dinde d'un an, bien conftituée, & mangeant bien, fut deftinée à être nourrie particuliérement de fon gras (1) de froment & d'ergot en poudre. Mon intention étoit d'éprouver fi ce mêlange, dans lequel entroit un aliment propre à engraiffer les dindes, produiroit le même effet que celui que j'avois fait donner aux canards.

La dofe d'ergot ne fut d'abord que d'un trente-

______

(1) On appelle ainfi la portion du froment qui refte après qu'on en a féparé la premiere farine. Cette portion eft compofée de l'écorce & des gruaux, dont on tire, par la mouture économique, la plus belle & la meilleure farine. Le fon gras eft très-nutritif.

troisieme ; elle fut portée ensuite jusqu'à un neuvieme.

Les sept premiers jours, la dinde mangea seule &
de bon appétit, quoique dès le cinquieme jour la
dose d'ergot fût d'un neuvieme ; ensuite elle se lassa,
& il fallut la faire manger de force.

Dès le sept, n'ayant pris encore qu'une once &
quatre gros & demi d'ergot, elle avoit un œil enflammé, les ouvertures de son nez étoient bouchées.

A l'époque du quinze, je la trouvai sensiblement
maigrie ; elle perdoit de ses plumes, vraisemblablement parce que c'étoit le temps de la mue (1) :
celles qui devoient les remplacer ne poussoient qu'a-
vec peine. Elle fut aussi attaquée de vertiges, comme
l'un des deux canards.

Le dix-sept, le tour de sa tête étant devenu violet, il sortoit de ses narines une sérosité jaunâtre, &
le dessus du bec changeoit de couleur. La dinde alors
avoit mangé quatre onces & six gros d'ergot.

Le vingt-un, le dévoiement qu'elle avoit eu quelquefois depuis le quinze, la reprit.

Le vingt-deux, elle rendit de l'eau par le bec,
son jabot étant gonflé & tendu. Elle mourut ce
jour-là, après avoir mangé pendant l'expérience trois
livres de son gras de froment, huit onces de farine
de seigle, quatre onces de farine d'orge, que je fus
obligé de lui donner pour masquer mieux l'ergot

---

(1) C'étoit au 20 Octobre.

les premiers jours, & huit onces & quatre gros &
demi d'ergot.

Examen & ouverture du corps.

Il ne paroiſſoit aucune marque d'inflammation ni
de gangrene aux pattes & au bout des ailes; un des
muſcles pectoraux étoit enflammé : on voyoit la
partie inférieure du poumon droit gorgée d'un ſang
noir.

J'ai trouvé les bords du bec violets & gonflés,
& la membrane pituitaire ſphacélée dans tous les
ſinus qu'elle occupe. A la vérité, la gangrene n'y
avoit pas fait autant d'impreſſion que dans les canards; mais ce n'étoit pas la ſeule partie qui fût
altérée; car le jabot étoit enflammé & parſemé intérieurement de corps glanduleux, petits & noirâtres. Quelques portions de la membrane qui unit les
cartilages de la trachée-artere, l'ovaire en partie, les
deux cœcum, le rectum & leurs attaches étoient
noirs comme de l'encre, & exhaloient une odeur
infecte.

Les inteſtins grêles étoient enflammés dans toutes
leurs circonvolutions, & gangrenés dans quelques
parties; ils contenoient de diſtance en diſtance un
mucus jaunâtre, & même de la pellicule noire d'ergot, qui n'avoit pas été digérée.

Cette dinde avoit mangé cinq onces & cinq gros
& demi d'ergot plus que les deux canards. Eſt-ce par
cette raiſon que la gangrene avoit fait ſur elle plus

de

de ravage, ou parce qu'elle y avoit plus de difpo-
fition ?

Troifieme Expérience , 12 *Octobre* 1777.

Après m'être affuré, pendant fix jours, qu'un cochon, âgé de fix femaines & fevré, mangeoit avec
avidité de la farine de feigle dans du petit-lait, je
commençai à lui faire donner un quarante-neuvieme
d'ergot, avec de la farine de feigle délayée dans de
l'eau chaude.

Les premiers jours il en mangea , mais peu ;
la nourriture étoit renouvellée chaque fois : il préféroit les épis de froment qu'il trouvoit dans fa litiere, qu'on changeoit fouvent.

Pour me convaincre que l'ergot feul lui étoit défagréable, je lui faifois donner quelquefois de la farine de feigle pur, dont il ne laiffoit point. Souvent
à la farine de feigle je fubftituois celle d'orge, que
les cochons préférent à toute autre; & au lieu de
délayer les alimens dans l'eau commune, on les dé-
layoit dans du petit-lait (1). Ces changemens étoient
d'autant plus néceffaires, qu'il falloit perpétuellement
ufer de rufes pour déterminer le cochon à manger
de l'ergot.

Le douze , après qu'il en eut pris feulement quatre
onces & demie, l'extrémité de fes oreilles & de fes

____

(1) Le petit-lait, avec lequel feul on nourrit quelquefois
les cochons dans les fermes , eft toujours mêlé de beaucoup de parties caféeufes. Ce fut celui-là que j'employai.

pieds me parurent rouges. L'animal avoit le ventre
refferré, malgré l'ufage du petit-lait.

Les jours fuivans, il fit encore des difficultés qui
m'obligerent d'avoir recours à d'autres moyens. Enfin,
je lui donnai de l'ergot avec du lait; alors il en mangea fans peine.

Le dix-huit, la rougeur des oreilles étoit plus
étendue; celle des pieds gagnoit les jambes, & augmentoit d'intenfité; la queue & les oreilles étoient
pendantes; le cochon maigriffoit.

Vers le vingt; fon ventre me parut tendu; fes
jambes, devenues violettes & froides, étoient gonflées, & avoient de la peine à foutenir fon corps;
l'intérieur de la gueule étoit enflammé. Le cochon,
moins vif qu'à l'ordinaire, & comme étourdi, éprouvoit au corps des démangeaifons, dont je m'apperçus,
parce qu'il cherchoit à fe frotter.

Le vingt-deux, les oreilles & la queue étant froides,
il rendit, pour la premiere fois, des excrémens liquides; il étoit couché fans pouvoir fe relever, & il
fe plaignoit.

Le vingt-trois, il mourut après avoir eu des mouvemens convulfifs.

En vingt-deux jours, il avoit mangé une livre &
douze onces d'ergot, cinq livres & onze onces de
farine de feigle, deux livres onze onces de farine
d'orge, cinq pintes de lait, environ huit pintes de
petit-lait, indépendamment des épis de froment qu'il
trouva dans fa litiere les premiers jours; car dans la

fuite je ne fis jeter fous lui que du chaume, pour le
forcer à manger de l'ergot.

Examen & ouverture du corps.

Les quatre pieds étoient gonflés, fur-tout aux articulations des jambes ; celles-ci étoient d'un rouge
violet ; on y obfervoit de gros boutons de la même
couleur.

Les oreilles paroiffoient peu gonflées, mais livides
dans les parties les plus éloignées de la tête. Un cercle
rouge y bornoit la gangrene du côté de la tête, particuliérement en deffous. Lorfqu'on les avoit diffé-
qué, on s'appercevoit que la couleur violette avoit
plus d'intenfité immediatement fur les cartilages, que
près de la peau.

La chair de l'animal, qui étoit maigre, n'exhaloit
aucune odeur.

Je vis des taches violettes à un des poumons,
& plufieurs points inflammatoires dans ces deux
vifceres.

Le milieu de l'eftomac, l'épiploon, les inteftins
grêles & les gros inteftins etoient plus ou moins enflammés : ces derniers ne contenoient prefque que
de la paille que le cochon avoit mangée, & de la
pellicule d'ergot, facile à diftinguer à fa couleur.

Le dedans de la gueule étoit enflammé ; on voyoit
aux articulations des pieds avec les jambes une bouillie noire & fétide : c'étoient les feules parties du
corps de l'animal qui fentiffent mauvais : la gan-

grene avoit fait une impreſſion moins forte aux extrémités de devant. Auſſi le cochon, avant ſa mort,
ſe tenoit-il mieux ſur les jambes de devant que ſur
celles de derriere.

On obſervera encore que la gangrene, dans cę cochon, qui avoit mangé plus d'ergot que les oiſeaux
des deux précédentes expériences, y avoit fait de plus
grands ravages.

Quatrieme Expérience, 21 *Septembre* 1777.

Le ſujet de cette expérience eſt un cochon de ſix
mois, qui étoit vigoureux. Je l'avois choiſi de cet
âge & de cette conſtitution, parce que je craignois que
l'autre n'eût été ſi ſenſible aux effets de l'ergot, que
parce qu'il étoit jeune; & afin que ſi j'en obtenois
quelques-uns, ils fuſſent plus concluans.

Le premier jour, on lui donna, dans ſuffiſante
quantité d'eau, de la farine de ſeigle, avec un treizieme d'ergot en poudre. D'abord il en mangea;
mais bientôt il n'en voulut plus. Il prenoit aiſément
la farine du ſeigle, lorſqu'elle étoit ſeule : il la refuſoit ou n'en mangeoit que très-peu, dès qu'on y
mêloit de l'ergot.

Les détails de cette expérience, qui a duré ſoixante
& neuf jours, ſont trop longs pour être tranſcrits ici
en entier; il me ſuffira d'extraire de mon journal
les particularités qui annoncent les effets gradués de
la maladie que le cochon a éprouvée.

J'obſerverai auparavant, qu'après m'être aſſuré

par des essais multipliés, qu'il n'avoit du dégoût que pour l'ergot seul, j'ai employé une infinité de moyens pour le lui masquer, & le déterminer à en manger. La proportion de l'ergot, dans sa nourriture, varia perpétuellement : d'un treizieme qu'elle étoit dans le commencement, elle fut portée à un tiers les derniers jours. Je ne l'augmentai pas d'une maniere réguliere; car souvent je la faisois diminuer lorsque l'animal marquoit plus de répugnance. (1)

Dès le cinquieme jour, les yeux du cochon me parurent rouges. Il n'avoit encore mangé alors que huit onces & quatre gros d'ergot. Le lendemain, je vis suinter du grand angle de chaque œil, une humeur blanchâtre, qui détruisoit & altéroit les soies voisines; les paupieres avoient de la chassie. Le ventre étoit tendu, & l'animal, quoiqu'il prît beaucoup de petit-lait, rendoit des excrémens durs.

Le treize, je le trouvai attaqué de vertiges; il se soutenoit à peine, & se plaignoit. Le lendemain, il boitoit des pieds de devant, qui me parurent enflés. Ses yeux n'étoient pas aussi rouges : il devint sale, crasseux, quoique sa litiere fût propre & souvent renouvellée.

---

(1) Je préviens ceux qui seroient tentés de répéter cette expérience avec exactitude, qu'elle exige du temps, de la patience, & qu'il faut perpétuellement imaginer de nouvelles ruses. Il n'en est pas d'un quadrupede comme d'un oiseau, auquel on peut aisément faire avaler de force. les alimens qu'on lui destine.

Le quinze, l'humeur âcre qui découloit de ſes yeux, avoit fait une impreſſion corroſive à la paupiere inferieure.

Vers le vingt, il ſe forma à l'articulation du pied droit avec la jambe, deux trous, par leſquels il ſortit une matiere purulente ; mais ces plaies ſe couvrirent bientôt de croûtes, & le cochon ne boita plus.

Cependant, l'extrémité de ſa queue étoit froide ; une oreille devint rouge, & ſe gonfla.

Le vingt-ſix, ſes jambes foiblirent pour la ſeconde fois : ſes yeux redevinrent enflammés ; ou il ne rendoit point d'excrémens, ou ceux qu'il rendoit étoient durs : il s'adouciſſoit, & on pouvoit le ſoigner avec moins de difficulté : une craſſe épaiſſe couvroit ſon corps, & plus particuliérement ſes oreilles. Dans ce ſecond malaiſe, comme dans le premier, il eut plus de peine à manger de l'ergot.

Le trente-trois, la femme qui en avoit ſoin, ayant été léchée par lui, ſentit une démangeaiſon qui n'eut pas de ſuite, & qui ne peut être attribuée qu'à la ſalive de l'animal. Il avoit perdu beaucoup de ſes ſoies.

Le quarante-deux, j'apperçus une tumeur à l'articulation du pied gauche de devant, avec la jambe, à l'endroit même où il avoit déja paru du mal. J'y portai la main ; & chaque fois l'animal retiroit ſon pied, comme ſi je lui euſſe fait de la douleur.

Le quarante-cinq, ſes yeux s'enflammerent pour

la troifieme fois. C'étoit toujours après que la dofe
d'ergot avoit été augmentée : depuis trois jours, je
l'avois porté à un tiers. Les jambes & le deffus du
calcaneum droit étoient gonflés. Le cochon buvoit
beaucoup. Dans cette circonftance, je diminuai la
dofe d'ergot, pour voir fi je ralentirois par ce moyen
les progrès du mal. L'animal fe remit un peu : mais
je repris par degrés la dofe précédente, & il ne jouit
pas long-temps du relâche que je lui avois procuré.

Le cinquante, les deux oreilles étoient livides &
pendantes; il y avoit à l'une d'elles, une tache gangreneufe. Le bout de la queue étoit violet, noir &
fans mouvement; on pouvoit même en féparer des
parties, fans que l'animal le fentît; il éprouvoit,
comme l'autre cochon, des démangeaifons; fes excrémens étoient durs; une de fes paupieres paroiffoit
fermée le matin, & s'ouvroit pendant le jour, lorfque
la matiere qui la colloit, étoit devenue plus tenue;
plus il mangeoit, plus il maigriffoit.

Le cinquante-huit, après qu'on lui eût fait manger
beaucoup d'ergot, à la faveur d'un grand appétit, ou
plutôt parce qu'ayant perdu le goût, il ne diftinguoit
pas qu'il avaloit de l'ergot, la tumeur qu'il avoit au-
deffus du pied droit, s'ouvrit; il en découla une
matiere rouffeâtre. La plaie étoit profonde, & s'étendoit jufques dans l'articulation, comme je m'en fuis
affuré en la fondant. Il fe forma auffi une plaie
au-deffus du pied gauche, mais moins confidérable.
Les deux jambes étoient froides & gonflées; il s'en

détachoit des portions de mufcles, defféchées & infen-
fibles. Le cochon ne pouvant plus marcher, on le
foutenoit pour le faire manger.

Le foixante & huit, il avoit des mouvemens convulfifs & du dévoiement; il mourut le lendemain.

Pendant le cours de l'expérience, le cochon a
mangé foixante & dix-neuf livres & quatre onces de
farine de feigle, vingt-fept livres de farine d'orge,
foixante & dix pintes de petit-lait, mêlé de parties
cafeeufes, fix pintes de lait de beurre, fix pintes de
lait, quatre livres d'orge en grain, des carotes, des
navets, & autres légumes, & ce qu'il trouvoit de
froment dans les épis de la paille fraîche qui lui a
fervi de litiere pendant quelque temps; car, dans la
fuite, je l'ai remplacé auffi par du chaume : enfin,
vingt-deux livres & fix onces d'ergot.

Il réfulte, eftimation faite, que le cochon a pris
en total, fept huitiemes d'alimens de bonne qualité,
& par conféquent un huitieme d'ergot.

J'infifte fur ces calculs, afin qu'on ne croye pas
que les animaux foumis aux expériences, ont pu
mourir de faim.

Examen & ouverture du corps.

La chair du cochon, entierement fans graiffe,
n'avoit point d'odeur, & paroiffoit vermeille; les
foies tenoient bien à la peau, quoiqu'elle n'en fût
pas garnie autant que fi l'animal n'eût pris que de
la bonne nourriture.

Il y avoit plufieurs taches violettes aux jambes de devant & de derriere; le bout de la queue étoit noir & violet, & les oreilles livides.

Le cerveau, les vifceres de la poitrine, & plufieurs de ceux du bas-ventre, tels que le foie, la rate, les reins & la veffie, n'avoient rien de contraire à l'état naturel.

La véficule du fiel parut extrêmement petite, & remplie d'une bile épaiffe, & jaune comme du fafran.

La partie de l'eftomac qui avoifine le pylore, étoit enflammée & gangrenée en quelques endroits; il en étoit de même des inteftins grêles, dans lefquels on remarquoit des rétréciffemens, qui fembloient être autant d'appendices vermiformes, & de diftance en diftance, de la pellicule d'ergot, mêlée aux matieres; les vaiffeaux du méfentere étoient gorgés de fang.

La queue fe fendit par le moyen du fcalpel, avec une très-grande facilité; ce qui prouve à quel point elle étoit gangrenée; auffi, étoit-elle noire à l'extrémité, & d'une couleur violette au-deffus.

La lividité des oreilles étoit plus confidérable fous la peau qu'extérieurement.

Les deux premieres phalanges du pied droit de devant étoient gangrenées & defféchées, fur-tout aux articulations; les os mêmes en étoient brunis. Les mêmes parties du pied gauche de devant étoient auffi gangrenées, mais à un point moins confidérable;

car les os n’en étoient pas altérés. Sur chaque calcaneum, il y avoit une tache livide, plus grande à
l’un qu’à l’autre.

Cet état a été conftaté par dix-huit de mes Confreres. Car, à peine le cochon fut-il mort, que je le
fis tranfporter par un temps frais, & promptement,
à Paris. Ces effets de l’ergot m’ayant paru confidérables, j’ai defiré que des yeux plus clair-voyans que
les miens, les viffent, & m’aidaffent à diftinguer ce
qui n’étoit pas dans l’état naturel.

Cinquieme Expérience, Avril 1778.

Lorfque je fis l’analyfe chimique de l’ergot, je
confervai pendant deux jours, une chopine d’efprit
recteur de cette fubftance; elle étoit d’une odeur
particuliere & défagréable.

Un jeune chien, bien gai & bien portant, auquel
on en a préfenté, en a goûté un peu; enfuite il n’en
a plus voulu.

Un matin, avant qu’il eût rien mangé, je lui en fis
avaler de force, à plufieurs fois; le refte du jour il
fut trifte, prefque fans appétit & fans foif.

Environ dix-huit heures après la derniere dofe d’efprit recteur d’ergot, il vomit d’abord un peu de pain,
qu’il avoit pris la veille; dans le vomiffement fuivant, il ne rendit que de la férofité, & une matiere
vifqueufe.

Quelques jours après, on lui donna, encore de
la même maniere, de l’efprit recteur d’ergot, qui

produisit le même effet, à une distance égale de temps.

On continua cependant dans la suite à lui en faire prendre plusieurs onces, sans qu'il vomît davantage, soit que son estomac souffrît plus aisément un liquide, auquel il s'accoutumoit, soit que l'odeur désagréable, qui s'en exhaloit, se fût dissipée en partie.

Quoique ce fait ne puisse être comparé aux quatre précédens, j'ai cru ne pas devoir le passer sous silence, parce qu'il indique au moins que le principe le plus subtil de l'ergot, peut incommoder les animaux.

EXPÉRIENCES DU SECOND ORDRE,

Qui démontrent l'extrême répugnance des Animaux pour l'Ergot.

La répugnance des animaux pour l'ergot, m'a paru si considérable, que j'ai été étonné que les personnes qui ont fait des expériences sur cet objet, n'y aient pas insisté davantage. On lit, dans les Mémoires de l'Académie Royale des Sciences, année 1710, que des poules n'en vouloient pas manger, & qu'il falloit les surprendre pour les y déterminer. Le cochon auquel M. de Salerne a donné de l'ergot, n'a marqué, selon lui, une grande répugnance que les premiers jours. La Demoiselle de la Borde-Vernoux, dont il s'agit dans le Mémoire de M. de Salerne, annonce que des canards, qui d'eux-mêmes ont mangé de l'ergot, en font morts. M. Schleger dit que des poules ont refufé d'en prendre. D'après MM. Model & Parmentier, des pigeons & une poule n'en ont pas voulu d'abord, trompés, à ce que croient ces Savans, par la couleur de l'ergot, qui ne differe cependant pas de celle de la vefce, dont on nourrit ces oifeaux; mais enfuite ils en ont mangé avec empreffement. M. Read n'en parle pas du tout. On fe rappellera, que les deux canards de la premiere de mes expériences, n'en ont jamais mangé d'eux - mêmes, malgré leur voracité naturelle; la dinde n'en a pris que pendant quelques jours, & il a fallu enfuite en faire avaler de force à ces trois oifeaux; ce n'eft qu'en ufant d'artifice, & en ayant recours à une infinité de moyens, qu'on a pu déterminer les deux cochons à en manger (1). Les faits fuivans prouveront cette répugnance d'une maniere pofitive.

Premiere Expérience, Août 1777.

Un jeune canard, auquel je fis donner une once & demie d'ergot concaffé, & autant de farrafin, mangea le farrafin, & ne toucha pas à l'ergot, dont je retrouvai le même poids. Le lendemain, je broyai l'ergot, & je le mêlai à de la farine de farrafin, en

---

(1) En partant pour la campagne, où je reftai trois ou quatre mois, je laiffai à Paris, des épis de feigle ergoté; à mon retour, je m'apperçus que des fouris avoient mangé tous les grains de feigle, & n'avoient pas touché à l'ergot.

délayant l'un & l'autre dans l'eau. Le canard, qui, par ce moyen, ne pouvoit pas féparer le farrafin de l'ergot, refufa de manger du mêlange, & fouffrit plutôt la faim pendant trois jours. Alors je lui rendis fa liberté. Il étoit devenu maigre & foible.

Seconde Expérience, Octobre 1777.

Jufqu'ici j'avois fait prendre aux animaux l'ergot réduit en poudre, c'eft-à-dire, fous la forme où l'on a coutume de leur donner ordinairement les alimens dont on les nourrit (1). Dans cette feconde expérience, il fut donné d'une autre maniere.

Je fis réunir un quarteron d'ergot pulvérifé, fept quarterons de farine de feigle, dont on n'avoit pas ôté le fon, & fuffifante quantité de levain de froment. On pêtrit le tout avec de l'eau chaude, & on le laiffa fermenter pendant la nuit. Le lendemain on en fit un pain, qui étoit d'un brun violet, ayant une odeur foiblement vireufe, fans faveur défagréable. Il pefoit trois livres.

On donna de ce pain au chien d'un homme de campagne : quoique cet animal fût de bon appétit, &

---

(1) La plupart de ceux qui ont fait manger de l'ergot à des animaux, l'ont donné en grain. Mes expériences étant faites pour vérifier les autres, il falloit en ufer de la même maniere. MM. Model & Parmentier en ont fait faire du pain, pour varier leurs expériences. Je me fuis fait un devoir de les imiter accoutumé à en manger d'auſſi brun, il ne fit qu'en goûter, & n'en voulut plus. Le lendemain, pour l'engager à en prendre, j'en fis mêler à du lait caillé; il avala tout le lait, & lécha ſeulement le pain, qui reſta tout entier. Un jour après, je me determinai à ne lui donner pour nourriture que du pain dont l'ergot faiſoit partie : depuis deux jours il avoit peu mangé, & devoit être affamé (1); il préféra cependant de ne rien prendre du tout pendant quarante-huit heures, plutôt que de ſe nourrir de ce pain; il y goûtoit chaque fois qu'on lui en préſentoit; mais auſſi-tôt qu'il avoit diſtingué que c'étoit du pain ergoté, il le refuſoit abſolument. On me pria de lui rendre ſa liberté, dans la crainte qu'il ne devînt enragé; & j'y conſentis.

Troiſieme Expérience, Novembre 1777:

Une poule fut deſtinée à manger d'elle-même d'un mélange d'ergot & d'orge ou de ſeigle moulus, & réunis avec de l'eau, ſous forme de pâtée, ou à ſouffrir les effets de la faim. La proportion de l'ergot fut d'abord d'un dix-ſeptieme, & à la fin, d'un cinquieme. On laiſſoit de ce mélange dans le lieu où elle étoit renfermée; enſorte qu'elle en pouvoit

---

(1) En mettant le chien hors d'état de manger autre choſe que ce que je lui faiſois donner, j'avois eu l'attention de ne pas l'enfermer ſeul; car l'ennui auroit pu lui ôter l'appétit. Il reſta à la vérité attaché, mais dans une chambre habitée.

manger d'elle - même; mais quelque peu qu'on en laiſſât, on en retrouvoit toujours : je le renouvellois chaque fois, afin de ne pas forcer la poule à prendre une nourriture gâtée. L'expérience dura vingt-trois jours; je ne pus la continuer, parce que je quittois l'endroit où elle ſe faiſoit. La poule fut miſe en liberté; elle étoit maigre, mais n'avoit aucune marque de gangrene; ce qui ne me ſurprit pas, parce que, calcul fait, en vingt-trois jours, elle n'avoit pris que dix gros d'ergot. La répugnance qu'elle avoit pour cette ſubſtance, fut cauſe qu'elle ne mangea pendant ce temps que douze onces de farine d'orge ou de ſeigle, tandis qu'elle en eût mangé bien davantage, ſi ces farines n'euſſent pas été mêlées à de l'ergot.

Quatrieme Expérience, 5 *Janvier* 1778.

On m'avoit aſſuré qu'un Gentilhomme de Touraine avoit non-ſeulement nourri, mais même engraiſſé des volailles avec de l'ergot pur : quoique ce fait, dont on ne fourniſſoit pas les preuves, pût être révoqué en doute, il a donné lieu à l'expérience ſuivante.

Une poule, qui étoit en embonpoint, fut miſe dans un poulailler, ayant à ſa diſpoſition de l'eau d'une part, & de l'ergot pilé de l'autre. Le poids de l'ergot m'étoit connu. Le premier jour elle a ramaſſé quelques grains d'orge & d'avoine, répandus dans le poulailler; enſuite elle a mangé un peu d'ergot; mais bientôt elle n'en a plus voulu, & a ceſſé totalement de manger. Elle eſt morte le dix-ſeptieme jour, ſans que ſon bec & ſon corps, que j'ouvris, m'offriſ-ſent, dans aucune partie, la moindre trace de gangrene.

Cinquieme Expérience, 4 *Février* 1778.

Le but de celle-ci étoit de donner la gangrene à un cochon, en lui faiſant manger de l'ergot, & d'eſſayer enſuite les moyens qui me paroîtroient les plus propres pour le guérir; mais ſa répugnance ayant été extrême, je n'ai pu remplir à cet égard l'objet que je m'étois propoſé.

Cet animal avoit environ deux mois & demi; il étoit vif, bien portant, & de bon appétit, comme je m'en ſuis aſſuré pendant huit jours; il étoit plus fort que ne l'eſt un cochon de cet âge, parce qu'il étoit né d'une mere qui peſoit trois cens. Je lui ai donné d'abord un dix-ſeptieme d'ergot, ſoit dans de la farine de ſeigle, ſoit dans de la farine d'orge, & je n'ai augmenté cette doſe que de très-peu.

J'en ai fait joindre à du lait, à des lavures graſſes de vaiſſelles, à des pommes de terre, à différentes autres eſpeces de légumes; jamais il n'en mangeoit qu'une très-petite quantité (1). En entrant dans

____

(1) Cette expérience a été faite à Paris, où je n'avois ni le temps, ni la facilité de reſter avec le cochon, pluſieurs heures de ſuite, pour inventer continuellement des moyens de le déterminer à manger, comme j'avois fait à la campagne, dans les premieres expériences.

l'endroit

l'endroit où il étoit renfermé, on trouvoit renversé le vaisseau qui contenoit sa nourriture, & sa litiere mouillée par les alimens qui y étoient répandus. Pour éviter cet inconvénient, je fis sceller ce vaisseau; mais le cochon avoit l'adresse de l'enlever avec son grouin, ou de jeter ce qu'il y avoit dedans. Sa principale & presque sa seule nourriture, étoit la paille de sa litiere; car ses excrémens étoient, comme ceux des chevaux, composés de paille hachée.

Je ne parvins pas davantage à l'engager à manger de l'ergot, en ne faisant jeter sous lui que de la litiere qui avoit passé sous les chevaux : il se nourrit de cette litiere, comme si c'eût été de la paille fraîche (1). Après trois mois de ruses & de tentatives inutiles, je résolus de substituer à sa litiere de la sciure de bois, parce qu'il falloit quelque chose pour absorber ses urines. A cette époque MM. de Jussieu, Paulet, Saillant, & beaucoup d'autres personnes qui avoient vu le cochon avant l'expérience, l'examinerent, & le trouverent d'une maigreur extrême, ayant les oreilles, le corps & la queue sales, mais sans aucun signe de gangrene. Pour les rendre témoins de la répugnance du cochon pour l'ergot, on apporta en leur présence de la farine d'orge mêlée exactement avec un dixieme d'ergot : l'animal n'y

______

(1) Chaque jour on lui donnoit un nouveau mélange en entier, afin que ce qu'il avoit laissé ne l'incommodât pas en s'aigrissant.

I

toucha pas ; on lui préfenta de l'ergot feul, tant en poudre qu'en grain : il s'en éloigna davantage. Ayant fait jeter dans un vaiffeau de la farine d'orge feule, délayée dans de l'eau, il en mangea avec avidité. Je retirai le vaiffeau pour mettre de la poudre d'ergot, au milieu de ce qui reftoit d'alimens ; le cochon prenoit ce qui étoit autour, & ne touchoit pas à l'ergot. Alors je mêlai le tout exactement ; il fe retira pour n'en plus approcher.

Je préfume que pendant les trois jours qui fuivirent celui où je lui avois retranché fa litiere, il a mangé, forcé par la néceffité, un peu du mélange, dans lequel il y avoit un dixieme d'ergot ; mais je n'en ai aucune preuve, parce que je trouvois toujours fes alimens jetés par terre. Il rongeoit de rage la porte de fa cabane, & jetoit jours & nuits des cris perçans, qui incommoderent le voifinage. J'avois réfolu de porter l'expérience jufqu'à le laiffer mourir de faim, s'il ne mangeoit pas d'ergot ; mais le bruit qu'il faifoit me força d'abandonner ce projet. Un homme de campagne, auquel je l'ai donné, l'a accoutumé, par degré, à de bonne nourriture ; au bout de quelque temps il l'a tué, & m'a affuré qu'il n'a trouvé dans fon corps rien de particulier.

Le P. Cotte (1) a donné à des chiens de la pârée faite avec de la viande & de l'ergot : ils l'ont refufé conftamment. Un Maître des Comptes de

____

(1) Lettre du P. Cotte.

Nantes (1) ayant voulu faire manger de cette graine à des volailles, il n'a pu y réuſſir, ſous quelque forme qu'il la leur ait préſentée, de quelque maniere qu'il s'y ſoit pris, & quelques affamées que fuſſent ces volailles : un ſeul canard en a pris, & il en eſt mort. Suivant une note qui m'a été remiſe par un Membre de l'Académie des Sciences, des chevaux ne veulent pas de farine où il y a de l'ergot.

EXPÉRIENCES DU TROISIEME ORDRE,

Qui conſtatent que l'Ergot ancien n'eſt pas moins funeſte que l'Ergot récent ; que celui de Sologne, n'eſt pas le ſeul mal-faiſant, & qu'il peut étre mortel, même donné ſous forme de pain.

Les effets de l'ergot récent & pris dans la Sologne, n'étoient déja plus équivoques, puiſque celui que j'avois employé juſqu'ici étoit récemment récolté, & de cette Province ; mais il falloit examiner s'il ceſſoit d'être mal-faiſant, lorſqu'il devenoit ancien, comme on le croyoit, d'après une opinion accréditée (1) ; & ſi celui qui étoit produit dans d'autres

---

(1) Extrait des Regiſtres du Bureau d'Agriculture du Mans, qui m'a été envoyé par M. Vétillard du Ribert, Médecin de cette Ville.

(2) Cette opinion eſt répandue dans les Mémoires de l'Académie des Sciences, dans beaucoup de Lettres que j'ai reçues, & dans pluſieurs écrits imprimés.

Provinces avoit aussi des qualités pernicieuses. On m'avoit sagement fait observer, qu'afin de rendre mes expériences plus concluantes, je devois enfermer ensemble deux animaux, leur donner la même nourriture, avec cette seule différence que pour l'un des deux seulement, une partie des alimens seroit remplacée par une quantité d'ergot égale. Il n'étoit pas moins important de s'assurer si cette graine, donnée sous la forme de pain, auroit, dans la fermentation & dans la coction, perdu son activité meurtriere. Tous ces points méritoient d'être examinés : ils sont l'objet des expériences du troisieme ordre.

Premiere Expérience, 31 *Mai* 1782.

Deux canards d'un an, l'un mâle & l'autre femelle, en bon état, sans être gras, ont été renfermés avec toutes les précautions nécessaires pour qu'ils eussent suffisamment d'espace, d'air & d'eau. On leur a laissé un mélange de farine de froment & de seigle (1), détrempé légérement dans l'eau, avec un dix-septieme d'ergot, récolté en Sologne, année 1779, & qui avoit près de trois ans. Ces canards, quoique accoutumés à manger seuls tous les jours depuis long-temps d'une pâtée de farine destinée pour des poules, n'ont pas touché pendant

____

(1) C'étoit de la farine de méteil, de meilleure qualité que celle de seigle pur, employée dans la plus grande partie des expériences précédentes.

vingt-quatre heures au mêlange dont l'ergot faifoit partie; nouvelle preuve de la répugnance de ces oifeaux pour cette graine.

On les fit manger de force. D'un dix-feptieme d'ergot qu'il y avoit dans leur nourriture le premier jour, la proportion en fut, les trois jours fuivans, d'un neuvieme, & les deux autres après, d'un peu plus d'un cinquieme. A cette époque le mâle mourut : il avoit eu, ainfi que la femelle, du dévoiement le troifieme jour, n'ayant encore mangé chacun que deux gros & demi d'ergot; graine dont le mâle ne prit en tout que douze gros & demi, avec onze onces de farine. La femelle, qui lui a furvécu de deux jours, a mangé plus de trois onces de farine, & fix gros & demi d'ergot. Je vis la veille de fa mort, fortir par les ouvertures de fes narines une humeur fanguinolente; le bout de fa langue, & la partie fupérieure & la plus extrême du palais étoient rougeâtres.

Je fis tuer un canard bien portant & en liberté, afin de comparer le corps avec ceux des canards qui étoient morts après avoir mangé de l'ergot. Cette précaution, que j'avois omife jufqu'alors, me parut nécellaire pour me mettre en état de mieux juger.

Ouverture des corps.

L'extrémité de la langue du canard mâle étoit livide, & la membrane pituitaire noirâtre, fans que le deſſus du bec eût aucune tache de gangrene ; rien d'altéré dans l'intérieur de la tête & de la poitrine ; la véſicule du fiel petite, n'ayant que très-peu d'une bile épaiſſe & foncée ; les vaiſſeaux du méſentere gorgés de ſang ; tous les organes deſtinés à contenir des matieres alimentaires en étoient remplis, (1) ſur-tout les gros inteſtins, dans leſquels elles étoient jaunâtres & remplies de poudre noire d'ergot. Quelques parties des membranes des gros inteſtins étoient rouges, ou violettes, ou gangrenées.

Ce canard, dont le corps étoit ſans graiſſe, avoit peu de chair, quoiqu'il en eût plus que les deux canards des premieres expériences ; elle étoit livide & ſeche par tout le corps.

Dans le canard femelle, on voyoit les cornets du nez violets, le bout de la langue rougeâtre, l'extrémité de la voûte du palais gangrenée : cette partie exhaloit une odeur fétide ; le deſſus du bec même, dans pluſieurs points, & particuliérement vers les orifices du nez, ne conſervoit pas ſa couleur naturelle.

La véſicule du fiel, l'intérieur des organes de la digeſtion, quelques portions des membranes des inteſtins, les vaiſſeaux du méſentere & la chair étoient comme dans le canard mâle.

____

(1) L'oiſeau avoit mangé, au plus, deux onces de farine par jour ; quantité ſuffiſante pour le nourrir, mais qui n'étoit pas au-deſſus de ſes forces digeſtives. On le faiſoit manger deux fois par jour.

La femelle pondoit quand on l'a foumife à l'expérience; au lieu de trouver des œufs entiers dans fon corps, je n'y ai vu que deux pellicules vuides, fermes & repliées, fans apparence de trou par où la double fubftance qui y étoit renfermée, & qui contient l'œuf, avoit paffé : elle ne s'étoit donc diffipée que par des vaiffeaux abforbans.

Aucune de ces particularités n'a eu lieu dans le canard tué exprès pour fervir de comparaifon.

Seconde Expérience, 22 Mai 1782.

La difficulté de faire avaler de force à des canards les alimens qu'on leur introduit dans le bec, à caufe de la forme de cette partie, & de la langue qui les repouffe, me détermina à ne me fervir, dans la fuite, que de poules, plus faciles à faire manger, parce que leur langue eft plus applatie, & leur arriere-bec plus large.

Je choifis deux poules d'un an, à l'œil vif, à la crête vermeille & dreffée, & en embonpoint, l'une pour lui donner de la farine de bon méteil, mêlée à de l'ergot de Sologne de 1777, & l'autre pour ne la nourrir que de la même farine, dans une quantité égale à la totalité de la nourriture de la premiere, y compris l'ergot.

Les trois premiers jours, la poule qui ne devoit pas manger d'ergot, prit trois onces de farine, & l'autre également trois onces d'alimens; mais parmi lefquels les deux premiers jours il y avoit deux gros d'ergot, & le troifieme jour trois gros. M'étant apperçu, à l'état de leur poche, que cette nourriture étoit trop confidérable, je la réduifis, pour chacune, à vingt gros par jour; enforte que donnant toujours cette dofe de farine à l'une, j'en donnai à l'autre, pendant deux jours, dix-fept gros, avec trois gros d'ergot, & pendant les deux jours fuivans, feize gros de farine avec quatre gros d'ergot. Celle-ci, dès le troifieme jour, eut du dévoiement, qui ne la quitta pas jufqu'à fa mort : elle devint trifte; fes plumes perdirent leur liffe & leur foutien; fa crête fe pencha & fe brunit; fur la fin même fon jabot fe gonfla, comme je l'avois déja remarqué dans les autres oifeaux qui avoient mangé de l'ergot. Elle mourut le huitieme jour, (1) après avoir pris une livre & trois gros de farine, & deux onces & fept gros d'ergot.

La poule qui n'avoit vécu que de farine, s'étoit confervée en bon état, en ayant mangé pendant le même temps une livre trois onces & deux gros; quantité égale à la nourriture de l'autre, en y comprenant l'ergot.

Ouverture du corps.

Le corps de la poule morte étoit maigre & livide; il avoit une tache gangreneufe fur une cuiffe; l'in-

---

(1) C'eft la premiere poule, à laquelle j'aie donné de l'ergot jufqu'à la faire mourir. Ce fait annonce, que cette efpece de volaille n'y réfifte pas plus que le canard & le dindon.

térieur du bec, & sur-tout la langue, paroissoient pâles; la crête & les appendices de dessous le bec entiérement violettes; la poche enflammée & gangrenée; la vésicule du fiel grosse, & pleine d'une bile verte; les intestins blanchâtres, avec quelques taches gangreneuses; l'ovaire ne contenant que des œufs, tous très-petits, & dont quelques-uns, par conséquent, avoient diminué de grosseur ou n'avoient pu croître; car la poule étoit jeune, & pondoit presque habituellement. On voyoit au-dessous des clavicules à la surface du corps, plusieurs especes de phlyctenes, remplies d'une matiere épaisse & glaireuse, de couleur jaune. La poche étoit vuide; ce qui prouve que la poule avoit digéré même les derniers alimens; mais les intestins contenoient des matieres.

Troisieme Expérience, 9 *Juin* 1782.

Dans celle-ci, j'avois pour but de savoir, 1°. si de l'ergot du Maine, (1) mêlé à un douzieme d'ergot de Beauce, seroit aussi pernicieux que de l'ergot de Sologne; 2°. si cette graine, récoltée en 1777, c'est-à-dire, cinq ans auparavant, exposeroit les animaux qui en mangeroient, aux mêmes dangers que si elle étoit moins ancienne; 3°. si, en la supprimant après en avoir donné quelque temps, ou en employant

---

(1) Il avoit été recueilli aux environs de Laval, & m'avoit été envoyé par M. le Marquis du Fresnay.

des remedes convenables, on parviendroit à en corriger les effets déja fenfibles.

En conféquence, de deux autres poules, en auffi bon état que celles de la précédente expérience, l'une fut deftinée à manger de l'ergot jufqu'à en mourir, & l'autre n'en devoit manger que jufqu'à ce qu'elle en parût incommodée. Quoiqu'elles habitaffent un endroit qui n'étoit pas pavé, & où elles pouvoient trouver de petites pierres propres à faciliter leur digeftion, j'eus cette fois l'attention d'y en faire jeter exprès.

Elles moururent toutes les deux fi promptement, qu'il ne me fut pas poffible d'effayer fur l'une d'elles des moyens de remédier aux effets de l'ergot; car l'une ne vécut que quatre jours, & l'autre à peine cinq. Chacune avoit pris par jour vingt gros d'alimens, y compris l'ergot, dont la dofe avoit été graduée depuis un gros jufqu'à quatre; en tout, neuf onces de farine de méteil, & une once & deux gros d'ergot.

Le troifieme jour, on leur avoit laiffé leur nourriture, à laquelle elles ne toucherent pas. La troifieme & la quatrieme expérience du fecond ordre avoient fait voir la répugnance invincible des poules pour l'ergot récent & de Sologne. Cette derniere circonftance indique que de l'ergot ancien, & d'un autre pays que la Sologne, n'étoit pas plus de leur goût. Il fallut continuer à les faire manger de force : elles devenoient triftes, & fe laiffoient prendre facilement;

indice certain d'un commencement de foiblesse, &
d'un effet sensible de l'ergot. Déja la crête de l'une
d'elles n'étoit plus si vermeille, & cette poule avoit
du dévoiement : ces symptômes, qui augmenterent
le lendemain, parurent aussi dans l'autre : elles étoient
en mourant affaissées & comme engourdies.

Ouverture des corps.

Les corps ayant été examinés après la mort, ont
offert les particularités suivantes : chacun avoit sous
le ventre une tache violette, de quatre pouces de
longueur, sur un & deux de largeur ; elle commençoit auprès de l'anus, & s'étendoit jusques vers le
milieu du sternum ; toute la peau du tour de la tête
étoit violette, ainsi que les appendices de dessous le
bec ; on voyoit la crête noircie, comme si on l'eût
brûlée ; couleur qui se manifestoit dans sa substance
même, si on la disséquoit, sur-tout aux découpures.
La vésicule du fiel étoit remplie d'une bile foncée ;
il y avoit des taches gangreneuses & presque du
sphacéle aux deux cœcum, qui exhaloient une odeur
fétide. L'ovaire étoit rempli de petits œufs, & dans
le cloaque il y en avoit un avec sa coquille, qui paroissoit sain intérieurement. Au reste, la plus grande
partie de la peau & de la chair étoit belle & sans
odeur ; on trouvoit même de la graisse dans le pé-
ritoine & sur le gésier ; car ces deux poules n'avoient
pas eu le temps de maigrir.

Quelque accoutumé que je fusse aux effets de

l'ergot, je n'en avois pas encore vu d'auſſi rapides
ni d'auſſi conformes entr'eux. Ces deux faits, ajoutés
à celui qui les précéde, m'ont paru prouver que
l'ergot du Maine, mêlé à un peu d'ergot de Beauce,
& conſervé pluſieurs années, n'étoit pas moins funeſte que de l'ergot de Sologne, & plus récemment
récolté.

Quatrieme Expérience, 15 Juin 1782.

Puiſque, dans la derniere expérience, je n'avois
pu tenter des moyens de corriger les effets de l'ergot,
je réſolus de le faire dans celle-ci, en ſaiſiſſant les
premiers momens où je m'appercevrois que deux
poules qui y feroient foumiſes, commenceroient à
être incommodées. Dans toutes celles du premier &
du ſecond ordre, j'avois employé de la farine de
ſeigle, autant que je l'avois pu; dans les trois précédentes, c'étoit de la farine de méteil, c'eſt-à-dire,
d'un mélange de ſeigle & de froment délayé dans de
l'eau. Il me reſtoit à faire uſage de la farine de pur
froment, & d'en détremper même avec du lait,
afin de joindre à l'ergot le meilleur aliment qu'on
puiſſe donner à des volailles. C'eſt ce que j'eſſayai
de la maniere ſuivante.

On forma deux ſortes de pâtons, les uns avec
de la farine de froment, (1) la poudre d'ergot & le

---

(1) On employa de la farine deſtinée à faire de la belle
pâtiſſerie, & par conſéquent de la fleur de farine.

lait doux, pour les faire avaler à une poule ; les
autres, avec la même farine & la même poudre dé-
layées dans l'eau, pour la nourriture d'une autre
poule. Pendant les deux premiers jours, chacune
prit dix-neuf gros de farine & un gros d'ergot : les
deux fuivans, la dofe d'ergot fut augmentée de moitié, & celle de la farine diminuée d'autant. Le cinquieme jour, l'une & l'autre ayant mangé neuf onces
& deux gros de farine, & fix gros d'ergot, elles me
parurent moins vives ; on les prenoit plus facilement ;
leurs crêtes étoient renverfées, de droites qu'elles
étoient auparavant : l'une l'avoit feulement terne, &
l'autre déja violette, fur-tout à fes découpures, ainfi
que les appendices de deffous la tête : leurs plumes
ne fe foutenoient pas bien ; les œufs, qu'on avoit
fenti tout formés, lorfqu'on avoit commencé à leur
donner de l'ergot, n'étoient pas fortis. D'après les
fignes obfervés dans les autres animaux, je ne devois
plus douter que les poules ne fuffent déja malades,
& qu'il ne fût temps de m'occuper d'y remédier. Je
leur retranchai l'ergot, & on leur donna à chacune
par jour vingt gros de farine, délayée avec du lait
pour l'une, & avec de l'eau pour l'autre. Celle-ci
m'ayant paru le plus malade, puifqu'elle avoit de
plus du dévoiement, j'ajoutai à fa nourriture, pendant quatre jours de fuite, quatre grains de camphre
pulvérifé : dès le lendemain je les trouvai mieux :
peu-à-peu elles reprirent leur vivacité, & devinrent
plus farouches : elles pondirent ; le dévoiement de

l'une d'elles cessa ; leurs crêtes se redresserent , &
parurent plus vermeilles; mais il fallut du temps pour
que ces parties fussent dans leur état naturel. Je fis
donner aux poules de l'avoine en grain, & quelques
jours après on les mit en liberté. Celle qui avoit
été le plus malade, & que je ne perdis pas de vue,
n'eut sa crête parfaitement vermeille, que plus de
quinze jours après : l'autre, nourrie de farine & de
lait seulement, se rétablit plus promptement, après
que je lui eus retranché l'ergot : à la vérité, elle
n'avoit jamais été aussi incommodée.

J'observerai, à l'égard de la couleur plus ou moins
violette que contracte la crête des poules qui mangent de l'ergot, que le froid de l'hiver produit sur
elles quelquefois des effets semblables : les poules,
dans ce cas, sont malades, & ne pondent pas : mais
pendant les expériences où je me suis servi de poules,
il a fait chaud ; car le thermometre a été de vingt
à vingt-sept degrés au-dessus du terme de la glace.
Cette conformité entre les effets du froid & ceux de
l'ergot, est peut-être une des plus grandes preuves
qu'on puisse apporter en faveur de l'opinion de ceux
qui lui attribuent la gangrene des Solognots.

Cinquieme Expérience, 26 *Octobre* 1782.

Dans la derniere expérience, les deux poules qui
avoient été incommodées pour avoir mangé de l'ergot,
se sont rétablies par le seul retranchement de cette
graine. L'une ayant été nourrie de belle farine dé-

layée dans du lait, & l'autre de la même farine délayée dans de l'eau, & à laquelle j'avois ajouté du
camphre, il étoit incertain si le rétablissement de la
premiere étoit dû au lait, & celui de la seconde au
camphre, concurremment avec la farine de belle qualité, ou seulement au retranchement de l'ergot.

Pour m'en assurer, j'ai fait donner à une poule
quinze onces de farine de seigle, qui contenoit le
son, & un gros d'ergot délayé dans de l'eau. Le
lendemain elle a pris quatorze onces de farine &
deux gros d'ergot. Le troisieme jour, elle n'avoit pas
digéré la nourriture de la veille : sa crête étoit déja
violette, ses plumes sans soutien, & la poule n'avoit
plus la force de se percher. Je fus étonné de la rapidité avec laquelle elle étoit attaquée de gangrene :
je crus qu'il n'y avoit plus à attendre pour retrancher l'ergot ; car deux gros de plus l'auroient fait
mourir. On continua à lui donner pendant deux
jours, de la farine seule, délayée dans de l'eau : ensuite
elle mangea de l'orge en grain. Le troisieme jour
après le retranchement de l'ergot, on s'apperçut qu'elle
reprenoit ses forces, sa crête restant cependant encore violette ; enfin, elle revint peu-à-peu, & plus
lentement que les deux de la précédente expérience ;
soit parce que celles-ci avoient pour nourriture de
la farine de froment, soit parce que c'étoit dans une
saison plus chaude.

Il résulte de-là qu'en retranchant seulement l'ergot
de la nourriture des animaux auxquels on en donne,

ils fe rétabliffent, fans médicament, de la gangrene qu'ils ont contractée, pourvu qu'elle n'ait pas fait des progrès trop confidérables.

Sixieme Expérience, 22 Juin 1782.

Je cherchois depuis long-temps le moyen de faire manger du pain ergoté à des animaux : j'avois effayé infructueufement, en 1777, d'en donner à un chien, qui l'avoit conftamment refufé. La facilité avec laquelle les poules avalent ce qu'on met dans leurs becs, me décida à en nourrir une d'un pain fait avec dix onces de fleur de farine de froment, & deux onces & demi d'ergot. Une autre poule fut nourrie en même temps avec un pain formé de douze onces & demie de la même farine feulement. L'un & l'autre fut fabriqué par une femme de campagne, dont je me fervois pour donner à manger aux animaux, parce qu'elle étoit dans l'ufage d'engraiffer les volailles. Ayant bien de la peine à introduire peu-à-peu du pain dans le bec des poules, elle prit le parti d'en laiffer chaque jour tremper une certaine dofe dans l'eau ; par ce moyen il gliffoit mieux dans le jabot. Chaque pain dura fix jours entiers ; enforte que la poule qui vécut de pain d'ergot, mangea chaque jour trois gros de cette graine. Le troifieme jour, fa crête me parut en partie renverfée & moins vermeille : celle de l'autre n'avoit pas changé ; elles étoient toutes les deux toujours très-vives.

Ce

Ce qui me reftoit d'ergot n'étant pas affez confidérable pour en faire du pain, je le fis donner en
fubftance à la poule, qui en avoit mangé fous forme
de pain; elle en prit graduellement, de cette maniere, en cinq jours treize gros avec douze onces &
demie de farine. Sa crête me parut plus brune encore, & la poule moins vive. L'ayant fait tuer, je
ne trouvai que quelques taches livides aux deux cœcum, & la crête violette.

On a lieu d'être étonné, fi on compare ces derniers effets de l'ergot avec ceux qu'il a produits dans
toutes les expériences précédentes. La poule dont il
s'agit étoit-elle moins fufceptible que les autres d'en
être affectée ? La longueur du temps qu'elle en a
mangé, a-t-elle rendu l'effet du virus moins actif ?
En feroit-elle morte, fi on eût continué de lui en
faire avaler, même fous forme de pain? La fermentation que l'ergot, dans cette préparation, a
fubi, à l'aide du levain, ou la coction, ou la
macération dans l'eau, en ont-ils émouffé la force ?
Enfin, l'ergot étoit-il moins mal-faifant, parce que
l'ayant réduit en poudre, je le tenois depuis plus
d'un mois expofé à l'air ? Voilà ce que je ne puis
dire : il eft certain au moins que la poule, qui
en a mangé ainfi, quoiqu'en bon état d'ailleurs,
avoit la crête & les deux cœcum altérés; tandis
que celle qui, dans le même lieu, a vécu d'un pain
de pure farine, avoit la crête très-vermeille & très-
droite.

K

Septieme Expérience, 9 Octobre 1782.

Quoiqu'on ne pût conclure abſolument de l'ex-périence précédente, que l'ergot, donné ſous forme de pain, n'étoit pas mal-faiſant, puiſque la poule qui en a mangé de cette maniere a eu la crête vio-lette, & des taches livides aux cœcum; néanmoins il y avoit lieu de penſer que la coction en détrui-ſoit ou en émouſſoit le virus. Il étoit à craindre qu'on en tirât des conſéquences capables de trop raſ-ſurer les hommes, qui ne mangent de l'ergot que quand il a paſſé au feu. Croyant donc devoir répé-ter cette expérience, je me ſuis procuré de l'ergot de la nouvelle récolte, & de la farine de ſeigle, telle que les habitans de Sologne (1) l'emploient pour leur nourriture.

J'ai fait faire un pain avec dix gros de farine, & dix gros d'ergot en poudre; on l'a cuit ſous la cendre, comme un tourteau, & on l'a fait avaler, dans la journée, en trois fois, à une poule de quatre ans, bien portante. Le lendemain matin il n'y. avoit plus rien dans ſon jabot. On lui a donné d'un autre pain frais, dans lequel la farine & l'ergot étoient en mêmes proportions. Le ſoir, ſa poche a paru gonflée, & ſa crête moins vermeille.

____

(1) Cette farine, où le ſon étoit compris, a été fournie par un payſan de Sologne, qui la deſtinoit à en faire du pain, ſans la bluter.

Chacun des deux jours suivans, la poule a mangé un pain pareil aux précédens : sa poche est restée gonflée, & sa crête, ainsi que les appendices de dessous le bec, ont noirci; ses plumes n'étoient plus lisses, & elle avoit l'air d'être enivrée.

Elle est morte dans la nuit du quatrieme au cinquieme jour, ayant mangé, sous forme de pain, cinq onces de farine de seigle, & cinq onces d'ergot; dose dont on pourroit retrancher une once au moins, parce que la poule avoit toute la nourriture de la veille dans son jabot.

Indépendamment de la couleur noirâtre de la crête & des appendices, il y avoit sous le ventre une tache violette; tout le corps étoit livide, & les intestins, & sur-tout les cœcum, ternes : on voyoit des parties de ces visceres enflammées, & d'autres gangrenées.

Cette expérience est entiérement contraire à celle qui a été faite dans le Maine, & que j'ai rapportée précédemment : expérience dans laquelle on n'avoit pas donné assez d'ergot à un coq, qui en étoit le sujet, ainsi que l'a présumé le Bureau d'Agriculture du Mans.

Huitieme Expérience, 14 *Octobre* 1782.

Celle-ci n'est que confirmative de la précédente, que j'ai cru devoir répéter, parce qu'elle est une des plus décisives, & parce qu'on ne sauroit trop multiplier les faits en matiere importante.

On a donné à une poule un pain cuit sous la

cendre, & compofé de dix gros de farine de feigle, & de dix gros d'ergot en poudre. Le premier jour elle l'a digéré tout entier ; le foir du fecond jour, elle avoit encore dans fon jabot une partie d'un nouveau pain, qu'on lui avoit fait avaler depuis le matin. Le troifieme jour, je défendis qu'on lui donnât à manger, afin qu'elle eût le temps de digérer la nourriture de la veille. Le quatrieme jour, ce qui reftoit dans fon jabot étant plus amolli, on lui fit avaler la même dofe de pain. Elle eft morte dans la nuit du cinquieme, après avoir mangé de cette maniere cinq onces de farine de feigle, & cinq onces d'ergot récent.

Son corps étoit maigre & livide ; la crête & les appendices de deffous le bec étoient d'un violet foncé, ainfi que le deffous du ventre : on voyoit le jabot diftendu, plein d'alimens, en partie fermes, en partie amollis, & parfemé de quelques taches gangreneufes. Les inteftins & le géfier contenoient auffi des matieres alimentaires, dans un degré de digeftion avancée : on y remarquoit auffi des taches de gangrene.

En comparant cette expérience avec celle qui la précede, il eft aifé de s'appercevoir que les réfultats en font les mêmes.

Neuvieme Expérience, 20 *Octobre* 1782.

Dans la fixieme & dans la feptieme expériences, l'ergot avoit été donné fous forme de pain, ou

plutôt fous forme de tourteau ; c'eft-à-dire que le mélange, compofé de farine & d'ergot, n'avoit éprouvé que l'action du feu, fans éprouver celle de la fermentation, qu'on pouvoit regarder comme capable d'anéantir le virus d'une graine, jufqu'ici fi funefte. Pour éclaircir ce doute, & ne laiffer rien à defirer fur les effets véritables de l'ergot, j'ai fait l'expérience fuivante avec toute l'attention poffible.

J'ai réuni cinq gros de poudre d'ergot, huit gros de farine & fuffifante quantité d'eau : je les ai laiffé, pendant la nuit, dans un appartement chaud ; le mélange, qui, le lendemain matin, pefoit feize gros, parce qu'il avoit abforbé trois gros d'eau, ne paroiffoit pas avoir levé : on en a fait un pain, qu'on a mis cuire fous la cendre, & qu'on a fait manger dans la journée à une poule d'un an & demi, une des mieux conftituées que j'aie pu trouver ; elle l'a très-bien digéré.

Le fecond jour, un nouveau pain a été formé de quatre gros d'ergot, de huit onces de farine & d'eau : afin de l'exciter à fermenter, j'y ai joint un gros de levain, pris chez une femme de la campagne. Ce mélange, expofé pendant cinq heures auprès du feu, a bien levé, à caufe de la farine & du levain qui entroient dans fa compofition (1); on l'a cuit, comme le précédent ; la poule l'a mangé & l'a digéré.

____

(1) La poudre d'ergot feule, ne leve pas.

Le troisieme & le quatrieme jours, j'ai procédé de la même maniere, avec cette différence, que dans le nouveau pain, j'ai augmenté la dose d'ergot, qui a été en parties égales avec la farine; il avoit bien levé; je ne m'étois encore apperçu d'aucun effet.

Le cinquieme, même dose; la poule le soir fut languissante; sa crête étoit devenue terne; son jabot conservoit une partie du pain qu'on lui avoit fait avaler.

Le sixieme, au matin, je la trouvai comme enivrée, ayant les plumes traînantes, la crête violette, & ne pouvant se soutenir; elle mourut quelques heures après; elle avoit mangé en cinq jours, sous forme de pain, qui, à l'exception du premier jour, avoit suffisamment fermenté, cinq onces & un gros de farine, & quatre onces & un gros d'ergot.

Son corps n'étoit pas aussi maigre que celui des deux poules précédentes, parce qu'elle étoit en meilleur état lorsqu'elle a été soumise à l'expérience : il y avoit aussi sous le ventre une tache violette, mais moins grande & moins foncée; la poche ne contenoit que peu d'alimens, aussi cette partie n'étoit-elle pas altérée, si ce n'est vers son origine du côté du bec ; on voyoit même du sang extravasé dans les environs; la tête paroissoit gonflée & d'un violet noir dans toute sa surface; la vésicule du fiel étoit grosse & gorgée de bile; quelques parties des intestins, voisins des cœcum, avoient des taches de gangrene.

Les résultats des trois dernieres expériences, résultats conformes entr'eux, ne font pas les mêmes que ceux de la cinquieme qui les précede, puifque la poule, qui a été le fujet de celle-ci, ne s'eft trouvée que foiblement incommodée d'avoir mangé du pain ergoté, tandis que les trois autres font mortes gangrenées. Cette différence fans doute dépend de la quantité d'ergot que ces poules ont mangé; car la premiere, en fix jours, en a pris deux onces & demie; chacune des trois autres en a pris, en quatre jours, quatre onces.

Il paroît que, fous forme de pain, l'ergot doit être donné à plus forte dofe qu'en fubftance, pour qu'il produife le même effet; ce qui fait penfer que la coction & la fermentation émouffent un peu fon activité, mais ne la détruifent pas.

O B S E R V A T I O N S

Relatives aux alimens dont les animaux ont été nourris.

J'ai nourri fouvent les animaux de farine de feigle avec de l'ergot, pour affimiler, comme il a déja été dit, leurs alimens à ceux des habitans de la Sologne.

Quelques perfonnes, fur la préférence que paroiffent donner certains animaux au froment, à l'orge & à d'autres grains, ont penfé que la répugnance, dont j'ai fait mention, étoit plutôt pour le feigle que pour l'ergot. Voici des faits qui doivent dé-truire cette opinion.

1°. Dans la premiere expérience du premier ordre, le quatrieme jour je fis donner aux canards une pâtée faite de son gras de froment & de poudre d'ergot ; ils n'en mangerent pas plus que lorsqu'il y avoit de la farine de seigle au lieu de son.

2°. Il fallut, le treizieme jour, introduire la nourriture dans le bec de la dinde de la seconde expérience, quoiqu'on ne mêlât à l'ergot que du son (1).

3°. J'ai nourri de farine de seigle le cochon de la troisieme expérience, pendant six jours, avant de lui donner de l'ergot ; il se portoit bien, & n'a refusé de manger, que quand j'ai joint de l'ergot au seigle.

4°. Lorsqu'on présentoit du seigle pur au cochon de la quatrieme expérience, il le mangeoit avec avidité ; si l'on y mêloit de l'ergot, il n'en vouloit plus, ou n'en mangeoit que très-peu. Cette épreuve à été répétée plusieurs fois.

5°. Dans la premiere expérience du deuxieme

____

(1) Je ne conçois pas pourquoi, dans une de ses expé-riences, M. Parmentier eut grand soin qu'on ne mêlât pas de son avec la farine d'ergot & de seigle, qu'il faisoit donner à un cochon. Car on sait qu'on se sert ordinairement de son, pour engraisser les cochons, qui ne contractent pas la gangrene, en ne vivant que de cette nourriture ; c'est, à la vérité, du son gras.

ordre, je n'ai pas donné de seigle au canard, mais du sarrasin, qu'il a refusé quand il s'est trouvé joint à l'ergot.

6°. Dans les pays où on ne récolte que du seigle, les chiens, comme les hommes, se nourrissent volontiers de pain fait avec ce grain ; cependant le chien de la seconde expérience n'a point voulu de pain de seigle, sans doute parce qu'il contenoit de l'ergot.

7°. La poule de la troisiéme expérience eût mangé en vingt-trois jours plus de douze onces de farine de seigle & d'orge ; & la poule de la quatrieme expérience, qui n'avoit que de l'ergot seul à manger, ne se fût pas laissée mourir de faim.

8°. Les deux canards de la premiere expérience du troisieme ordre, n'ont pas touché pendant vingt-quatre heures à une pâtée qu'on leur a donnée ; elle étoit composée d'un mêlange, à parties égales, de farine de froment & de seigle, & d'un dix-septieme seulement d'ergot.

9°. Il en a été de même de deux poules de la troisieme expérience.

10°. Dans la Champagne, & dans d'autres cantons, où l'on ne seme que du seigle, on en donne aux cochons, qui ne le refusent pas, & engraissent avec cette nourriture.

11°. Enfin, j'ait fait jeter du seigle à des poules, qu'on nourrissoit d'orge ; elles l'ont mangé avec avidité. En Sologne j'en ai vu qui faisoient beaucoup de dégât dans les granges, quoiqu'il n'y eût que du seigle : des pigeons & des dindons y venoient aussi ; & j'ai bien distingué que ce n'étoit pas des insectes qu'ils cherchoient, mais des grains de seigle, que je leur voyois ramasser. Dans un champ de seigle tardif, que j'avois semé pour connoître la cause de l'ergot, les moineaux me furent très-incommodes, parce qu'ils y arrivoient en foule ; on voit ordinairement, au commencement de la maturité des grains, que le seigle, qui mûrit le premier, est le premier attaqué par les oiseaux ; néanmoins je suis porté à croire qu'ils préferent au seigle d'autres grains, quand ils ont la liberté du choix ; mais il s'en faut de beaucoup que cette préférence puisse être regardée comme de la répugnance.

RÉFLEXIONS

Sur toutes les Expériences comprises dans les trois ordres, & conséquences qu'on en peut tirer.

Il s'éleve ici naturellement deux questions, dont la décision établit les conséquences qu'on peut tirer de toutes les expériences que je viens de détailler. La premiere consiste à savoir, si c'est à l'ergot seul que sont dûs les phénomenes observés dans les différens animaux ; la seconde, si ces phénomenes ont des rapports avec les symptômes des maladies des hommes, qu'on a fait dépendre de l'ergot : tout le but du travail se réduit à ces deux points.

La premiere question n'est pas la plus difficile à

réfoudre ; car ou il faut attribuer à l'ergot la répugnance des animaux pour les alimens qu'on leur a
préfentés, & la mort qui s'en eft fuivie lorfqu'ils ont
été forcés de manger des mêlanges dont l'ergot faifoit partie; ou de ces deux effets, le premier eft dû à
la qualité des alimens même, & le fecond aux alimens, ou à la propre conftitution des animaux, ou
à l'air qu'ils ont refpiré, ou à la faifon pendant laquelle
les expériences ont été faites, ou enfin à quelque négligence dans la maniere de les foigner. Or, par les dernieres obfervations, on voit évidemment que les animaux n'avoient pas de répugnance pour les fubftances qu'on joignoit à l'ergot, puifqu'on fe fert de ces
fubftances pour les nourrir, leur donner de l'embonpoint & les engraiffer ; (1) puifque ces fubftances
étoient de diverfe nature, & de qualités meilleures
les unes que les autres ; puifque chaque fois qu'on
les donnoit feules, les animaux les mangeoient
avec avidité. L'article des précautions, que j'ai
eu foin de ne pas omettre, afin de prévenir des
objections auxquelles je m'attendois, indique que
chacun des animaux, avant d'être foumis à l'expérience, étoit en très-bon état, dans un âge convenable, & bien conftitué. Les dofes d'alimens &

---

(1) Dans quelques cantons de l'Artois, on ne fe fert du
feigle que pour engraiffer les cochons. *Lettre de M. Cauvet,
Médecin à Béthune, écrite à M. Boucher, Médecin à Lille, qui
m'en a donné copie.*

d'ergot, comme je l'ai dit, étoient pesées, renou-
vellées chaque jour, données en ma présence ; les
uftenfiles tenus propres ; les cabanes nétoyées, &
il y avoit toujours un vaiffeau rempli de bonne eau.
Pouvois-je employer plus d'attentions, & m'affurer
mieux des véritables effets de l'ergot ? L'air que ref-
piroient les animaux, s'il n'eût pas été pur, auroit également incommodé ceux qui, deftinés à être des
objets de comparaifon, fe font bien portés dans les
mêmes cabanes. Au refte, ces cabanes étoient très-
fpacieufes & acceffibles à l'air. Parmi les expériences, les unes ont été faites en Automne, d'autres
en Hiver, d'autres au Printemps, & d'autres en Été,
& dans chacune de ces faifons, il eft mort des animaux auxquels on a donné de l'ergot. Je ne crains
donc pas de me tromper, en regardant, comme démontré, que c'eft à l'ergot feul qu'il faut attribuer
la répugnance des animaux, leurs maladies, & leur
mort.

En effet les expériences, du fecond ordre fur-
tout, prouvent que des quadrupedes & des volatiles,
ont un tel dégoût pour l'ergot, que ceux auxquels
on le donne feul pendant quelque temps, préferent
de mourir de faim, plutôt que d'en manger, fi on les
abandonne à eux-mêmes. Les exemples en font frap-
pans dans un canard, un chien, deux poules & un
cochon. Cette répugnance n'eft pas au même degré
dans chacun des animaux ; elle augmente ou diminue, felon qu'on leur offre des mêlanges où il y a

plus ou moins d'ergot; elle eft, pour ainfi dire, invincible fi l'ergot eft pur; s'il eft uni avec de la farine de feigle, elle n'eft pas auffi forte dans les premiers jours, mais elle le devient par la fuite : la farine d'orge, qui apparemment a plus de faveur que celle du feigle, mafque davantage l'ergot; ce n'eft que pour un temps, & on ne peut efpérer de faire manger à des animaux une fuffifante quantité d'ergot, fi on ne les trompe perpétuellement, ou fi on ne leur en fait avaler de force.

Il réfulte des expériences du premier ordre, que de fix animaux, l'un n'a été que légerement incommodé, parce qu'il a bu feulement de l'efprit recteur d'ergot, & que les cinq autres qui ont mangé de cette fubftance même, en font morts. Les réfultats, qu'ont obtenu MM. de Salerne & Read, par des procédes à-peu-près femblables, quoique moins exactement rapportés, étant entiérement les mêmes, leurs expériences doivent être placées à côté des miennes (1), & fervir, comme elles, à faire connoître jufqu'à quel point l'ergot peut être funefte, puifqu'il fait périr inévitablement les animaux aux-

---

(1) Il eft dit dans les Mémoires de l'Académie Royale des Sciences, que M. Thuillier, Médecin du Duc de Sully, étant à Sully en Sologne, fit donner de l'ergot à des animaux de baffe-cour, qui en moururent. Je ne m'autorife pas de ce fait, ni de plufieurs autres, qui font également rapportés fans détails.

quels on parvient à en faire manger une certaine quantité.

Enfin, 1°. les expériences du troifieme ordre font connoître que de l'ergot de trois & cinq ans, qu'il foit de Sologne ou du Maine, ou de la Beauce (1), eft capable d'incommoder plus ou moins les animaux, lorfqu'ils en mangent peu, ou de les tuer même promptement, s'ils en prennent une dofe fuffifante fous la forme de pâtée; puifque trois poules qui en ont mangé une petite quantité, en ont été malades; puifque trois autres poules & deux canards ont péri, pour en avoir mangé davantage.

2°. Des expériences du même ordre, prouvent auffi que l'ergot n'eft pas moins funefte aux animaux qui le mangent mêlé avec de la farine, & cuit comme un tourteau, ou fous forme d'un véritable pain; puifque trois poules, pour avoir été nourries d'ergot ainfi préparé, ont fuccombé, comme celles qui en avoient mangé en fubftance.

Je pourrois rappeller ici prefque toutes les expériences de **M.** Schleger, qui conftatent que les animaux auxquels il a donné de l'ergot, ont éprouvé des incommodités plus ou moins grandes; mais d'après ce qui précéde, les preuves des effets dangereux de l'ergot font fuffifantes & affez fortes, fans

---

(1) M. Read a employé, pour fon cochon, au mois de Juin 1766, de l'ergot récolté aux environs de Valenciennes, au mois d'Août 1765, près d'un an auparavant.

faire tourner les expériences de M. Schleger contre
son opinion. Il s'agit maintenant d'examiner les
rapports qui peuvent se trouver entre les maladies
des hommes, qu'on a attribuées à l'ergot & celles
des animaux, qui en ont été nourris.

MALADIES DES HOMMES,

attribuées à l'ergot.

Je crois devoir décrire, en peu de mots, les
symptômes des maladies des hommes attribuées à
l'ergot; ce sera d'après les Mémoires de l'Académie
des Sciences, années 1676, 1710, 1748, & le Mercure de Janvier 1748, &c. car je n'ai jamais eu occasion de les voir.

Les hommes qui en étoient attaqués, sur-tout les
mieux constitués, & dans certaines épidémies, éprouvoient, les deux ou trois premiers jours, des dou-
leurs de tête & d'estomac. La fievre survenoit ensuite; ces signes ne se manifestoient pas dans ceux
qui étoient d'une mauvaise constitution : ils sentoient
tous des lassitudes douloureuses dans les extrémités
inférieures; ces parties se gonfloient sans inflammation apparente; elles devenoient engourdies, froides
& livides, se couvroient de phlyctenes, & se gan-
grenoient. Quelquefois il en suintoit une sérosité fétide, ou des gouttes de sang noirâtre; quelquefois
il s'y formoit des vers. Ordinairement la gangrene
étoit entourée d'un cercle rougeâtre, où elle se bor-

noit, & où, par la suite, le membre se séparoit de lui-même. La gangrene commençoit par le centre, & ne paroissoit à la surface que long-temps après : souvent, pour la voir, on étoit obligé de découvrir ce qui la cachoit. Les doigts tomboient les premiers, & successivement les autres parties se détachoient dans leurs articulations : les extrémités supérieures, quoique plus rarement, éprouvoient le même sort. On a vu des malheureux auxquels il ne restoit que le tronc, & qui ont vécu dans cet état encore quelques jours : les membres se séparoient sans hémorrhagie ; quelquefois les chairs sphacélées tomboient seules, & laissoient à nu les os, qu'on étoit obligé de couper ; quelquefois aussi les membres devenoient si maigres, que la peau étoit collée sur les os ; ils étoient, dans ce cas, d'une noirceur épouvantable, & se dessechoient sans tomber en pourriture ; les malades avoient l'air stupide ; leur ventre étoit gros & tendu, leur pouls petit & concentré, sur-tout quand le mal avoit fait des progrès ; ils étoient maigres ; leurs urines couloient librement, & leurs excrémens, par leur consistance, annonçoient que les digestions se faisoient bien. Sur la fin de la maladie cependant, il se déclaroit un dévoiement : les pauvres gens y étoient les seuls exposés. Le mal n'étoit pas contagieux ; il attaquoit plutôt les hommes que les femmes : lorsque celles-ci étoient grosses, elles avortoient ; si elles nourrissoient, leur lait se tarissoit. Cette maladie a été plus ou moins meurtriere ;

triere ; car dans une épidémie, fur cent vingt malades traités à l'Hôtel-Dieu d'Orléans, il ne s'en eft
fauvé que quatre ou cinq.

Traitement, ou curation de la Gangrene feche.

Quoiqu'il ne s'agiffe, dans cet écrit, de la gangrene feche, que pour favoir fi l'ergot en eft la véritable caufe ; cependant je ne crois pas déplaire à
mes Lecteurs, en ajoutant ici la maniere de la traiter
qui me paroît la plus convenable. Peut-être même
m'eût-on reproché d'avoir tû un article qui peut
fervir dans l'occafion. Je ne ferai, pour ainfi
dire, que tranfcrire ce qui fe trouve dans un imprimé intitulé : *Méthode Curative,* publiée en 1765,
par MM. de Larfé & Taranget, Médecins à Arras ;
car indépendamment de ce que le traitement qu'ils
propofent eft bien vu & bien conçu, ils affurent
que ceux pour lefquels il a été employé, ont été guéris
fans perdre aucun membre.

Pour plus de clarté, il faut partager la maladie en
quatre temps ; dans le premier, où il y a douleur aiguë
aux extrémités, gonflement fans inflammation apparente, accompagné de fievre, on pratique, lorfque
l'état du pouls le permet, une ou deux faignées, mais
avec une extrême réferve, fur-tout fi les malades font
de Sologne. On leur donne, pour boiffon ordinaire,
une légere infufion de fleur de fureau ou de quelqu'autre plante analogue, dans laquelle on ajoute
du miel & du vinaigre. On applique fur les parties

gonflées, des compreſſes imbibées d'une eau-de-vie
affoiblie par un mêlange d'eau, après y avoir fait des
frictions avec un linge chaud, pour y ranimer la
circulation. La nourriture des malades doit être ordinairement du bouillon, fait en grande partie avec le
veau, ou la volaille; ce qui doit dépendre de l'état
des ſujets : car un homme, dont la conſtitution a été
détruite par la miſere & par une ſuite de mauvais
alimens, ne ſe rétablira qu'en en prenant peu-à-peu,
de bonne qualité; & ſouvent ce ſeul ſecours le guérit
ou le diſpoſe à guérir.

Le ſecond temps eſt marqué par un engourdiſſement
dans les pieds & dans les mains, accompagné d'un
froid exceſſif. Alors, on fera ſur ces parties des fo-
mentations avec les huiles de camomille, de mille-
pertuis, de Thérébentine & de rhue, & par-deſſus
on appliquera des linges trempés dans une forte décoction de quinquina & de ſel ammoniac; décoction
dont les malades même feront uſage intérieurement,
en en buvant de quatre heures en quatre heures
quelques onces, unies avec du ſyrop d'œillet.

La gangrene établie produit le troiſieme temps.
Elle s'annonce, quand les parties commencent à
devenir d'un rouge plombé, ou d'un brun obſcur.
On ne doit plus douter qu'elle n'exiſte, quand il
paroît des phlyctenes; alors il faut employer des
moyens plus actifs. A la boiſſon ordinaire des malades, on ajoutera du jus de citron, ou du ſuc
d'oſeille. Ils prendront toujours de la décoction de

quinquina , dans laquelle on aura diſſout du ſel ammoniac, en y joignant quatre grains de camphre par livre de liqueur ; & cette décoction ſera toujours employée pour appliquer ſur les parties gangrenées , auxquelles on fera des ſcarifications. On panſera avec le baume ſuivant.

Prenez deux livres & demie d'huile d'olive , deux livres de vin , une once de ſang-dragon , une livre de cire jaune , une livre & demie de thérébentine & deux onces de baume du Pérou. Faites bouillir l'huile , le vin & le ſang-dragon à petit feu , juſqu'à la conſomption du vin ; ajoutez-y la cire & la thérébentine , en les faiſant encore un peu bouillir , & n'y mettez le baume du Pérou, qu'après que vous aurez retiré le vaiſſeau.

Si l'on n'a pas la facilité de compoſer ce baume , comme il arrive ſouvent dans les campagnes éloignées des villes, on peut ſe ſervir pour les panſemens, de la thérébentine ſeule , ou de l'onguent de ſtyrax , & mettre ſur les plaies mêmes quelques grains de camphre pulvériſé.

Lorſque je faiſois , ſur cet objet, des recherches en Sologne , j'ai trouvé un malheureux qui avoit été mutilé dans une des épidémies gangreneuſes. Il ſe formoit de temps en temps, à la cuiſſe , du côté où il avoit perdu une jambe , des eſcharres de gangrene , que l'uſage de la thérébentine détruiſoit , & dont il auroit anéanti la cauſe , s'il eût pu obſerver un ré-gime convenable.

A chaque panſement on lavera les plaies avec une décoction de quinquina & de ſel ammoniac, dans du vin & de l’eau ; on appliquera auſſi des com-preſſes, qui en ſeront trempées, par-deſſus les em-plâtres, couvertes du baume.

Si, malgré ces ſecours, les parties devenoient to-talement noires & ſphacélées, ce qui pourroit conf-tituer le quatrieme temps, on ſeroit forcé d’en venir à l’amputation ; mais il faudroit attendre que la na-ture eût marqué elle-même le temps de cette opé-ration, par une ligne de ſéparation entre le mort & le vif. On pourroit l’aider, s’il en étoit beſoin, en uſant des moyens que l’art indique. On ſe ſer-vira, à cet effet, de compreſſes trempées dans une eau compoſée de quatre onces d’alun calciné, de vitriol romain, & de trois onces de ſel marin, le tout bouilli dans quatre livres d’eau, réduites à deux. Si l’on précipitoit l’opération, ſans attendre l’indi-cation de la nature, il en réſulteroit que le moignon du membre amputé ſe mortifieroit entiérement, & que le ſphacéle ſe renouvelleroit, ou qu’au moins il s’y formeroit de temps en temps de la gangrene, comme dans le cas dont j’ai parlé.

Ceux qui connoiſſent la Méthode Curative, dont ceci eſt extrait, verront que je n’y ai fait que de très-légers changemens : j’ai cru devoir les faire, pour la rendre en quelque ſorte plus ſimple & plus fa-cile à exécuter. M. Maret, Médecin célebre, & Se-crétaire de l’Académie de Dijon, a publié en 1771, pour la même maladie, une méthode curative, qu'il a puifée auffi dans les meilleures fourçes.

C O M P A R A I S O N

Des Symptômes obfervés dans les hommes attaqués de la gangrene feche, atribuée à l'Ergot, & de ceux qu'ont offerts les animaux qu'on en a nourris.

La maniere dont les animaux font affectés dans leurs maladies, ne doit pas être toujours la même que celle dont les hommes peuvent l'être : les mêmes caufes produifent des effets qui ne fe reffemblent pas lorfqu'elles agiffent fur des êtres diverfement modifiés, ou qui font dans des pofitions différentes. D'ailleurs, on ne peut fouvent faifir les fymptômes des maladies des animaux, ou l'on n'en faifit qu'une partie, & encore imparfaitement. Il ne faudroit donc pas s'étonner, fi dans ceux auxquels on auroit donné de l'ergot, on ne voyoit pas les mêmes fignes & les mêmes effets que dans les hommes qui s'en feroient nourris. Cependant, fi de la defcription que j'ai donnée plus haut des maladies, on retranche feulement les fymptômes, dont il n'eft pas poffible de s'appercevoir dans les animaux, on retrouve dans ceux qui font morts après avoir mangé de l'ergot (1), prefque tous les phénoménes obfervés dans les hommes

____

(1) Je ne parle ici que des animaux des expériences du premier & du troifieme ordres. Ceux des expériences du fecond ordre, fervent à prouver feulement la répugnance.

qui s'en font nourris. L'inflammation des yeux de
la dinde, des deux cochons, que j'ai foumis à l'expérience, de celui de M. Read, & la foif d'un des
cochons, pourroient être regardés comme des fignes
de fievre. L'animal, dont parle M. de Salerne, avoit,
felon lui, les jambes rouges & enflammées. A en
juger par l'état de celles des deux cochons qui ont
mangé de l'ergot fous mes yeux, la rougeur des
jambes étoit plus livide qu'inflammatoire; elle s'eft
auffi manifeftée dans la membrane du bec, à la
langue d'un des canards, & à la crête des huit poules
des expériences du troifieme ordre. Le cochon de
M. Read appuyoit toujours une oreille contre le
mur. Un des canards de ma premiere expérience du
premier ordre, appuyoit auffi fon bec; preuve de
foibleffe dans fes parties. Les jambes de tous les
cochons fe font engourdies, & affoiblies même, au
point que ces animaux chanceloient & ne pouvoient fe foutenir. Le bec des deux premiers canards
& de la dinde fe font également gonflés : il y avoit
des taches gangreneufes à une aîle d'un canard, à
une aîle de la dinde, à la cuiffe d'une poule & fur-tout
fous le ventre de plufieurs poules des expériences du
troifieme ordre. On voyoit à la furface du corps d'une
poule, au-deffus des clavicules, des efpeces de phlyctenes remplies d'une matiere épaiffe, glaireufe & de
couleur jaune.

Le cochon nourri par M. de Salerne, rendoit par
les jambes une liqueur verdâtre & infecte. M. Read

a vu sortir des yeux du sien une sérosité âcre & cor-
rosive : le même phénomene a eu lieu dans celui de
ma quatrieme expérience ; sa salive avoit aussi cette
qualité. Ce dernier animal rendit une humeur rousseâtre par une tumeur qu'il avoit à un pied, comme
celui que cite M. de Salerne en avoit rendu par des
boutons noirs & entr'ouverts qu'il avoit sous la gorge
& sous le ventre. Les deux canards de la premiere
expérience du troisieme ordre eurent un semblable
écoulement par les ouvertures du nez. La queue, les
oreilles & les jambes des quadrupedes, le bec & la
crête des oiseaux sont devenus froids, & plus ou
moins gangrenés ; car l'un des cochons, selon M.
Read, perdit une oreille, qui se sépara d'elle-même.
M. de Salerne & moi nous n'avons observé que des
taches livides sur celles des trois cochons soumis à
l'expérience. La gangrene étoit bornée par un cercle
rouge, comme il a paru sur-tout aux oreilles du
cochon de la troisieme expérience, & à la membrane du palais de deux canards. Le cochon de la
quatrieme expérience perdit successivement des parties de l'extrémité de sa queue, qui étoit noire &
insensible : un de ses pieds se dessécha, & seroit
tombé vraisemblablement de lui-même, si j'eusse pu
donner plus d'ergot à cet animal : la gangrene avoit
même carié les os. Le cochon de la troisieme expérience n'eut pas les jambes si maltraitées ; mais il y
avoit aux articulations de celles de derriere, avec les
pieds, une bouillie noire & fétide, produit de la

gangrenee portée à un haut degré. Il eft à remarquer qu'elle étoit, comme dans les hommes, toujours au centre de la partie affectée, avant de fe communiquer à l'extérieur. La diffection des corps des deux cochons l'a prouvé.

C'eft particulierement au bec, ou dans les environs du bec de dix oifeaux, que la gangrene a caufé le plus de défordre, parce que ces parties font très-éloignées du centre du mouvement, c'eft-à-dire, du cœur; car le bec des deux premiers canards, la crête & les appendices de deffous le bec de cinq poules, ainfi que l'extrémité de la langue & de la membrane du palais, & la membrane pituitaire de la plupart de ces oifeaux, tout étoit gangrené d'une maniere fenfible.

Si les hommes infortunés, qui ont éprouvé l'épidémie dont il s'agit, étoient ftupides, les animaux l'étoient auffi; plufieurs ont eu des vertiges, quelques-uns même m'ont paru comme engourdis. Les hommes avoient le ventre refferré pendant quelque temps, & n'ont eu du dévoiement qu'en approchant du terme de la mort. Dans les expériences du premier ordre, où je ne donnois l'ergot qu'à très-petite dofe d'abord, les animaux, fur-tout les quadrupedes, ne rendoient que rarement leurs excrémens, quoiqu'ils buffent abondamment d'une boiffon relâchante (1), & qu'ils mangeaffent de la farine de

____

(1) Du petit-lait, ou du lait de beurre.

feigle, qui procure la liberté du ventre. Ce n'étoit que les derniers jours que leurs déjections étoient liquides. Dans les expériences du troifieme ordre, les oifeaux qui en furent le fujet, eurent du dévoiement plutôt; mais ils vécurent moins de temps & mangeoient plus d'ergot. Les urines des quadrupedes couloient aufli avec facilité. La maigreur étoit extrême dans ceux des animaux qui furent long-temps en expérience, & elle alloit en croiflant, felon qu'ils mangeoient plus d'ergot. Les corps des deux canards & des trois poules des expériences du troifieme ordre, avoient d'autant plus de chair que leur mort avoit été plus rapide; ceux des deux poules fur-tout, qui ne vécurent que quatre jours, conferverent de la graiffe.

Le filence gardé fur l'état où étoient à l'intérieur les cadavres des hommes qui font morts de la gangrene feche, annonce qu'on ne les a point ouverts. Peut-être eût-on trouvé, comme dans les animaux, des vifceres enflammés, ou gangrenés, & alors l'analogie eût été frappante dans tous les points.

Une obfervation qu'on ne doit pas perdre de vue, eft celle-ci. Tous les animaux qui ont été foumis aux expériences, étoient, comme je l'ai dit, fains & bien conftitués. On leur a donné avec l'ergot, des alimens choifis & de bonne qualité; on les a mis dans la pofition la plus favorable à la confervation de leur fanté, & par conféquent ils devoient être moins fufceptibles que d'autres d'être attaqués de gangrene.

Les hommes, au contraire, qui ont pu manger de l'ergot, fur-tout ceux de Sologne (1), étoient foibles, pauvres & ordinairement mal nourris, vivans dans des habitations humides, refpirant un air chargé d'exhalaifons pernicieufes. Dans ce pays, on cuit mal le pain, qui eft toujours mat. C'eft dans les années de difette qu'ont régné principalement les épidémies, années où le feigle, indépendamment de l'ergot qui s'y trouvoit mêlé, avoit peut-être en outre des qualités mauvaifes. Rien n'étoit donc plus propre que ces circonftances, à les difpofer à contracter la gangrene.

M. de Ryant, (2) qui pendant vingt-cinq ans, a exercé la Médecine à Romorantin en Sologne, croyoit que c'étoit plutôt à la conftitution des habitans, à leur genre de vie & au fol marécageux, qu'il falloit attribuer les épidémies gangreneufes, qu'à une nourriture de pain fait de feigle ergoté. Je ne puis fçavoir fi M. de Ryant s'eft occupé des rapports qu'avoit le feigle ergoté avec la gangrene·

---

(1) Une figure pâle & jaunâtre, une voix foible, des yeux languiffans, un gros ventre, une taille au deffous de cinq pieds, une démarche lente, voilà ce qui peut faire reconnoître à la fimple infpection, un habitant de Sologne. Dans ce pays, les hommes font fujets aux fievres intermittentes, aux obftructions & autres maladies dépendantes de l'épaiffiffement des fluides. Voyez un Mémoire fur la Sologne, tome premier des Mémoires de la Société Royale de Médecine.

(2) Lettre de M. de Ryant, du 12 Mars 1777.

seche, ni quelle confiance mérite son opinion à cet
égard. Quoi qu'il en soit, les causes qu'il allegue
doivent être admises comme concourantes, à ce
qu'il me semble.

En 1777, on fit dans les landes (1) de plusieurs
Paroisses de la Généralité d'Auch, pays où le sol est
presque analogue à celui de la Sologne, une très-
mauvaise récolte en seigle, dont les grains étoient
retraits, c'est-à-dire, étroits, ridés, n'ayant que
l'écorce, & presque point de farine; (2) il s'y
trouvoit peu de grains d'ergot. Les malheureux qui
vécurent de ce grain, éprouverent quelques symptômes seulement de la gangrene seche, & d'autres
accidens qui n'ont pas lieu dans cette maladie; il
en fut de même des animaux, auxquels M. le Brun,
Médecin du Roi, dans ces cantons, donna de ce
seigle ; il paroît donc que la mauvaise qualité du
seigle avoit plus de part à cette derniere maladie,
que l'ergot qui s'y trouvoit mêlé en trop petite quantité ; Aussi la maladie n'étoit-elle pas du genre des
épidémies, dont il est question.

Il est encore à remarquer que sur quatorze expériences, dans lesquelles des animaux sont morts
pour avoir mangé de l'ergot, il y en a onze où il
paroît que les désordres causés par la gangrene, ont
été en raison de la quantité qu'ils ont mangée de cette

---

(1) Mémoire envoyé par M. le Brun.
(2) Je conserve des échantillons de ce seigle.

dangereufe graine, eu égard au temps que chaque expérience a duré. On peut, d'après cette remarque, ranger dans l'ordre fuivant les animaux, felon qu'ils ont été plus ou moins affectés de la gangrene. 1°. Le cochon nourri par M. Read; 2°. le cochon de ma quatrieme expérience du premier ordre; 3°. Le cochon nourri par M. de Salerne; 4°. le cochon de ma troifieme expérience du premier ordre; 5°. la dinde de ma feconde expérience du premier ordre; 6°. la poule de ma feconde expérience du troifieme ordre; 7°. les deux poules de la troifieme expérience du troifieme ordre, lefquelles ayant mangé de l'ergot en quantité égale, & ayant vécu le même temps, ont éprouvé abfolument les mêmes effets, à quelques nuances près; 8°. le canard femelle de ma premiere expérience du troifieme ordre; 9°. le canard mâle de ma premiere expérience du premier ordre; 10°. le canard femelle de ma premiere expérience du même ordre; 11°. enfin, le canard mâle de ma premiere expérience du troifieme ordre. J'excepte de cette obfervation les poules de la feptieme, huitieme & neuvieme expériences du troifieme ordre, parce qu'il paroît que, fous forme de pain, l'ergot doit être pris à plus forte dofe pour caufer la mort.

Caufes de la différence qui fe trouve entre les réfultats de MM. Schleger, Model & Parmentier, &c. & ceux que nous avons obtenus dans nos Expériences, MM. de Salerne, Read & moi.

La caufe des différences qui fe trouvent entre les réfultats de ces premiers phyficiens & les nôtres, a vraifemblablement deux fources ; la premiere vient de ce que la plupart de leurs animaux n'ont point été mis hors d'état de manger autre chofe que des mêlanges, dans lefquels entroit l'ergot. On peut au moins le foupçonner, puifqu'on n'a donné aucun détail des précautions ; la feconde vient de ce que les animaux n'ont pas pris affez d'ergot, ni affez long-temps. M. Schleger, ordinairement n'en donnoit qu'une très-petite quantité ; une feule fois il en a donné une once à un chien. M. Model ne s'explique pas fur la quantité qu'il en faifoit prendre ; il fe contentoit d'en donner une fois ou deux. Dans les expériences de M. Parmentier, & dans celle qu'une perfonne a faite dans le Maine, les animaux ont mangé de l'ergot à plus forte dofe ; mais ils ne leur en ont donné, ni la même quantité, ni auffi long-temps, que MM. de Salerne, Read, & moi, & ils n'ont pas approché de ce qu'en peut manger un habitant de Sologne en trois mois, quand il en a récolté beaucoup. MM. Schleger, Model & Parmentier fur-tout, ne font tombés dans cette erreur, que parce qu'ils ont cru que l'ergot ne for-

moit jamais qu'une infiniment petite partie des récoltes ; ils n'en jugeoient que fur ce qu'ils voyoient
dans des Provinces différentes de la Sologne ; & en
cela leurs expériences s'accordoient avec leurs obfervations ; mais leurs conféquences ne peuvent plus
être admifes, puifque, comme on l'a vu, & comme
on le verra encore, il y a des pays & des années
où l'ergot eft extrêmement abondant.

M. Schleger, en fuppofant qu'un homme, à la
rigueur, ne pouvoit jamais manger au-delà d'une
demi-once d'ergot en une femaine, ou, ce qui eft
la même chofe, d'un demi-gros par jour, s'eft
trompé, comme il eft facile de le démontrer : car
un habitant de Sologne, qui n'a que du pain, en
mange quatre livres par jour, quantité produite par
la quatrieme partie d'un boiffeau de feigle, que
j'eftime capable de contenir en certaines années
huit onces d'ergot, puifque j'en ai trouvé ce poids
dans une feule gerbe, qui pouvoit rendre un boiffeau
de grain, mefure du pays (1). C'eft donc deux onces
d'ergot par jour, & par conféquent onze livres &
quatre onces dans les trois mois, qui s'écoulent
depuis la récolte du feigle, jufqu'à celle du farrafin.

Quoique d'après les faits & les réflexions qui précedent, il paroiffe évident que l'ergot donne aux
animaux une maladie gangreneufe, analogue à celle

―――――――――――――――――――――――――――――――

(1) C'eft la mefure de Vierzon, dont le boiffeau contient
environ quatorze livres de feigle.

que les hommes ont éprouvée dans certaines épidémies, en différentes années, en différens pays, & sur-tout en Sologne ; je n'assurerai pas, d'une maniere décisive, que ces maladies des hommes ont toutes été absolument occasionnées par l'ergot ; car la gangrene seche ne peut-elle pas être produite par d'autres causes ? Est-il certain que ce soit précisément les mêmes maladies qui aient régné dans tous les cantons où on les a attribué à l'ergot ? La disposition des sujets qu'elles ont attaqués n'y a-t-elle pas contribué autant ou plus que la nourriture du pain ergoté ?

Voilà ce qui est capable de faire naître encore des doutes, qu'on ne peut condamner. Il me paroît donc prudent de conclure seulement, qu'il y a les plus fortes raisons de présumer que les hommes s'exposent à de grands dangers, lorsqu'ils mangent du pain ergoté en certaine quantité, & qu'ils doivent employer tous leurs soins pour ne jamais s'en nourrir.

C'est ici le lieu de consigner un acte de bienfaisance, aussi utile que sagement imaginé. Un Magistrat respectable d'une des Cours souveraines de Paris, ayant vu régner plusieurs fois dans sa terre de Sologne, des maladies qu'on attribuoit à l'ergot, engage, chaque année, ses Vassaux à apporter à son château tout ce qu'ils récoltent de seigle. Il leur en fait donner en échange la même quantité, après qu'on l'a purifié d'ergot. Ce Magistrat assure que depuis ce temps-là, ses Vassaux sont exempts de la gangrene seche. Cette conduite, dont MM. les Députés des Etats d'Artois (1), & quelques Seigneurs & Curés du Maine (2), donnent aussi l'exemple, est digne d'être imitée par tous les Seigneurs & Curés de la Sologne, & des pays sujets à l'ergot.

Je terminerai ces réflexions par un fait qui m'a paru avoir beaucoup de force, & qui semble prouver directement les funestes effets de l'ergot sur les hommes. Il est rapporté dans un avis publié en 1764, par le Bureau d'Agriculture du Mans. Un homme de Noyen dans le Maine, en 1709, année de disette, & en même temps trop féconde en ergot, voyant dans une ferme cribler du seigle ergoté, demanda la permission d'en emporter les criblures pour faire du pain. Le fermier lui ayant représenté que ces criblures, composées d'ergot en grande partie,

---

(1) Suivant une Lettre & une note de M. de Larsé, Médecin à Arras, qui, dans les environs de cette Ville, avoit traité en 1764, conjointement avec M. Taranget, Chirurgien, une épidémie gangreneuse attribuée à l'ergot, on craignit de la voir renouveller en 1770, parce que l'année étant humide, il parut beaucoup de cette graine dans les seigles. Mais les ordres de cribler les seigles ayant été exécutés, & MM. les Députés ayant fait donner de bon grain pour remplacer ce qu'on jetoit, il n'y eut de malades que dans deux ou trois familles, qui n'avoient pas profité des avis donnés dans ce temps.

(2) Notes envoyées par M. Vetillard.

pourroient

pourroient lui être funeftes. Le befoin preffant pré-
valut fur la crainte; il en fit du pain, dont il mangea avec toute fa famille. Bientôt ils tomberent tous
malades; lui, fa femme & cinq enfans moururent;
un de ceux-ci avoit mangé de la bouillie faite avec
la farine de ce grain. Il ne fe fauva de la mort que
deux enfans (1), dont un, qui étoit alors âgé de
neuf à dix ans, eft refté fourd, muet, & privé d'une
jambe qui fe féparoit d'elle-même, fans le fecours
de l'art. Un voifin coupa feulement avec un rafoir
une petite partie par laquelle elle tenoit encore. On
affure que les chiens & les volailles n'avoient pas voulu
manger de ce pain. Il eft bien difficile de regarder
comme controuvé un fait accompagné de circonftances aufli détaillées, & de ne pas en concevoir des
alarmes fur l'effet de l'ergot, fur-tout lorfqu'on fait
qu'il tue & donne la gangrene à des animaux qu'on
force d'en manger.

Je pafferai fous filence & ce que dit M. de Larfé,
qu'il s'eft rencontré en Artois un fait femblable à
celui-ci, & plufieurs cas particuliers où des hommes

______

(1) M. Vetillard du Ribert, qui a joint à l'avis du Bureau
d'Agriculture, un très-bon Mémoire fur le traitement de la
gangrene, m'a confirmé, par une Lettre, ce fait configné dans
les regiftres du Bureau, & notoire dans le pays. Il s'eft
tranfporté lui-même à Noyen, où il a vu un des deux
enfans échappés au défaftre, qui, fur neuf perfonnes de la
même famille, en a fait périr fept & mutilé une. Sa Lettre
eft du 16 Mars 1777.

M

ont été atteints de gangrene ; parce que, quoique la plupart aient affuré qu'ils avoient mangé du pain ergoté, il n'y en a pas de preuves authentiques, comme à l'egard de la malheureufe famille de Noyen.

Tort que l'Ergot fait aux Cultivateurs.

Il ne m'eft pas poffible d'apprécier le tort que fait aux Cultivateurs la naiffance de l'ergot, puifque la quantité qui s'en forme varie, comme je l'ai dit, felon les lieux & les années, même dans les pays qui y font le plus fujets ; d'ailleurs, les épis qui contiennent des ergots, en ont un nombre plus ou moins grand, & on y trouve plus ou moins de bâles dont les fleurs ont avorté, & qui ne contiennent ni grain de feigle, ni grain ergoté. Ce que je puis affurer, c'eft que dans les cantons les plus humides de la Sologne, il y a, dans les années pluvieufes fur-tout, beaucoup d'épis de feigle ergoté, chargés de beaucoup d'ergot. Déja j'ai fait voir que dans ce pays, en 1777, une gerbe de feigle d'hiver, prife dans la grange, & qui pouvoit rendre en tout quatorze livres de grain, a donné une demi-livre d'ergot, c'eft-à-dire, un vingt-huitieme, & que douze gerbes du même feigle, auffi examinées à la grange, & pouvant produire douze boiffeaux de feigle, ont donné un quart de boiffeau d'ergot, c'eft-à-dire, un quarante-huitieme. Il faut obferver que tous ces ergots étoient renfermés dans le milieu des gerbes, & qu'on n'en trouvoit point à la circon-

férence, parce que le frottement occafionné par le
tranfport, les avoit fait tomber. Si à ce dechet on
ajoute ce qui fe perd pendant le travail des moiffonneurs, ce que la fechereffe & les vents qui fur-
viennent avant la moiffon en difperfent, enfin, ce
qu'une année encore plus humide que 1777 eft capable d'en produire de plus; on verra qu'en Sologne la quantité d'ergot peut quelquefois être confidérable : on l'a fait monter jufqu'au quart ou au
tiers même de la récolte. Je n'en nie pas la poffibilité; mais je fuis porté à croire qu'il y a un peu
d'exagération, & qu'on s'en eft rapporté à de fimples apparences, ou qu'on a calculé fur le nombre
des épis ergotés, plutôt que fur la proportion des
ergots aux grains de feigle; ce qui eft bien different.
En Beauce, comme je l'ai dit, dans un terrain de
trois pieds & demi en quarré, fur quatre cens épis,
j'en ai eu quatre-vingts ergotés. Un autre terrain m'a
produit mille huit cens cinquante épis, dont trois
cens vingt ergotés; c'eft-à-dire, dans le premier cas
près d'un quart, & dans le fecond cas, près d'un
fixieme d'épis ergotés, fans compter ceux que le
vent & les oifeaux ont pu faire tomber. Ces deux
exemples prouvent que le nombre des épis ergotés
peut être confidérable, relativement à celui des épis
fains, & que les Cultivateurs en reçoivent un grand
dommage : mais ils ne prouvent rien pour la proportion des grains ergotés aux grains fains, ni pour
la quantité des bâles vuides dont les fleurs ont avorté;

ce qui diminue encore le produit du feigle. J'avoue que quand j'ai fait mes obfervations & mes expériences, j'ai oublié cette comparaifon, qui m'eût été peut-être poffible alors.

Que devient l'Ergot, lorfqu'il eft parvenu à maturité?

J'ai diftingué plus haut deux fortes d'ergots, par rapport à leur groffeur & à leur longueur. Les uns ont jufqu'à dix-neuf lignes de longueur, fur une épaiffeur de deux ou trois lignes; les autres font quelquefois plus petits que des grains de feigle même, & à peine les apperçoit-on dans leurs bâles : ces derniers font les plus nombreux; pour peu que le temps foit fec avant & pendant la moiffon, les plus gros ergots font jetés à terre. Defirant m'en convaincre par moi-même, j'ai examiné en Sologne la furface de plufieurs champs, fur laquelle j'en ai trouvé une grande quantité. Des beftiaux de tout genre y avoient paffé; il étoit probable qu'ils n'avoient pas touché à l'ergot; du moins je le préfumois par la quantité que j'en voyois répandue dans les fillons. Les gens, qui veillent à la garde des troupeaux, m'ont affuré qu'aucun animal n'en mangeoit; ce qui s'accorde avec la répugnance dont j'ai fait mention. Par quelle fatalité des hommes perfuadés qu'il peut leur faire du mal, ne font-ils aucune difficulté de le laiffer dans le grain dont ils fe nourriffent? Car je ne puis douter de la maniere de penfer des habitans de la Sologne fur l'ergot : tous ceux que j'ai interrogés dans le pays, m'ont cité des malheurs arrivés dans leurs familles, & qu'ils attribuoient à l'ergot. Quelle peut être la caufe de leur indifférence fur un point auffi effentiel, finon leur extrême mifere, qui les rend fourds aux cris du danger?

Si le temps eft humide vers la moiffon, une partie des gros ergots refte dans les bâles; les plus petits, qui y adhérent fortement, même par le temps fec, parviennent entierement à la grange. Si l'on n'étoit pas perfuadé de la négligence des habitans de la Sologne, & du motif qui les empêche de féparer l'ergot du feigle, on feroit porté à croire que dans les années où il a régné des gangrenes feches, il y avoit plus de petits ergots que de gros; car il eft moins aifé de féparer ceux-ci. Les métayers qui ont commencé en 1777 à couper leurs feigles avant la ceffation totale des pluies, qui tomboient encore au mois de Juillet, ont entré bien plus d'ergot que les autres. J'ai comparé un grand nombre de ces différentes gerbes; il y avoit entr'elles une difproportion confidérable à cet égard : l'ergot des gerbes moiffonnées par la pluie fentoit très-mauvais, au lieu que celui qui avoit été récolté par le temps fec, n'avoit que l'odeur qui lui eft particuliere lorfqu'il n'a pas fermenté.

Les habitans de Sologne ne criblent pas leur feigle, lorfqu'il eft battu; ils fe contentent de le jeter au vent; ce qui fuffit pour en féparer les bâles, moins adhérentes que celles du froment. Il y a dans chaque moulin un crible; mais les trous en font

petits , & feulement deftinés à laiffer échapper la
poufliere qui encrafferoit les meules. Seigle , ergot,
graine , de quelque qualité qu'elle foit , tout eft
moulu, tout eft mêlé dans la farine. A compter du
moment où fe fait la récolte des feigles (1) , jufqu'à
celle des farrafins, (autre efpece de grain , qu'on cultive en Sologne) les gens de ces cantons ne font leur
pain que de feigle : leur mifere , capable d'infpirer
de la douleur à ceux qui la voient de près, ne leur
permet pas d'en conferver d'une année à l'autre ;
ils attendent toujours avec impatience la nouvelle
moiffon ; quelquefois ils préviennent la maturité parfaite du feigle ; ils en coupent , dans les derniers
temps , ce qu'il leur en faut pour vivre pendant une
femaine ou deux. Ils le battent & le font fécher au
foleil , afin qu'il puiffe être écrafé fous la meule :
ils mangent ordinairement la farine avec le fon, &
tout ce qui fe trouve mêlé dans le grain. Il n'y a
pas d'année où l'on ne voie beaucoup de ces malheureux en agir ainfi. Ces faits étant connus , on
croira fans peine que dans les années de difette fur-
tout, les pauvres gens de la Sologne ne féparent pas
l'ergot de leur feigle.

L'Ergot employé comme remede.

Quelques perfonnes ont affuré qu'on employoit

---

(1) On récolte les feigles d'hiver dès le commencement de
Juillet ; les farrafins , les premiers femés , ne fe récoltent pas
avant la fin d'Octobre.

l'ergot avec fuccès pour hâter l'accouchement (1);
d'autres prétendent qu'on s'en eft fervi avantageu-
fement dans les pleuréfies (2), & pour arrêter le
fang (3). Quoique ces affertions foient dénuées de
preuves authentiques, en les fuppofant vraies, on
a eu tort d'en conclure que l'ergot n'étoit pas capable de faire du mal : par cela feul qu'il produiroit
quelques effets dans l'accouchement lent, ou dans
la pleuréfie, on doit croire que, donné à certaine
dofe, il peut être dangereux. Un ufage continué des
remedes les plus précieux, lorfqu'on n'en a pas befoin, feroit capable d'empoifonner.

Moyen de s'oppofer à la naiffance de l'Ergot.

La fatisfaction la plus grande que pût recevoir
un Obfervateur, après avoir fait des recherches fur
la caufe d'un mal, feroit de trouver auffi-tôt des
moyens efficaces pour y remédier. Mais lorfque
les caufes font de nature à n'être point fous la main
des hommes, on ne doit pas s'attendre à prévenir
leurs effets. En fuppofant que l'ergot fût occafionné
par des piqûures d'infectes, ou qu'il dépendît d'un
défaut de fécondation, il ne feroit pas poffible de
s'oppofer à fa naiffance. Car comment écarter ces

---

(1) On propofoit dans ce cas, d'en donner plein un dé à
coudre, dans une cuillerée de vin, d'eau, ou de bouillon.

(2) Lettre que M. Parmentier a reçue de Madame Dupille.
Journal de Phyfique, tome IV, page 144.

(3) *Sylva Harcinia.*

infectes des feigles ? Comment, déterminer la fécondation d'un grand nombre de fleurs ? Mais s'il eft vrai que les caufes de cette graine foient l'humidité & la nature du fol, fentiment pour lequel je penche plus volontiers, on ne peut remédier à une de ces deux caufes, & on peut corriger les effets de l'autre, & diminuer par conféquent la quantité d'ergot ; avantage précieux dans une circonftance auffi importante.

On a vu que toutes chofes étant égales d'ailleurs, plus un terrain étoit humide, plus il produifoit d'ergot. L'obfervation me l'avoit indiqué ; l'expérience l'a confirmé. On a vu auffi que des terres non cultivées ou récemment défrichées, avoient, à humidité égale, plus d'ergot que des terres ameublies & en culture réglée. L'obfervation & l'expérience l'ont auffi également prouvé. On peut donc efpérer de récolter d'autant moins d'ergot, qu'on élevera davantage les fillons dans les pays humides, qu'on procurera plus d'écoulement aux eaux, & qu'on ne femera du feigle que dans les champs dont la terre aura été labourée plufieurs fois, & fuffifamment ameublie : il fera bon de commencer par femer, dans une terre nouvellement défrichée, de l'avoine ou du farrafin, ou quelque autre grain, felon les lieux, & de n'y mettre du feigle qu'aux femailles fuivantes. Si la qualité du terrain ne permet pas qu'on y cultive rien avant le feigle, il vaudroit mieux peut-être défricher toujours une année d'avance.

Quoique la connoiſſance de la cauſe de l'ergot ne conduiſe pas à chercher à purifier le ſeigle avant de le ſemer, j'ai engagé un propriétaire de terre en Sologne, à paſſer ſes ſemences dans une leſſive de chaux & de ſel marin. J'ai moi-même cette année enſemencé du ſeigle leſſivé à cette intention : peut-être naîtra-t-il de-là quelque avantage auquel on ne s'attend pas. C'eſt le vœu que doit former tout homme qui s'intéreſſe au ſort des malheureux.

Manieres de ſéparer l'Ergot du Seigle.

Il y a pluſieurs manieres de ſeparer les grains d'er-got des grains de ſeigle, lorſqu'ils ſont en aſſez grande quantité pour craindre qu'ils n'incommodent. 1°. Si on fait uſage de cribles, dont les trous donnent ſeu-lement paſſage aux grains de ſeigle, les plus gros ergots ſeront retenus deſſus, & faciles à ôter. 2°. A l'aide du van, inſtrument d'uſage dans les mé-tairies, excepté en Sologne, l'ergot, plus léger que le ſeigle, paroîtra au-deſſus, il ſe mêlera parmi les bâles, & pourra être emporté avec la main. 3°. Par le ſeul *ventage* même, on dépouillera preſqu'entié-rement le ſeigle d'ergot; car j'ai remarqué que lorſ-qu'on jette de loin le grain avec une pêle, afin que le vent en enleve les bâles, l'ergot ſe place du côté du monceau le plus près de l'ouvrier, enſorte qu'en effleurant le ſeigle, il eſt aiſé de l'enlever avec un balai. 4°. Enfin, le petit ergot, qui réſiſte aux trois moyens précédens, ſe ſépareroit, à ce que je pré-

fume d'après quelques effais, fi on mettoit le feigle
dans des baquets remplis d'eau qu'on agiteroit; car
il s'éleve à la furface à caufe de fa légéreté, & on
l'ôteroit avec des écumoires : il faudroit enfuite faire
fécher le feigle.

EXPLICATION
DES PLANCHES D'ÉPIS ERGOTÉS.
PLANCHE PREMIERE.

Figure Premiere.

[A] **É**PI fain de feigle.
[B] Grain de feigle fain, hors des bâles.

Figure Seconde.

[C] Épi de feigle, qui contient un gros ergot.
[D] Gros ergot, entier, détaché de fes bâles.
[E] Gros ergot coupé tranfverfalement.

Figure Troifieme.

[F] Épi de feigle, qui contient plufieurs ergots de
grofleur moyenne.
[G] Ergot moyen, détaché.

Figure Quatrieme.

[H] Épi de feigle, qui contient des grains mixtes, ou
compofés de feigle & d'ergot.

[I] Grain, dont les deux tiers font de l'ergot, & un tiers de feigle.

[K] Grain, qui eft prefque totalement de l'ergot.

Figure Cinquieme.

[L] Épi de feigle, qui contient beaucoup de petits ergots.

[M] Petit ergot détaché.

Figure Sixieme.

[N] Ergots monftrueux.

PLANCHE SECONDE.

Figure Premiere.

[A] Épi fain de froment.
[B] Grain de froment.

Figure Seconde.

[C] Épi de froment ergoté.
[D] Ergot de froment détaché.

Figure Troifieme.

[E] Épi fain d'ivraie.
[F] Grain d'ivraie.

Figure Quatrieme.

[G] Épi d'ivraie ergoté.
[H] Ergot d'ivraie détaché.

Figure Cinquieme.

[I] Épi ſain de thimothy.
[K] Grain de thimothy

Figure Sixieme.

[L] Épi de thimothy ergoté.
[M] Ergot de thimothy détaché.

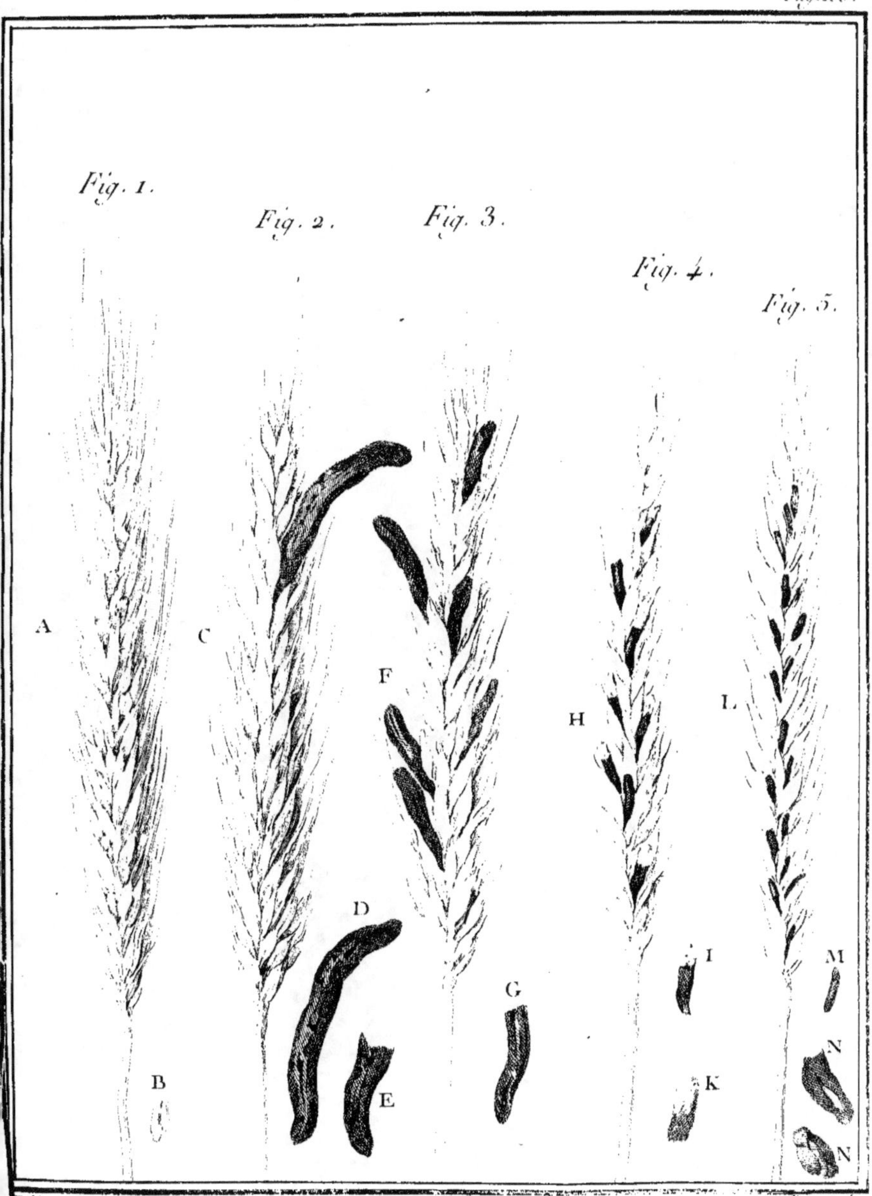

Pag.188.
Fig. 1.
Fig. 2.
Fig. 3.
Fig. 4.
Fig. 5.
A
C
F
D
E
B
G
H
I
K
L
M
N
N

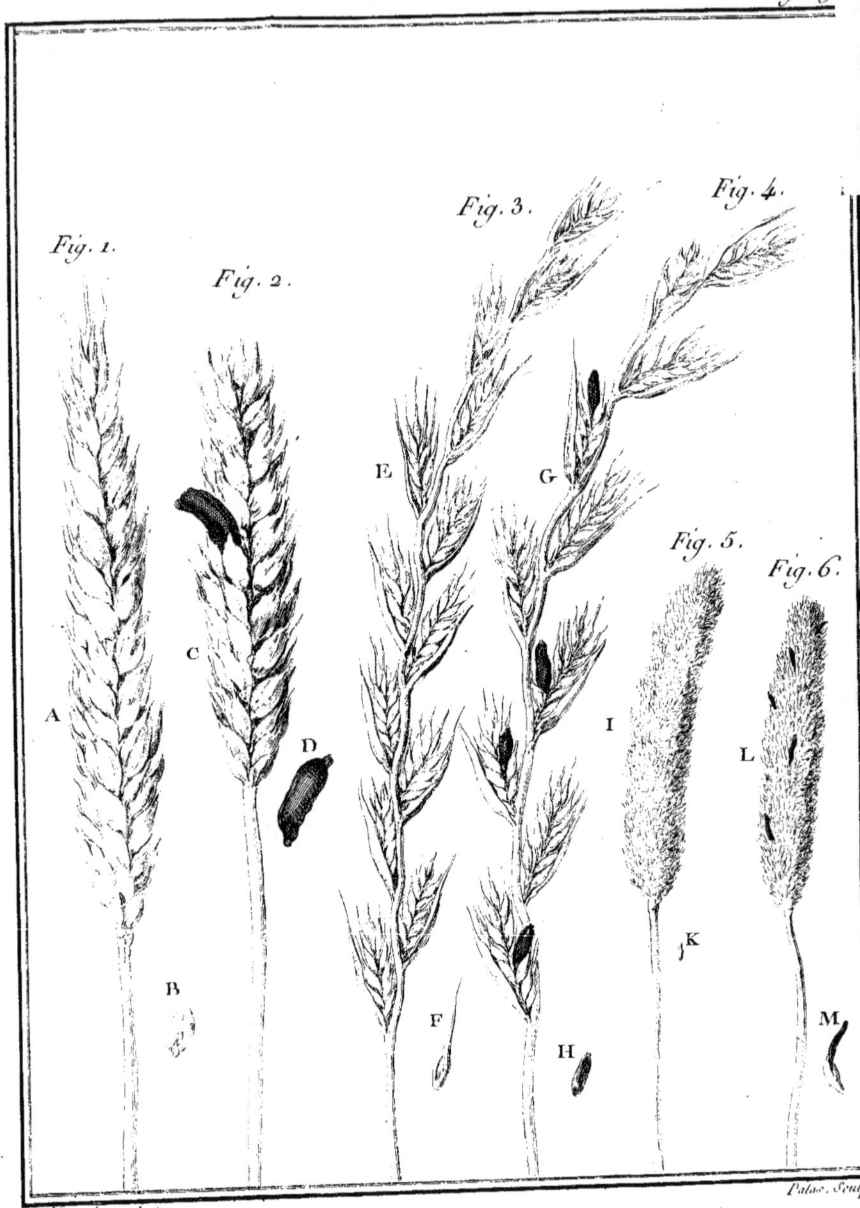
Fig. 1.
Fig. 2.
Fig. 3.
Fig. 4.
Fig. 5.
Fig. 6.
A
B
C
D
E
F
G
H
I
K
L
M
Fossier pinx.
Patas. Sculp.

DU FROMENT.

LE froment eſt le plus précieux des grains qu'on cultive dans nos climats ; on en diſtingue de pluſieurs ſortes, dont la plupart ne ſont que des variétés. Celui, qu'on eſtime le plus, porte des tiges fines, des épis blanchâtres & ſans barbe, & fournit des grains qui contiennent beaucoup de belle farine. Cet Ouvrage n'étant point un traité d'agriculture ni de botanique, je me contenterai de décrire les circonſtances qui accompagnent la végétation du froment le plus ordinaire, ſans entrer dans les détails des différentes cultures, & ſans m'attacher aux caracteres qui diſtinguent les diverſes eſpeces (1).

On ſeme du froment avant & après l'hiver ; le premier s'appelle *bled d'Automne* ou *d'Hiver*, & l'autre *bled de Mars* : celui-ci ne s'éleve pas auſſi haut ; il produit des grains plus petits, moins peſans, & dans leſquels il y a moins de farine, qui d'ailleurs n'a pas la qualité de celle du froment d'hiver. Ces

---

(1) M. Adanſon, célébre Botaniſte, de l'Académie des Sciences, a fait ſur la végétation d'un très-grand nombre d'eſpeces & de variétés de fromens & d'autres grains, une ſuite condérable d'expériences bien conçues & bien exécutées, dont il ſeroit à deſirer qu'il voulût bien publier les réſultats, capables de porter la lumiere ſur un objet auſſi intéreſſant.

deux fortes de froment, comme j'ai lieu de le préfumer, ne different pas effentiellement; car ayant
femé en automne du bled de Mars, dont les produits ont toujours été refemés dans cette faifon, je
fuis parvenu, en trois ans, à l'affimiler prefque entiérement au bled ou froment d'automne, tant pour
la force des tiges & la largeur des feuilles, que
pour la groffeur & le poids des grains. Mais ce n'a
été que par degrés : la premiere année ; il tenoit plus
du bled de Mars, femé en Mars, que du froment
d'automne; la feconde année, il fe rapprochoit davantage de celui-ci, auquel il reffembloit prefqu'entiérement à la troifieme année, car il en avoit le
poids (1). Je n'ai pas également réuffi à deffaifon-
ner, de la même maniere, du froment d'automne.
En en femant en Mars deux années de fuite, chaque
fois il a levé, & pouffe des feuilles qui ont couvert
le champ ; mais la premiere fois il ne s'eft élevé
aucune tige; la feconde fois, il n'en a monté que
quelques-unes, à la fin d'Août feulement, encore
étoient-elles baffes, rouillées & en mauvais état.
Peut-être ce défaut de fuccès vient-il de ce que, dans
l'un & l'autre cas, on a femé tard ce froment. Quoi
qu'il en foit, je foupçonne que fi d'un froment d'automne femé en Mars, on récoltoit une fois quel-

____

(1) Mon intention eft de refemer encore ce produit,
jufqu'à ce qu'il n'y ait plus de différence entre ces deux
fortes de grains.

ques grains, ces grains paſſeroient à l'état de bled de Mars, pourvu qu'on les ſemât, ainſi que leurs produits, toujours au mois de Mars; objet qui n'eſt point à négliger.

C'eſt dans les mois d'Octobre & de Novembre que ſe ſeme ordinairement le froment d'automne. Le bled de Mars ſe ſeme à la fin de Février ou au commencement de Mars. La végétation de ce dernier s'accomplit en trois ou quatre mois. Pour hâter la germination du froment d'automne, le plus intéreſ-ſant des deux, on le paſſe preſque par-tout à l'eau de chaux. Cette pratique, entr'autres avantages, a celui de le faire renfler, de maniere qu'il en tient moins dans la main du ſemeur. On ſait que du fro-ment ſemé trop dru porte des tiges menues, des épis foibles, & des grains petits. Ce n'eſt pas ici le lieu de dire qu'en général on répand plus de ſemence qu'on ne devroit.

Au bout d'environ huit jours (1), on voit les fromens pouſſer leurs feuilles, plus arrondies & d'un verd plus foncé que celles du ſeigle : elles s'élevent de quatre à cinq pouces avant l'hiver, & ſe rabat-tent lorſque les gelées blanches, les frimats & la neige couvrent la terre. La rigueur de la ſaiſon les fait périr; mais elles ſont remplacées par d'autres, qui

____

(1) Malpighi a traité de la germination du froment; il la ſuit juſqu'au développement des premieres feuilles.

leur fuccédent, comme fi les premieres n’étoient,
en quelque forte, que des feuilles féminales.

A la fin de Février, ou dans les premiers jours
de Mars, felon que le temps eft plus ou moins doux,
les fromens, qui n’avoient, jufques-là, que pointé,
recommencent à végéter, mais d’abord avec lenteur;
car la force de leur accroiffement eft, pour ainfi
dire, en raifon directe du terme de leur maturité.

L’épi eft formé dans le tuyau qui le recele, dès
la fin de Mars ou le commencement d’Avril : les
bâles font déja exprimées. Ce n’eft encore néanmoins
qu’une fubftance pulpeufe, abreuvée de feve fucrée.
Quelque temps après, il eft plus élevé & plus gros;
le nombre de fes enveloppes, compofées d’abord de
toutes fes feuilles, diminue à mefure qu’il s’en épa-
nouit quelqu’une; les bâles ne font plus qu’humides,
& les arrêtes fe montrent. Quand l’épi n’eft plus
recouvert que d’une feule enveloppe ou feuille, il
eft, dit-on, dans fon fourreau.

Les premiers épis paroiffent vers la mi-Mai; quelquefois à la mi-Juin tous les fromens ne font pas
épiés; ce qui dépend des années plus ou moins hâtives, & des époques où fe font faites les femailles.

Les épis s’annoncent par les arrêtes fupérieures
qui percent le haut des fourreaux. Ceux-ci s’ouvrent
par degrés, en commençant par le milieu. Tant que
les épis reftent dans leurs fourreaux, on remarque
que les champs font, à l’œil, garnis & fourrés,
comme des taillis de bois; mais les tiges laiffent beaucoup

coup d'intervalle & de jour entr'elles, quand les épis s'élevent.

Après ce temps, ils ont encore à croître plus ou moins, selon les terrains & l'état de l'atmosphere. Deux beaux épis de froment, à compter du moment où ils étoient sortis de leurs fourreaux, jusqu'à leur parfait accroiffement, se sont élevés, en huit jours, l'un de dix pouces neuf lignes, & l'autre de neuf pouces & trois lignes, c'eft-à-dire, d'environ la quatrieme partie de toute leur hauteur, qui a été de trois pieds & demi. Ces tiges, à la fin de Juin, ont quelquefois augmenté de deux pouces en une nuit & un jour, par un temps fec & modérément chaud. Des gens m'ont afluré qu'en une nuit, des tiges de froment s'étoient élevées de fix pouces.

A peine le froment eft il épié, qu'il fleurit. Il n'en eft pas de même du feigle, qui ne fleurit que quelque temps après qu'il eft épié. Les Botaniftes favent en quoi ces deux plantes fe reffemblent, & en quoi elles different. Le feigle n'a que deux fleurs dans le même calice; le froment en a trois, quatre, & quelquefois cinq; le plus fouvent il y en a une & même deux qui avortent. Les bâles du feigle font minces & applaties; celles du froment font épaiffes & renflées. C'eft, à la vérité, dans les deux genres le même nombre d'étamines, la même difpo-fition, & la même ftructure des parties fexuelles, foit avant, foit après l'émiffion de la pouffiere fé-condante. Mais les antheres du froment, dont la

N

pouſſiere a des qualités ſemblables à celle du ſeigle, n'ont tout au plus que deux lignes, quoique leurs filets, lorſqu'ils ſont développés, en aient trois ou quatre. A leur maturité, les extrémités ſont jaunes, au lieu d'être couleur de roſe. Après leur ſortie & leur renverſement, elles blanchiſſent, ou prennent dans quelques épis une teinte violette; tandis que celles du ſeigle ſont cramoiſies. Enfin, le piſtil du froment eſt plus petit que celui du ſeigle, qui cependant doit porter un grain moins gros.

Il n'eſt pas auſſi facile de ſaiſir le moment où les antheres du froment ſortent de leurs bâles, que de voir ſortir celles du ſeigle : cependant j'en ai été ſouvent le témoin. On ne doit s'attendre au développement de ces organes, que quand la bâle extérieure eſt peu adhérente, & qu'elle commence à s'entr'ouvrir : elle s'éloigne de l'intérieure d'environ deux ou trois lignes. Les antheres s'élevent plus haut que celles du ſeigle : étant parvenues à l'extrémité des bâles, elles ſe renverſent auſſi, après avoir laiſſé appercevoir des mouvemens ſenſibles : mais quand elles paroiſſent au dehors, leurs bourſes ſont ouvertes, & ne contiennent preſque plus de pouſſiere; ſi on les agite, il n'en ſort qu'une petite quantité. Que penſer de la différence qui ſe trouve à cet égard entre le ſeigle & le froment; différence dont je ſuis aſſuré par l'attention que j'ai miſe à l'obſerver? Elle s'accorde avec un phénomène connu des Agriculteurs, & qui en eſt la ſuite. On a remarqué que

lorfque le feigle eft en pleine fleur, il s'eleve quelquefois, le matin, au-deffus des épis, un brouillard
de pouffiere, qui fe voit auffi fur d'autres plantes,
& particulierement fur les cyprès & fur les fapins
en fleur, au rapport de M. Duhamel (1). Si, à cette
époque, en paffant le long d'un champ de feigle,
on en agite les épis, on fait tomber affez de cette
pouffiere pour en ramaffer, fur-tout dans les premieres heures du jour : mais on ne voit rien de femblable fur le froment. C'eft fans doute pour cette
raifon que les Cultivateurs craignent moins la pluie
pendant la fleur du froment, que pendant celle du
feigle. Au refte, le feigle eft au froment ce que le
daċtylis glomerata eft à beaucoup d'autres graminées,
qui ne répandent pas autant de pouffiere fécondante
que cette plante. Je préfume que l'émiffion de la
pouffiere des antheres du froment fe fait intérieurement, parce que fes bâles font épaiffes, ferrées &
moins acceffibles à un fecours étranger.

Quoi qu'il en foit, j'ai cherché à provoquer la
fortie des antheres du froment, par les moyens qui
m'avoient réuffi pour faire fortir celles du feigle.
Les extrémités inférieures de plufieurs épis ayant été
mifes dans l'eau chaude, quelques étamines, les plus
avancées vraifemblablement, s'y font développées ;
des antheres ont été piquées à travers les bâles an-

---

(1) *Phyfique des Arbres* ; Ouvrage fait pour perpétuer à
jamais la mémoire de fon Auteur.

térieures, au moment où celles-ci paroiſſoient diſpoſées à s'écarter des poſtérieures. Après la piquure,
on les a vu s'éloigner de deux lignes : les antheres ſe
ſont élevées, & ont ſuivi la progreſſion de celles du
ſeigle ; avec cette différence que leur renverſement
parfait ne s'eſt opéré qu'en douze ou quinze minutes,
tandis que celui des antheres du ſeigle s'opéroit en
deux ou trois ; ce qui prouve que ces dernieres étoient
plus irritables.

Curieux de voir ce qui ſe paſſoit dans l'intérieur
des bâles, j'ai pluſieurs fois enlevé celles qui ſont
antérieures, au moment où elles ſembloient prêtes
à s'écarter : je trouvois les antheres entieres, & les
filets encore repliés : ſi je touchois àlors les antheres
avec la pointe d'un ſtilet, la pouſſiere en ſortoit par
ſecouſſes, & ſe répandoit ſur le piſtil ; en même
temps, elles s'élevoient & ſe renverſoient ſucceſſi-
vement, comme je l'ai dit : ce qui reſtoit de pouſſiere dans les bourſes, s'échappoit pendant le renverſement. En cauſant une forte irritation avec le ſtilet,
j'opérois le développement en quelques minutes ;
mais ce n'étoit que quand les antheres approchoient
du terme de leur maturité ; car ſi je les touchois plutôt, elles paroiſſoient inſenſibles.

Avant que les antheres ſoient ſorties de leurs
bâles, l'embryon eſt formé, les filets des étamines
ſont attachés à ſa baſe, & cachés, comme on ſait ;
ſous deux écailles, aigrettées ſuperieurement, liſſes
& luiſantes inférieurement, & deſtinées, ſans doute

par la nature, à protéger le germe naissant. On peut
les séparer de l'embryon, sur lequel elles s'étendent jusqu'à environ la moitié, tout le reste étant
couvert par un duvet blanchâtre, à l'exception de la
partie de la rainure où est situé le germe, laquelle est
verte & nue. Après la floraison ou la sortie des antheres, les stigmates se réunissent; le jeune grain ne
tarde pas à croître; d'une ligne qu'il avoit d'abord,
les jours suivans, il en a une & demie, & presque
ainsi de suite, jusqu'à ce qu'il ait toute sa longueur.
Avant que la partie supérieure se forme, la partie
inférieure acquierre sa grosseur : ce qui n'est pas
étonnant, parce que le corps farineux n'est qu'ac-
cessoire à la graine; la houpe, qui est à une des
extrémités, diminue insensiblement, sans se détruire
entiérement. On verra que c'est par elle que se perpétue une maladie contagieuse du froment.

Il s'écoule environ six semaines depuis la floraison
du froment jusqu'à sa maturité parfaite. Pendant
cet espace de temps, les feuilles se dessechent; celles
d'en bas d'abord, les autres ensuite, & enfin la
tige & l'épi. Quand la feuille supérieure se sépare,
par la dessiccation de la tige à laquelle elle adhé-
roit, on entend, si on prête une oreille attentive,
un petit craquement, plus sensible dans les heures
de la matinée où le soleil commence à jeter de la
chaleur.

Il y a des especes de fromens plus hâtives que
d'autres; il y a des positions & des terrains où ce

grain mûrit plutôt : par exemple, quand un champ est placé entre deux bois, ou quand le fol dont il est formé est fablonneux ou léger : dans le premier cas, la chaleur, concentrée comme dans un foyer, agit fur le froment, & ne peut être balancée par l'afcenfion de la feve, quelque abondante qu'elle foit; dans le fecond cas, la terre elle-même fournit peu de fucs capables de retarder la defficcation, en quoi confifte la maturité.

Le froment en gerbe, pour qu'il foit de bonne qualité, doit avoir la paille nette, fine & haute. Il faut que les épis foient courbés, longs, & que chaque calice contienne trois grains (1) : celui du milieu s'appelle petit bled, parce qu'en effet il est plus petit que les deux qui font à côté. Le froment qu'on coupe le matin à la rofée, ne peut être lié & enlevé qu'après que fon humidité est diffipée, fi l'on veut éviter qu'il ne s'altére à la grange : je ne fuivrai pas plus loin ces détails, qui m'éloigneroient de mon but.

____

(1) Il y a dans un calice de froment, communément quatre fleurs, quelquefois cinq. Un épi bien conftitué porte douze calices à chacun des deux côtés : il peut donc contenir quatre-vingt-feize grains. Mais fouvent il n'y a que deux fleurs qui viennent à bien ; quand il y en a trois, l'année est abondante. Une partie des fleurs des extrémités de l'épi avorte auffi. Il réfulte de là, que les bleds rendent plus une année que l'autre. Le produit extrême est de quatre-vingt-dix-huit grains, le fort produit de foixante-douze, & le produit ordinaire de quarante-huit.

MALADIES DU FROMENT.

Lorsqu'on réfléchit sur les phénomenes de la végétation, on ne peut s'empêcher d'être étonné qu'une plante, aussi frêle en apparence que le froment, soit capable de germer, de croître, & de parvenir le plus souvent à maturité, au milieu d'une foule d'obstacles que lui oppose l'intempérie des saisons; elle est en partie redevable de cet avantage précieux, d'abord, à la texture serrée du grain, qui sert de semence & qui conserve les premiers sucs dont elle se nourrit, & ensuite, à la nature & à la souplesse de ses chalumeaux. Cependant le froment est souvent exposé à l'action de plusieurs causes, qui dérangent ses fonctions d'une maniere sensible; les unes, selon l'époque où elles se présentent, interrompent plus ou moins le cours de sa végétation, & ne lui permettent de produire que des grains imparfaits; d'autres alterent tellement les parties de la fructification, que les épis dont les bâles restent intactes, renferment seulement des corps sphéroïdes, remplis d'une poudre infecte & absolument inutile; d'autres, sans attaquer la tige, détruisent les bâles & ce qu'elles contiennent, comme si le feu les avoit brûlé; d'autres enfin agissent sur les tiges même, qui en sont plus tenues, & ne produisent que des grains informes & monstrueux: de-là naissent les quatre principales especes de maladies auxquelles le froment eſt ſujet ; ſavoir, la Rouille, la Carie, le Charbon, & l'Avortement ou Rachitiſme. La derniere, que je n'ai jamais eu occaſion d'appercevoir, ne m'eſt connue que par les obſervations publiées par le ſavant M. Tillet. Je n'en ferai point mention dans cet écrit, conſacré preſqu'entiérement à rendre compte de mes recherches perſonnelles & de mes propres expériences. Je parlerai du charbon plus particulierement quand il ſera queſtion de l'avoine & de l'orge, parce qu'il cauſe dans ces deux derniers grains plus de ravages que dans le froment ; mais la rouille & la carie étant les maladies du froment les plus conſidérables, j'expoſerai d'abord ce qui les concerne.

DE LA ROUILLE.

Les Anciens connoiſſoient la rouille, comme on n'en peut douter d'après leurs écrits ; les Auteurs ſacrés en font mention ſouvent : Moyſe en menace le peuple de Dieu, pour le punir de ſes infidélités. Sans m'occuper de ce qu'en diſent les Ecrivains ſacrés ou profanes de l'antiquité, je conſidérerai la rouille phyſiquement, & je me contenterai de faire connoître ce que des obſervations & des expériences m'ont appris ſur la maniere dont ſe forme cette maladie, ſur ſes cauſes, ſur ſes effets, & ſur les moyens de les corriger autant qu'il eſt poſſible.

Maniere dont se forme la Rouille.

On apperçoit d'abord sur la feuille supérieure, ensuite sur les autres & sur la tige, de petites taches d'un blanc sale, éparses, pareilles à celles que fait une pluie fine sur une étoffe neuve ; ces taches s'étendent par degrés, & prennent une teinte rousseâtre. Bientôt à l'endroit où elles paroissent, il se forme une poussiere de couleur jaune oranger ou d'ochre, peu adhérente, inodore & sans saveur ; elle jaunit les doigts & s'attache aux habits des hommes & aux poils des animaux qui marchent dans les champs. Cette poussiere, qui prend naissance sous l'épiderme des parties affectées de la rouille, le souleve, l'amincit & le creve pour se montrer au dehors : si on l'examine au microscope, elle semble composée d'une infinité de petits corps, dont les uns sont ovoïdes, & les autres ressemblent assez bien à des têtards. Je ne les crois point des corps animés (1) ; car en les mettant, même dans l'eau chaude, je ne les ai point vu se mouvoir.

Les fromens sont susceptibles de la rouille à différente époque de leur végétation, & parti-

____

(1) Ne seroient-ce pas là les vers que Ginani dit avoir apperçus, à l'aide du microscope, entre les deux épidermes des feuilles ? *Delle Malatie del Grano.*

culierement lorfqu’ils font épiés ; s’ils font jeunes
quand cette maladie les attaque, ils en fouffrent
moins, & peuvent facilement fe rétablir ; mais
s’ils font avancés, ils en reçoivent quelquefois
un dommage irréparable ; car des récoltes qui
promettoient beaucoup, ont fouvent été détruites
en un inftant par cette maladie. Dans ces cas, la
texture des feuilles rouillées fe défunit : elles n’of-
rent plus que des fibres longitudinales de couleur
brune. Les nœuds des tuyaux, les tuyaux même,
noirciffent comme fi on les avoit mis fur le feu :
l’accroiffement ceffe, une partie de l’épi jaunit,
l’autre partie refte verte, & les grains flétris
dans leurs bâles ne peuvent plus atteindre à la
groffeur ordinaire. Le mal n’eft que rarement
porté à ce point ; le plus fouvent les taches jaunes,
caufées par la rouille, deviennent feulement
noires (1), fans que les parties fur lefquelles
on les obferve fe déforganifent. Mais la feve
de la plante étant arrêtée, les grains mûriffent précipitamment, & font légers, retraits,
ne contenant que peu de farine : la paille en eft
terne ; quelquefois auffi il ne réfulte de la rouille
qu’un peu de pouffiere jaune qu’on voit fur les

---

(1) Cette fubftance noire fe délaye à la pluie ou à la rofée ;
car j’ai vu les chemifes des moiffonneurs teintes, comme fi
elles avoient été trempées dans l’encre, lorfque le matin, ou
après des orages, ils coupoient des bleds attaqués de la
rouille.

bâles & à l'extrémité supérieure des grains ; particularité qu'il a plu à des Naturalistes de regarder comme une seconde espece de rouille.

Excepté lorsque la cause de la rouille a assez de force pour n'épargner aucun champ, il n'y a ordinairement d'attaqués de cette maladie que ceux, ou qui sont abrités du nord par des murailles, des bois, des haies, ou dans lesquels la végétation est vigoureuse à cause de la bonté & de la fraîcheur du sol, ou d'un engrais de parcage considérable, comme je l'ai remarqué plus d'une fois. Une partie d'un champ en est exempte, tandis que l'autre ne l'est pas ; tantôt ce sont les épis principaux ; tantôt ce sont les épis tardifs, selon le degré de végétation où ils se trouvent au moment où la rouille survient : j'en ai vu de ces derniers qu'elle empêchoit d'épier. Une même souche porte des épis sains & des épis rouillés.

Le froment n'est pas la seule plante sujette à la rouille ; les différentes especes d'orge, l'avoine & un grand nombre de graminées en sont très-susceptibles : le seigle l'est bien moins ; les effets qu'éprouvent quelquefois les melons, pourroient être rapportés à cette maladie : mais c'est sur-tout sur le froment qu'elle a lieu le plus souvent.

De la Cause de la Rouille.

Les habitans de la campagne pensent que la rouille est produite par des brouillards secs auxquels succéde promptement un soleil ardent. Comme ils sont dans l'usage d'attribuer à cette cause tous les dérangemens qui surviennent aux grains dans leur végétation , leur témoignage ne peut être d'aucun poids , s'il n'est confirmé par celui des observateurs éclairés. MM. Tillet , Duhamel , & d'autres Physiciens ne paroissent point rejeter cette maniere de penser. « Il ne seroit pas étonnant, » dit le premier (1) , que certains brouillards » qu'on peut concevoir, chargés de particules » nitreuses & mordicantes , s'attachassent à la » tige & aux feuilles délicates des bleds encore » jeunes , & qu'ils les altérassent sensiblement ».

Le second s'explique d'une maniere encore plus positive (2) , en assurant qu'il a remarqué plusieurs fois que quand un soleil assez chaud succédoit à des brouillards secs , il arrivoit quelques jours après que les fromens étoient rouillés. Il est d'expérience que s'il survient une pluie abondante qui lave les fromens attaqués de la

---

(1) *Dissertation sur la cause qui corrompt les grains de bled dans les épis*, &c. Ouvrage précieux, que je citerai plus d'une fois.

(2) *Élémens d'Agriculture*, de M. Duhamel.

rouille , elle fe diffipe , & les grains en fouffrent
peu : il eft également certain que dans les nuits
qui précédent les brouillards dont on a tant à
craindre , il n'y pas de rofée.

Je me rappelle qu'en 1766 , le 21 Juillet , il
parut un brouillard confidérable qui rouilla les
fromens de la partie de la Beauce qui avoifine
la forêt d'Orléans : il avoit commencé à trois
heures du matin ; il dura près de trente heures,
& dégénéra en une pluie fine qui tomba pendant
une demi-journée , & fut fuivie d'une grande
chaleur. Cette pluie fine , qu'on pourroit regarder comme une continuation de brouillard,
n'empêcha pas que la moitié des fromens ne fût
perdue de la rouille.

C'eft particulierement en 1779 que j'ai obfervé
avec attention les effets du brouillard fur les
grains. Le 29 Mai de cette année, le vent , qui
avoit été au fud depuis plufieurs jours, tourna
pendant la nuit au nord. Vers les dix heures du
matin , moment où la rofée eft ordinairement diffipée totalement, il s'éleva un brouillard qui avoit
une odeur défagréable , & irritoit les yeux; il
dura tout le jour & les deux fuivans fans obf-
curcir le foleil ; mais il couvroit feulement la partie
baffe de l'horifon. Jufques-là les fromens avoient été
verds & luifans ; mais bientôt j'apperçus du
changement dans ceux qui étoient au midi ou
dans les meilleures terres. Depuis cette époque

jusqu'au 24 Juin, il y eut de temps en temps quelques brouillards froids, dont les plus senfibles furent ceux du 19 & du 23 Juin : alors les fromens parurent altérés dans toutes fortes de champs, à toutes fortes d'expofitions, mais bien plus dans les terres abritées du nord, & que les moutons avoient fortement parquées ; c'eft-à-dire où la végétation, à caufe de l'engrais, étoit plus vigoureufe : cette altération fe fit par degrés, & comme je l'ai indiqué précédemment. En 1782, j'ai encore vu des effets de la rouille fuivre de près des brouillards.

Peut-être feroit-il plus prudent de s'en tenir à ces faits, qui conftatent la caufe de la rouille, fans chercher à rendre raifon de la maniere dont elle agit, parce qu'il eft difficile de la bien développer. Mais de cette tentative, il peut réfulter des connoiffances capables de mettre un Phyficien fur la voie de trouver un moyen de préferver les grains de cette maladie. Ce motif m'engage à placer ici quelques réflexions & des expériences que j'ai faites fur ce fujet.

La fubftance rouffe, qui caractérife les effets de la rouille, eft-elle étrangere aux plantes fur lefquelles on la remarque, ou eft-elle apportée, & dépofée fur elles par les brouillards ? M. Tillet préfume que les parties âcres des brouillards agiffent fortement fur la tige & les feuilles du froment ; qu'elles en brifent le tiffu dans quelques endroits, & occafionnent l'extravafation d'un fuc gras & oléagineux qui fe deffeche peu-à-peu, & fe convertit en une pouffiere rouge orangée. Il fe fonde fur ce qu'en examinant des tiges & des feuilles rouillées, il a apperçu des crevaffes faites à l'épiderme, par lefquelles fortoit la poudre rou- geâtre ; obfervation très-exacte, & que j'ai auffi vérifiée moi-même : mais il refte toujours à favoir fi les brouillards produifent cet effet par leur âcreté, ou en fupprimant la tranfpiration.

On ne peut douter qu'il n'y ait dans certains brouillards, & fur-tout dans ceux qui produifent la rouille, une forte d'âcreté, puifqu'ils piquent les yeux, & affectent défagréablement les narines. Mais pourquoi ces brouillards corroderoient-ils plutôt des plantes vigoureufes que des foibles, plutôt celles qui végétent dans un champ, que celles qui végétent dans un autre ? Pourquoi la pluie qui tombe enfuite, fi elle eft abondante, arrêteroit-elle les effets de l'impreffion reçue ? Eft-il prouvé que les graminées contiennent, comme le frêne fauvage, le noyer du Dauphiné & autres arbres, un fuc gras, capable auffi de s'ex- travafer ? Ce font des difficultés qu'on peut faire contre l'opinion de M. Tillet, la plus fatisfai- fante fans doute qui ait été propofée jufqu'ici.

D'accord avec ce Phyficien fur la caufe de la rouille, j'ai ofé penfer autrement que lui fur la maniere dont les brouillards la produifent ; &

j'ai soupçonné que c'étoit en supprimant totalement la transpiration des plantes qu'elle attaque ;
car alors, comme je l'ai observé, il n'y a point
de rosée ; le temps passe subitement du chaud au
froid ; les tiges les plus vigoureuses, ou qui transpirent le plus, sont les plus exposées à la rouille.
Les animaux, dans lesquels la transpiration se
trouve tout-à-coup suspendue, éprouvent quelquefois des maladies de peau, occasionnées par
l'âcreté de l'humeur retenue. Pourquoi n'en seroit-
il pas de même des plantes ? M. Duhamel l'avoit
présumé, puisqu'après avoir essayé de produire
la rouille en appliquant sur les feuilles de plusieurs
plantes des sucs acides, corrosifs, alkalins ou
spiritueux, il avoit employé aussi des sucs gluans,
capables d'arrêter la transpiration sans endom-
mager la texture des parties. Il déclare qu'il n'a
apperçu rien de ressemblant à la rouille ; en même
temps il avoue qu'il peut lui avoir échappé quelques
circonstances qui l'aient empêché de voir un objet
dont il étoit très-près ; réserve digne d'un vrai savant.

Le 23 Juin 1779, j'ai couvert d'huile douce
avec une barbe de plume les deux côtés des
feuilles supérieures de cinq tiges de bled de mars ;
elles étoient très-vertes, très-saines, & exposées
presque toute la journée au soleil. Deux jours
après, j'ai apperçu sur ces feuilles de petits points
blanchâtres : au bout de six jours, elles étoient
jaunes en partie ; les doigts qu'on passoit dessus

fe teignoient d'une couleur oranger. Les tiges cependant fe font élevées de quelques pouces ; les épis ont fouffert , & n'ont donné , fur-tout à l'extrémité , que des grains petits : plufieurs bâles même n'en contenoient pas. On ne voyoit point d'altération femblable fur les tiges & les feuilles des pieds abandonnés à la nature , & qui étoient dans le voifinage.

J'ai fait la même expérience fur un *gramen loliaceum* & fur de l'avoine , tantôt en huilant les feuilles entieres , tantôt en huilant feulement la moitié de quelques-unes. Il en eft réfulté que les feuilles fe font rouillées , & que les tiges , les épis & les grains en ont fouffert plus ou moins felon la quantité des feuilles enduites d'huile. A la vérité , j'ai oublié d'obferver fi dans les parties altérées j'appercevrois des crevaffes qui ont lieu dans la rouille , & que M. Tillet affure n'avoir pas trouvées, en répétant une de mes expériences, quelqu'attention qu'il ait employée; d'où il conclut qu'en bouchant avec de l'huile les trachées des feuilles, on les fait jaunir, mais qu'on n'y excite pas la rouille : conclufion que je ne puis ni adopter , ni rejeter, jufqu'à ce que j'aie fait de nouvelles recherches. Toujours eft - il vrai que l'obfervation indique que , lorfque les grains fe rouillent, leur tranfpiration eft arrêtée, & qu'en adoptant cette opinion on explique tous les phé-nomenes de la rouille.

Q

Le froment est plus sujet à la rouille que le seigle, l'orge, l'avoine & d'autres graminées, parce que ses feuilles, organes de la transpiration, sont plus larges : dans la saison des rosées, cette différence est sensible. Du froment, que j'élevois dans une cave, ou sur une cheminée, étoit toujours mouillé, quoique j'en ôtasse fréquemment l'humidité; tandis qu'il n'en étoit pas de même des autres plantes qui croissoient dans les mêmes endroits. La rouille survient ordinairement dans les mois de Mai & Juin, temps où les grains sont dans la force de leur végétation, c'est-à-dire, lorsqu'ils transpirent le plus. Elle attaque particuliérement ceux qui sont au midi, ou dans des terrains frais & gras, parce que dans ces positions ils éprouvent une transpiration plus grande. Les feuilles supérieures en étant les principaux organes, & se trouvant le plus exposées à l'action immédiate des brouillards, elles se rouillent les premieres, & avant les tiges même : tantôt ce sont les fromens les derniers semés, tantôt ce sont les premiers semés, ou les tiges principales, ou les tiges secondaires, sur lesquelles cette maladie se remarque; ce qui dépend du degré de végétation ou de transpiration où la rouille les surprend. Il est certain qu'elle n'a lieu, que quand le temps a passé subitement du chaud au froid; variation capable de supprimer la transpiration dans des plantes où elle est aussi abondante que dans le froment. Les effets de la rouille sont d'empêcher l'ascension de la seve dans les parties fupérieures des tiges , puifque les épis & les grains ne font plus de progrès. Ne font-ce pas là les effets de la tranfpiration fupprimée ? Car la feve monte, comme on fait, dans les arbres & dans les plantes, en raifon de la tranfpiration de leurs feuilles. Enfin , s'il tombe une grande pluie immédiatement après un brouillard fec, les grains ne font point affectés de la rouille, parce que la pluie dilate les pores refferrés par le brouillard fec & frais, & rend la tranfpiration libre, fur-tout fi le temps devient chaud.

Je ne préfente ces idées que comme de fimples réflexions fondées fur quelques faits, & je n'ai garde de croire que ce font des preuves démonftratives. La caufe de la rouille n'eft point équivoque, puif-qu'il paroît que ce font certains brouillards; mais leur maniere d'agir a befoin d'être éclaircie, & j'ef-pére m'en occuper encore.

D E S E F F E T S D E L A R O U I L L E,

Et des moyens de les diminuer.

Selon le temps où la rouille furvient, & felon qu'elle eft plus ou moins confidérable, elle fait plus ou moins de tort aux propriétaires des champs fur lefquels elle règne : on l'a vu, en certaines années & en certains cantons, perdre totalement ou prefque totalement les grains; d'autres fois, on a eftimé le dommage qu'elle a caufé à la moitié, ou au tiers, ou au quart de la récolte : souvent on s'apperçoit à peine de ses effets : indépendamment de ce que les grains contenus dans les bâles des tiges rouillées sont petits, retraits, sans poids, sans couleur, & ne donnent que peu de farine ; la paille en est sale, brune, de mauvaise odeur, & déplait aux bestiaux qui la mangent. On ne sait pas jusqu'à quel point elle peut les incommoder, parce que personne n'a fait des expériences capables de le prouver ; expériences dont il seroit important de s'occuper. Il est certain que dans les années où il y a eu beaucoup de bleds rouillés, il a régné une grande mortalité sur les chevaux, soit qu'on doive en attribuer la cause aux pailles, soit qu'elle dépende d'autres circonstances.

La connoissance de la cause de la rouille n'offre rien de satisfaisant aux amis de l'utilité publique, puisqu'il est impossible d'empêcher les brouillards ; mais ne peut-on pas trouver, dans les circonstances qui l'accompagnent, des moyens d'en diminuer les effets ? Je ne conseillerai pas d'arroser les feuilles des grains qui en auroient éprouvé la mauvaise influence, parce que ce conseil, quelque bien indiqué qu'il soit, ne conviendroit qu'à un particulier qui auroit un petit champ, & suffisamment d'eau à sa disposition ; dans une manutention en grand, il est impraticable. M. de Château-Vieux, qui a fait de belles expériences sur la culture des terres, propose de couper les feuilles des bleds rouillés, assurant qu'ils en

poufferont de nouvelles, & qu'ils profpéreront mieux,
que fi on ne leur faifoit pas ce retranchement. Mais
ce moyen ne peut être employé que dans le cas où
la rouille attaqueroit ces bleds en automne, ou de
de bonne heure au printemps : ce qui n'arrive pas
ordinairement; car fi on l'employoit plus tard, on
feroit périr les tiges inévitablement.

Je crois devoir faire obferver que puifque les terres
dans lefquelles on a rendu trop confidérable l'engrais
du parcage, font plus fujettes à la rouille que d'autres, il faut laiffer les troupeaux moins de temps
dans chaque parc, ou lui donner plus d'étendue, ou y
renfermer moins de bêtes à laine. Par cette attention,
non-feulement on évitera la rouille dans les années
où elle a lieu, mais on empêchera encore les
grains de verfer; inconvénient auffi fâcheux que la
rouille.

Les Cultivateurs auront foin de ne pas faire couper
les premiers les bleds qui ont fouffert de la rouille,
afin que s'il vient à pleuvoir pendant la moiffon,
la paille foit lavée, & que les grains attendris en
deviennent plus ronds; comme je m'en fuis affuré,
en comparant entr'eux les produits de bleds rouillés,
dont j'avois recueilli les uns avant la pluie, & les
autres après.

Je ne fuis point entré fur la rouille dans autant
de détails que fur l'ergot, parce qu'il ne m'a pas
été poffible d'examiner cette maladie avec le même
foin. Soumettre à l'analyfe chimique la pouffiere

rouge-orangé (1) qui en provient, donner à des bestiaux des pailles de bleds rouillés, voilà les deux points qui manquent à cet article. Mais comment ramasser assez de cette poussiere pour l'analyser chimiquement? Il faudroit se trouver dans des circonstances, qui heureusement n'arrivent que très-rarement. L'autre point, quoique plus praticable, n'est pas sans difficulté, & je serai peut-être quelque jour à portée d'y satisfaire.

Ce que j'avois à dire sur la rouille sera terminé par cette réflexion : l'opinion des habitans de la campagne sur la cause de cette maladie, est celle que les Physiciens ont adoptée. L'exactitude de leurs observations à cet égard, est sans doute la source de l'erreur dans laquelle ils donnent, quand ils attribuent aux brouillards toutes les maladies des grains.

____

(1) Par l'extrait qu'on trouve de l'Ouvrage de M. Ginani, dans l'Encyclopédie, il paroit qu'il a analysé la rouille; quelle quantité a-t-il employée de cette substance? Voilà ce qu'on ne dit pas.

Fig. 1.
Fig. 2.
Fig. 3.
Fig. 4.
Fig. 5.
A
B
C
D
E
F
G

EXPLICATION

DE LA PLANCHE DE FROMENT ROUILLÉ.

Figure Premiere.

[A] ÉPI en fleur, commençant à être attaqué de la rouille.

Figure Seconde.

[B] Épi défleuri, attaqué plus fortement de la rouille.

Figure Troisieme.

[C] Épi rouillé, à maturité.
[D] Grain d'un épi rouillé.

Figure Quatrieme.

[E] Épi de froment sain, & à maturité.
[F] Grain d'un épi sain.

Figure Cinquieme.

[G] Tige & feuille de froment rouillé.

DE LA CARIE.

AVANT l'Ouvrage important de M. Tillet, tout étoit dans la confusion sur les maladies des grains; on les prenoit les unes pour les autres; les Ecrivains qui n'étoient pas observateurs, & ceux même qui l'étoient, ne s'entendoient pas sur les noms qu'ils donnoient à chacune; l'un décrivoit la carie, qu'il appelloit charbon, & l'autre développoit les symptômes & les signes du charbon, qu'il appelloit carie. Ce qui augmentoit la confusion, c'étoient les diverſes dénominations adoptées dans divers pays : celle de nielle eſt encore aujourd'hui le plus généralement reçue parmi les gens de la campagne, qui s'en ſervent pour déſigner ou le charbon & la carie, ou l'un ou l'autre ſéparément. Enfin, l'Académie de Bordeaux propoſa, pour un ſujet de prix, de trouver la cauſe qui corrompt les grains de bled dans leurs épis, & qui les noircit, & les moyens de prévenir ces accidens. M. Tillet ſe livra à l'étude approfondie de cette matiere, avec zele, exactitude & ſcrupule; qualités ſi néceſſaires dans les ſciences qui intéreſſent la vie ou la fortune des hommes! Il parvint à debrouiller tout ce chaos, & ſçut fixer des noms convenables à chaque maladie (1); enſorte qu'il n'eſt pas poſſible de les confondre maintenant. Il réſulte en outre, du travail de M. Tillet, un avantage bien précieux; celui de pouvoir détruire, ou plutôt prévenir, une maladie de grains qui fait un tort conſidérable aux récoltes. Mais ce travail étoit encore ſuſceptible d'être perfectionné, comme on le verra bientôt; la maladie n'avoit point été examinée ſous tous les points de vue; les détails particuliers que je donnois ſur l'ergot, m'autoriſoient à faire les mêmes recherches ſur les autres fléaux qui affligent les grains, & qui peuvent influer ſur la ſanté des hommes & ſur celle des beſtiaux : j'avois donc des

---

(1) Diſſertation ſur la cauſe qui corrompt & noircit les grains de bled, &c. A Bordeaux, 1755.

titres fuffifans pour m'occuper auffi de la carie. Au refte, c'eft attacher des fleurs de plus à la couronne qu'a méritée M. Tillet, puifque fi j'ajoute quelque chofe aux connoiffances qu'il a répandues, c'eft à lui qu'on en eft redevable, fon Ouvrage ayant fervi de bafe à cette partie du mien.

DE LA CARIE,

CONSIDÉRÉE PHYSIQUEMENT ET INDÉPENDAMMENT DE SES EFFETS.

Defcription de la Carie.

La Carie, appellée Boffe (1) en quelques pays, & dans d'autres Cloque (2) ou Chambucle (3), &c. eft un grain qu'on trouve particuliérement dans les épis du froment; fa forme eft un peu oblongue, inégalement arrondie, & généralement femblable à celle du grain de froment; il a depuis une ligne & demie jufqu'à trois lignes de longueur fur un diametre d'environ une ligne. A une des extrémités, on voit deux filets réunis, qui font faillans; à l'autre extrémité, les fibres de l'écorce fe rapprochent, & expriment la place de l'infertion dans la bâle; mais il n'y a point de germe. Sur une des parties de la furface, qui eft moins arrondie que l'autre, paroît un fillon peu profond, qui fe porte d'un bout à

---

(1) En Beauce, fur-tout.
(2) Dans le Vexin.
(3) Dans le Lyonnois.

l'autre. La couleur du grain carié eſt d'un gris-brun ; on découvre, à la loupe, qu'il eſt ridé comme la peau du lycoperdon mûr : ſon écorce, aride & ſeche, renferme une poudre noire, fine, graſſe au toucher, ſans ſaveur, mais d'une odeur très-infecte, que M. Tillet compare, avec raiſon, à celle du poiſſon pourri. Si on l'examine au microſcope, après pluſieurs heures d'infuſion dans l'eau, elle n'offre qu'un amas conſidérable de globules à demi-tranſparens, très-diſtincts & preſſes les uns contre les autres : la groſſeur de ces globules, meſurée à un bon micrometre, varie d'un cent quarantieme de ligne à un deux cens quatre-vingtieme ; ceux du froment varient d'un ſoixante & dixieme à un cinq cens ſoixantieme ; ce qui indique que le froment a des globules plus gros, & de beaucoup plus petits que ceux de la carie.

Les grains cariés ſont très-légers à leur maturité ; un demi-litron qui contiendroit environ dix onces de froment, eſt rempli par quatre onces & un gros de grains cariés : ſur quatre onces de ceux-ci, il y a trois onces & deux gros de poudre, & ſix gros d'écorce.

A quelle époque s'apperçoit - on de l'exiſtence de la Carie, & quels ſont ſes progrès ?

Il n'y a que des yeux très-exercés qui puiſſent reconnoître un épi carié avant qu'il ſoit ſorti du fourreau ; car alors ſeulement les tiges & les feuilles ſont minces, & d'un verd plus ſombre que celles qui

appartiennent à des épis sains. Qu'on ouvre un fourreau qui renferme un épi carié, qu'on en développe
les bâles, on y verra un petit corps de couleur verte,
& qui paroît être l'embryon renflé & surmonté de
deux stigmates nues & non aigrettées; les trois antheres
flasques & sans poussiere, s'élevent un peu au-dessus.
Si l'on presse sous les doigts ce petit corps, qui n'est
autre chose que le grain carié, il répand déja une
odeur infecte.

Quand l'épi carié est sorti du fourreau (1), ce qui
a lieu à-peu-près vers le temps où se montre l'épi
sain, il est facile de les distinguer l'un de l'autre,
parce que l'épi carié est bleuâtre & plus étroit; il a
ses bâles plus serrées. A ce terme, le grain vicié,
composé d'une peau verte & épaisse, & d'une pulpe
blanchâtre qui y est renfermée, a une forme ovoïde,
conservant encore, à son extrémité supérieure, les
stigmates : les antheres, toutes petites & jaunes, y
sont collées dans la direction du bas en haut, sans
excéder sa hauteur. L'odeur infecte du grain est plus
considérable quand on l'écrase.

Bientôt l'épi carié n'est plus aussi étroit; il devient
même plus large que l'épi sain; ses bâles s'écartent,
parce que le grain grossit, & ne tarde pas à se faire
distinguer; la substance pulpeuse passe successivement
de la couleur blanchâtre au gris cendré, & du gris

____

(1) De la mi-Mai à la mi-Juin, dans le pays où j'ai fait
ces observations.

cendré au brun, les deux ſtigmates ne ſont plus que des filets ; l'épi eſt moins verd & la tige l'eſt encore : alors il n'eſt pas néceſſaire d'écraſer les grains cariés pour qu'ils répandent leur odeur (1) ; une certaine quantité d'épis en cet état, s'ils ſont réunis dans un appartement, ſe font ſentir d'une maniere déſagréable.

La maturité des épis cariés, comme l'a auſſi obſervé M. Tillet, eſt plus hâtive que celle des épis ſains : ce qui n'eſt point étonnant, puiſqu'on voit les fruits des arbres malades mûrir plutôt que ceux des arbres ſains. Elle eſt complette lorſque les tuyaux ſont jaunes, les bâles blanchâtres, & les grains cariés, gris-bruns : alors l'intérieur de ceux-ci eſt rempli d'une poudre noire. Si, après un temps de pluie, on paſſe ſous le vent le long d'un champ de bleds cariés, on ne peut ſupporter la fétidité qui s'en exhale. Il eſt à remarquer que les épis ſains ſont moins chargés de grains que les épis cariés ; car j'ai compté, ſur ces derniers, juſqu'à ſoixante-huit grains ; nombre qu'on trouve rarement dans les premiers.

Épis qui contiennent des grains ſains & des grains cariés.

On a vu précédemment que les épis de ſeigle qui portent de l'ergot, portent auſſi du ſeigle ſain ; quel-

(1) C'eſt après la mi-Juin ordinairement.

quefois il y a des grains qui font compofés d'ergot &
de feigle. Je n'ai jamais trouvé dans le froment des
grains dont une partie enfermât de la farine blanche,
& l'autre de la poudre de carie. MM. Tillet, Duhamel & Aymen affurent en avoir trouvé; ce qui
fuffit pour n'en pas douter, & j'ai même de fortes
raifons de le croire. Comme ces Phyficiens, j'ai obfervé des épis fains fur des pieds où il y en avoit de
viciés, & même des épis en partie fains & en partie
malades : dans ce dernier cas, tantôt c'eft tout un
côté de l'épi, facile à diftinguer dans les premiers
temps, parce que fa couleur eft plus verte; tantôt
ce n'eft que le quart de l'épi; quelquefois les grains
malades font épars çà & là, & entre-mêlés des fains:
fur une quantité d'épis cariés, qui m'ont fourni
douze onces & trois gros de carie, j'ai retiré trois
onces de froment fain, que j'ai femé (1) : il étoit
moucheté, ou noirci par la poudre, à laquelle il
avoit été mêlé lorfqu'on l'avoit féparé des bâles : il
a produit deux tiers d'épis fains, & un tiers d'épis
carié, parmi lefquels il s'en trouvoit plufieurs qui
contenoient des grains fains & des grains malades.

Le Froment eft-il la feule plante fujette à la Carie?

Selon M. Tillet, l'ivraie eft fujette à la carie;
fes expériences même lui ont appris qu'elle fe

____

(1) M. Duhamel a fait cette expérience, mais d'une maniere
imparfaite. *Élémens d'Agriculture*, page 318. édit. de 1762.

communiquoit de cette plante au froment, *& non
vice versâ*. Le bled de miracle, *triticum turgidum*,
Lin. d'après le même obfervateur, en produit
moins ; il ne paroît pas qu'on ait trouvé des
grains attaqués de cette maladie fur le feigle,
l'orge & l'avoine : j'ai, ainfi que M. Tillet,
effayé en vain de la leur faire contracter en les
imprégnant de carie de froment ; néanmoins je
n'affure pas qu'ils en foient toujours exempts.
On fait combien le froment en eft fufceptible,
foit qu'il foit barbu, foit qu'il foit fans barbes.
Le bled de mars eft regardé comme plus expofé
à cette contagion que le bled d'automne : je n'y
a cependant pas trouvé de différence. De la
grande épeautre, *triticum fpelta major*, dont
j'avois fait venir la femence de Suiffe, a produit
beaucoup d'épis cariés ; les grains malades, renfermés comme les grains fains dans des bâles
ferrées, ne s'en détachoient que difficilement. On
remarquoit même que chaque calice, qui ne
contient que deux grains dans les épis purs, en
contenoit trois & quatre dans les épis corrompus :
toutes les réflexions qui feront faites fur cette maladie, font auffi applicables à l'épeautre, puifqu'elle
eft une efpece de froment.

On trouve dans certaines prairies une fcor-
fonere, dont toutes les parties de la fructification paroiffent converties en une pouffiere d'un
beau noir, analogue à celle de la carie. Cette

plante, que Linneus appelle *scorsona pulveri-flora*, a des feuilles de six à sept pouces, du milieu desquelles s'éleve une tige plus ou moins velue, qui monte à la hauteur de huit à neuf pouces ; le calice, au lieu d'être allongé comme dans les scorsoneres communes, est arrondi & un peu applati supérieurement ; il ne renferme qu'une poussiere noirâtre, très-abondante, qui ternit les doigts sans y adhérer. J'ai lieu de soupçonner qu'elle est formée de bonne heure dans les calices ; car j'en ai découvert qui déja en étoient remplis, quoique les tiges qui les portoient fussent à peine sorties de terre : quand les calices sont à certaine hauteur, ils s'ouvrent & laissent échapper leur poussiere, qui se dissipe en grande partie ; ce qui en reste est attaché à la surface interne des calices. Tous les pieds de cette espece de scorsonere, qui étoient dans une prairie située à Fontaine près Ermenonville (1), contenoient de cette poudre, comparable du moins en apparence à celle de la carie ; d'où il paroît que cette plante ne se multiplie que par ses racines, qui s'étendent beaucoup, & sont plus traçantes que pivotantes : j'aurois desiré pouvoir en recueillir assez pour la soumettre aux mêmes épreuves que la poudre de bled carié.

---

(1) M. Antoine-Laurent de Jussieu m'a dit, qu'on en trouvoit aussi dans la prairie de Gentilly, près Paris.

Comparaison du grain carié, avec la veſſe-de-loup,
ou Lycoperdon Boviſta, *Lin.*

M. Bernard de Juſſieu ſoupçonnoit que les
grains cariés étoient une eſpece particuliere de
Lycoperdon. M. Adanſon, & beaucoup d'autres
perſonnes, l'ont auſſi penſé, à quelques égards
ſeulement : en effet, ces deux ſubſtances ont des
rapports entr'elles. Le Lycoperdon, comme les
grains cariés, eſt couvert d'une peau cendrée, qui
renferme d'abord une pulpe molle, blanche : cette
pulpe en ſe corrompant, ſe change en une pouſ-
fiere fine, ſeche & fétide, quelquefois de couleur
obſcure, laquelle paroît à la vue ſimple comme
une fumée ; mais lorſqu'on l'examine avec une
forte lentil'e, elle ſemble compoſée d'une infinité
de petits globules un peu tranſparens, & dont le
diametre n'eſt pas au-deſſus de la cinquantieme
partie d'un cheveu (1). M. Aymen aſſure avoir
fait produire des épis cariés à des grains qu'il
avoit imprégnés de poudre de veſſe-de-loup : cependant, quoiqu'on ne connoiſſe pas les organes
de la fructification du Lycoperdon, c'eſt un genre
de plantes à part, qui ſubſiſtent par elles-mêmes ;
au lieu que les grains cariés font partie d'une
autre plante : je les regarderois plutôt comme
une dégénéreſcence du froment, que comme des

---

(1) Tranſactions philoſophiques, n°. 284.

corps

corps étrangers qui se forment, & croissent aux dépens des sucs destinés aux grains naturels. Au reste, je ne prétends pas infirmer une opinion vraisemblable, & conçue sur-tout par M. Bernard de Jussieu, un des hommes les plus éclairés de notre siecle.

ANALYSE CHIMIQUE

Des Grains cariés, comparée avec celle des Grains sains de Froment.

M. Parmentier, dont j'ai parlé plusieurs fois à l'occasion de l'ergot, a fait l'analyse chimique de la carie du froment ; il en a rendu compte dans un Mémoire, qui ne m'est connu que par ses résultats (1) : peut-être d'autres Physiciens, sans que je le sache, s'en font-ils occupés aussi. Quoi qu'il en soit, j'ai cru devoir analyser en même temps des grains cariés & des grains sains, afin d'en mieux connoître les différences (2).

---

(1) Histoire de la Société Royale de Médecine, année 1776, page 346.

(2) Cette fois encore, j'ai eu recours aux lumieres de M. de Cornette ; nous avons fait les expériences à Versailles, en présence de M. de Fourcroi, Correspondant de l'Académie des Sciences, & de M. Lassone, fils, Médecin ordinaire de la Reine.

P

Analyfe par la voie humide.

Quatre onces de grains cariés ont été mis en di-geftion pendant feize heures dans une cucurbite de verre avec une livre d'eau. Quatre onces de grains de froment fain ont été traités de la même maniere.

La plus grande partie de la carie a furnagé ; il ne s'eft précipité au fond du vaiffeau, qu'un peu de la poudre , échappée vraifemblablement des grains dont l'écorce fe trouvoit brifée : alors fon odeur fétide a diminué , comme fi l'eau en avoit enchaîné une partie ; & je n'ai plus fenti qu'une odeur mixte de carie & de paille mouillée. Dans ce cas , l'enveloppe de la carie , qui tient beaucoup de la nature des bâles , a exhalé l'odeur qui lui eft propre.

Le froment s'eft précipité au fond de la cucur-bite , à l'exception de quelques grains retraits ou piqués de charanfons ; parce qu'ils ne contenoient prefque pas de farine.

Les deux vaiffeaux ayant été expofés à la chaleur d'un bain de fable fur le même fourneau , il s'eft dégagé d'abord beaucoup d'air de l'un & de l'autre : le froment a paru en laiffer échapper plutôt, & une plus grande quantité.

La premiere portion de la liqueur que le froment a fournie , étoit limpide , inodore , fans faveur, & n'altéroit point la teinture bleue des végétaux. Une feconde portion n'en différoit que parce qu'elle avoir une odeur de paille brûlée, développée par une plus longue action du feu.

Différens produits de la carie, examinés succeſſivement, étoient auſſi limpides; mais ils avoient l'odeur & la ſaveur nauſéabondes : les premiers obtenus verdiſſoient le ſirop de violettes, tandis que les derniers ne le verdiſſoient pas.

Je ceſſai la diſtillation, lorſque le froment ne rendoit plus de liqueur; j'en ai retiré, ainſi que de la carie, quatre onces : les grains de froment s'étoient renflés, & avoient abſorbé le ſurplus d'eau : la carie, reſtée dans ſon état ordinaire, nageoit dans une grande quantité de fluide, & conſervoit l'odeur fétide qui lui eſt particuliere.

Enſuite je fis bouillir chaque réſidu, pendant vingt minutes, dans une pinte & demie d'eau; la décoction du froment étoit jaune, d'une ſaveur douce & ſans odeur; les grains ramollis & gonflés étoient viſqueux : celle de la carie, colorée en brun foncé, avoit l'odeur & le goût déſagréables; les grains, bien moins gonflés que ceux du froment, étoient plus gluans, & conſervoient leur couleur.

La décoction de froment évaporée, a donné ſix gros & demi d'une matiere gélatineuſe, douce au goût, & flatant agréablement l'odorat; elle ne bourſouffloit pas ſur les charbons ardens : c'étoit une véritable colle d'amidon, qui au bout de quatre jours avoit une odeur marquée de vanille.

Après avoir fait réduire à moitié la décoction de

carie, je l'ai filtrée : l'eau qui a passé étoit de couleur ambrée, presque insipide & sans odeur ; la poudre noire restée sur le papier, conservoit seule l'odeur de carie. Cette eau évaporée jusqu'à consistance d'extrait, a donné deux gros d'une matiere brune & tenace, différente de la colle ; elle boursoufloit sur les charbons ardens, sans jeter de flamme, répandant une fumée blanche qui sentoit la paille brûlée : c'étoit donc un véritable extrait.

Si l'on fait bouillir de la carie, qu'on la filtre & qu'on l'abandonne à elle-même, au bout de trente à trente-six heures elle se trouble ; on y voit nager des flocons blanchâtres, indices de la fermentation putride : la liqueur a une odeur infecte, & verdit le sirop de violettes. Au contraire, l'eau dans laquelle le froment a bouilli, passe successivement par les divers degrés de fermentation connus, & ne se putréfie pas avant sept à huit jours.

Une infusion simple de carie, en soixante heures, se couvre de moisissure, communique une odeur infecte à l'eau qui verdit le sirop de violettes ; tandis qu'une infusion de froment, pendant le même temps, ne contracte aucune altération, & ne change point la teinture bleue des végétaux.

Pour m'assurer si la partie extractive de la carie provenoit de la carie entiere, ou seulement de la poudre, sans que l'écorce en fournît, j'ai fait bouillir d'une part, dans suffisante quantité d'eau, une once de poudre de carie séparée de l'écorce, en la con-

caffant & la tamifant ; & de l'autre part, une once
d'écorce de carie féparée de la poudre par le lavage
à froid. Les liqueurs provenantes de l'ébullition,
ont été filtrées & évaporées : chacune a donné de
l'extrait, plus abondant dans la décoction de poudre
que dans celle de l'écorce. Ces deux extraits différoient encore en ce que celui de la poudre avoit
beaucoup de liant, dont manquoit prefque entiérement celui de l'écorce.

Analyfe à feu nu, ou par la voie feche.

Quatre onces de grains cariés, renfermés dans
une cornue, & expofés fur le feu au fourneau de
réverbere, ont donné d'abord trois gros & demi
d'une eau limpide, défagréable au goût & à l'o-
dorat, laquelle coloroit la teinture de Tournefol
en rouge très-foncé.

Quatre onces de grains de froment traités de la
même maniere, & en même-temps, ont donné
d'abord cinq gros & demi d'une liqueur jaune dès les
premieres impreffions de la chaleur, d'une faveur acide
& piquante, d'une odeur de pain brûlé, & fur laquelle
commençoient à nager quelques parcelles d'huile ;
elle teignoit la teinture de Tournefol en rouge moins
foncé que l'efprit de carie, & ne faifoit pas d'effervefcence fenfible avec les alkalis, comme il arrive
quelquefois lorfque les liqueurs acides font faturées
d'huile.

Il a paffé enfuite dans le récipient, deftiné pour

recevoir les produits de la carie, cinq gros & vingt-quatre grains d'une huile qui avoit la confiftance du beurre ; elle nageoit dans une once & deux gros d'une liqueur rouffe, acide, d'un goût piquant, & ayant l'odeur d'empyreume jointe à une odeur particuliere très-defagréable.

Le récipient du froment a reçu en même temps trois gros & dix-huit grains d'une huile qui ne s'eft point épaiffie ; elle étoit tenue en grande partie, de couleur brune, exhalant l'odeur d'huile empyreumatique ; & mélée à une once & quarante grains d'un efprit roux, foncé, fétide, qui ne changeoit point la teinture bleue des végétaux : cette huile étoit par conféquent moins abondante de deux gros & fix grains dans le froment que dans la carie, qui a fourni moins d'eau en tout.

Le feu avoit été pouffé jufqu'à fondre les cornues : le charbon refté dans celle qui avoit contenu la carie, étoit léger, fpongieux, brillant ainfi que l'intérieur du vaiffeau, & pefoit fept gros : les grains cariés y avoient confervé leur forme, & s'écrafoient aifément fous les doigts ; en quinze heures ce charbon fut incinéré. Je le fis bouillir enfuite dans l'eau diftillée ; la liqueur paffa trouble par le filtre, tant étoit tenue la partie terreufe de la carie : je foupçonne que c'étoit une terre calcaire, réduite à l'état de chaux. Cette même liqueur, foumife à l'évaporation, a fourni de l'alkali qui a verdi le firop de violettes.

Le charbon du froment pesoit une once: la forme des grains y étoit aussi conservée. Ils avoient beaucoup de consistance & du brillant, comme l'intérieur de la cornue. Ce charbon n'a pu être incinéré complétement, qu'après que le creuset, dans lequel je l'ai mis, a été tenu rouge pendant trente heures; au lieu qu'il n'en a fallu que quinze pour incinérer le charbon des grains cariés. Je l'ai aussi fait bouillir dans l'eau distillée, & j'ai filtré la décoction, qui a passé claire & limpide, tandis que celle de la carie étoit trouble : elle a donné par évaporation un peu d'alkali fixe.

Dans l'analyse par distillation, ou par la voie humide, j'avois examiné séparément l'écorce & la poudre des grains cariés : j'ai cru devoir faire aussi sur ces deux parties des expériences distinctes par la voie seche. Une once de poudre de carie a été mise dans une cornue, & seulement une demi-once d'écorce dans une autre ; les ayant exposées sur le même fourneau, j'ai distillé jusqu'à ce qu'il ne passât plus rien.

La poudre de carie a fourni deux gros d'un esprit acide, jaune, d'une odeur piquante & désagréable, mêlée à trois gros d'une matiere huileuse, moins épaisse que l'huile obtenue de la carie entiere par l'analyse à feu nu. J'ai retiré de l'écorce un gros & vingt-quatre grains d'un esprit semblable à celui que la poudre de carie avoit donné ; il étoit seulement plus coloré en jaune, & mêlé à un gros &

demi d'huile noire, fétide, empyreumatique. Le charbon de l'écorce étoit plus léger que celui de la poudre : cette derniere expérience confirme celle qui la précéde, puifque les réfultats en font les mêmes.

Comme il étoit poffible que la connoiffance de la nature des gas contenus dans la carie & dans lè froment, donnât quelques lumieres de plus fur les différences qui fe trouvent entre ces deux fubftances, j'ai diftillé à la cornue une demi - once de grains cariés, & une demi-once de grains de froment, en employant l'appareil fimple dont je m'étois fervi pour l'ergot & le feigle. Après avoir laiffé échapper l'air atmofphérique du vaiffeau où étoit la carie, j'ai reçu, 1°. vingt-fix pouces cubiques d'un gas, qui étoit en grande partie de l'air inflammable ; car l'eau n'en a abforbé qu'un peu, & le refte s'eft enflammé : 2°. vingt-fix autres pouces de gas, qui contenoit moins d'air fixe & plus d'air inflammable ; il a jeté une flamme bleue & durable : 3°. huit pouces, qui n'étoient que de l'air inflammable, puifqu'il a répandu une flamme blanche, vive, & puifqu'il a brûlé jufqu'au fond du vaiffeau : 4°. enfin treize pouces d'air inflammable pur, qui s'eft enflammé, même avec un peu de détonation. Le froment a donné d'abord trente-un pouces d'air prefque totalement fixe, enfuite vingt-fix pouces d'air inflammable, & vingt-quatre pouces d'air inflammable qui détonnoit.

Cette analyfe me paroît propre à faire connoître

en quoi le froment fain & le froment carié, qui
en eft une altération, different l'un de l'autre; le
premier ne communique à l'eau dans laquelle on
le diftille, ni faveur, ni odeur; l'autre lui communique un goût défagréable & une odeur fétide,
& la rend légérement alkaline. La décoction de
froment produit par l'évaporation une matiere gélatineufe, qui ne bourfouffle pas fur les charbons
ardens. On obtient de celle de carie un extrait
tenace qui bourfouffle au feu; le froment, analyfé
à feu nu, donne plus d'eau & moins d'huile que
la carie, dont le charbon eft plus atténué : le froment
contient quelques pouces de gas de plus que la
carie; mais dans ce gas il y a plus d'air fixe & moins
d'air inflammable : d'où il fuit que dans la carie les
principes deftinés à former une fubftance farineufe,
fe trouvent détruits.

Pour m'en affurer davantage, j'ai traité, felon la
méthode de Keffelmeyer, de la farine de froment
& de la poudre de carie féparée de l'écorce. La
premiere, comme il eft aifé de le croire, a fourni
une partie glutineufe, très-élaftique; la feconde,
quelque foin que j'aie pris, n'en a pas donné du
tout. J'ai délayé de cette poudre dans l'eau, & je
l'ai expofée au feu fans pouvoir en faire de la colle;
elle n'eft pas diffoluble dans l'eau froide, au fond
de laquelle elle fe précipite fans la teindre.

Le principe odorant de la carie réfide dans la
poudre & non dans l'écorce, puifque celle-ci,

dépouillée de la poudre par les lavages, n'a point d'odeur : ce principe fe refferre quand on fait macérer de la carie dans l'eau; mais le feu le développe.

La partie colorante dépend auffi de la poudre : l'écorce eft un milieu à travers lequel on l'apperçoit. On ne parviendroit que difficilement à féparer ces deux parties par l'ébullition : car à chaque décoction il fe détache un peu de la poudre, qui n'eft qu'en fufpenfion dans l'eau, puifqu'elle fe précipite entiérement par le repos, laiffant à l'eau fa limpidité. Le feul moyen de l'enlever totalement, eft d'exprimer la carie & de la laver dans l'eau.

Préfumant que cette partie colorante avoit pour caufe une huile qui étoit à découvert, j'ai fait digérer de la poudre de carie pendant un jour dans une once d'efprit-de-vin, qui eft devenu jaune clair. Ayant filtré cette teinture, j'ai verfé à deux fois différentes de nouvel efprit-de-vin fur le réfidu; il s'eft toujours coloré, mais foiblement, enforte que la poudre de carie n'en paroiffoit pas altérée. Je verfai deffus de l'éther vitriolique, qui, après quelques heures de digeftion, refta limpide; enfin, de l'acide nitreux, qui étoit très-clair & très-pur, en deux heures enleva, à une chaleur douce, toute la partie colorante de la poudre de carie, en produifant une effervefcence & laiffant échapper beaucoup de vapeurs rouges ou gas nitreux. Dans ce cas, l'action de l'acide nitreux étoit pareille à celle qu'il exerce fur les fubftances qui contiennent des matieres huileufes, de la nature des huiles graffes, ainfi que M. Cornette m'a dit l'avoir obfervé plufieurs fois.

Si l'on jette de la carie entiere fur des charbons ardens, elle brûle & s'enflamme comme les fubftances huileufes; la poudre, privée de fon écorce, brûle plus long-temps, parce qu'elle contient plus d'huile. J'en ai rempli un creufet, que j'ai expofé au feu : à un léger degré de chaleur, il s'eft dégagé une odeur défagréable ; la poudre s'eft enflammée en jetant une flamme claire, qui s'eft élevée à un pied de hauteur, & qui étoit furmontée d'une fumée épaiffe, analogue à celle qui réfulte de la combuftion des huiles. Le creufet ayant été retiré lorfque la flamme a ceffé, la furface en étoit couverte d'une poudre rougeâtre, qui, à la maniere du pyrophore, a confervé pendant plus d'une heure la propriété de s'allumer chaque fois qu'on l'agiroit.

Il réfulte de tous les procédés employés pour analyfer la carie, que cette fubftance contient une matiere extractive, qui fe trouve en plus grande quantité dans la poudre que dans l'écorce, & dont l'altération donne de l'alkali volatil, une huile graffe, épaiffe, de laquelle dépend la partie colorante, un principe odorant qui réfide dans la poudre feulement, beaucoup de gas, dont la plus grande partie eft le gas inflammable, très-peu d'une terre très-atténuée, de la nature de la terre calcaire, une petite quantité d'alkali fixe ; produits bien différens de ceux qu'on obtient des subſtances farineuſes, & qui paroiſſent être plutôt ceux des huiles graſſes, comme l'a conclu M. Parmentier.

DES CAUSES DE LA CARIE.

Quoiqu'il ſoit généralement plus ſûr en phyſique de s'attacher à la connoiſſance des effets qu'à celle des cauſes, ſi ſouvent incertaines & douteuſes, il y a cependant des cas où l'on doit s'occuper de celles-ci, ſur-tout lorſqu'il s'agit de prévenir des maux dont la ſource eſt cachée, & environnée de préjugés qui la dérobent à la lumiere ; mais on ne parvient à avoir des éclairciſſemens aſſurés ſur les cauſes, que lorſqu'on remonte à elles par les effets bien examinés & bien conſtatés : c'eſt la marche qu'a ſuivie M. Tillet par rapport à la carie. Il s'eſt convaincu que cette maladie ne dépendoit ni de différens engrais, ni de la nature du ſol, ni des brouillards : chacune des expériences qu'il a faites pour confirmer ſes obſervations, eſt marquée au ſceau de l'exactitude & de la préciſion. Je me contenterai de les extraire, & d'y en ajouter quelques-unes des miennes ; elles ſuffiront pour détruire un grand nombre d'opinions mal-fondées, qu'il ſeroit ſuperflu de rapporter ici.

E X P É R I E N C E S,

Qui prouvent que différens engrais, la nature du fol
& les brouillards, ne font pas caufe de la Carie.

1°. M. Tillet partagea un terrain de cinq cens
quarante pieds fur vingt-quatre, en cinq quarrés
longs, dont chacun fut fubdivifé en vingt-quatre
planches : on fuma le premier quarré avec de la
fiente de pigeons ; le fecond avec du fumier chaud
de moutons ; le troifieme avec de la matiere fécale ;
le quatrieme avec du fumier de cheval & de mulet ;
le cinquieme refta fans être fumé.

Les cent vingt planches , qui formoient toutes
les fubdivifions , furent enfemencées en fix jours ,
dont trois choifis dans le mois d'Octobre , & trois
choifis dans le mois de Novembre ; de maniere que
chaque fois on enfemençoit quatre planches dans
chaque quarré , & par conféquent toujours des
terrains diverfement fumés. La femence de l'une
étoit du froment moucheté ou noirci de carie ; celle
d'une autre avoit été imprégnée de chaux & de
diffolution de fel marin ; celle d'un autre n'avoit
reçu aucune préparation ; enfin celle de la quatrieme
avoit été trempée ou dans une eau de chaux fimple,
ou dans une eau de chaux jointe à du nitre.

Toutes les planches des cinq quarrés ; dont la femence avoit été noircie de poudre de carie , quelque
engrais qu'on y eût mis , avoient un grand nombre

d'épis cariés ; quelques-unes en avoient les trois-quarts & même les sept-huitiemes de leur produit.

Il s'en trouvoit un très-petit nombre dans toutes celles des cinq quarrés dont la semence avoit été préparée avec la chaux & le sel marin.

Il y en avoit davantage dans toutes celles dont la semence n'avoit eu aucune préparation.

Celles dont la semence a été passée dans de la chaux unie au sel de nitre, en ont produit le moins de toutes.

2°. L'expérience précédente ayant été faite en pleine campagne, M. Tillet fit la suivante dans un jardin : de quatre planches qu'il y destina, deux furent fumées avec de la fiente de poule, une avec du fumier de cochon, & l'autre ne fut pas fumée. Dans l'une des deux premieres, M. Tillet sema du froment choisi, sans préparation ; la semence des trois autres fut trempée dans une lessive de chaux & de sel marin : aucune de ces quatre planches n'a porté d'épis cariés.

3°. Il forma de mousse une planche artificielle, qu'il partagea en quatre parties égales ; dans la premiere il sema du froment noirci de carie, & ne récolta presque que de la carie ; dans la seconde, du froment préparé à la chaux & au sel marin, qui lui donna peu d'épis cariés ; dans la troisieme, du froment pur, sans le préparer ; & dans la quatrieme, du froment passé dans une eau de chaux unie avec le nitre : ces deux dernieres furent exemptes de carie.

De ces premieres expériences, M. Tillet conclut, avec raifon, que la carie n'eft pas due aux engrais, puifque des planches diverfement fumées, en ont toutes produit une grande quantité, lorfque la femence n'a eu aucune préparation, ou a été noircie de poudre de carie; puifqu'il n'en a pas recueilli, ou prefque pas, dans les planches diverfement fumées, fur lefquelles il avoit femé, ou du froment choifi & pur, ou du froment trempé dans une eau de chaux unie au fel marin. Deux des expériences ayant été faites dans differens terrains, il eft prouvé que la nature du fol n'eft pas la caufe de la carie; fur-tout fi l'on fait attention qu'en femant de la même maniere du froment fur de la mouffe, M. Tillet a eu les mêmes réfultats : il eft également certain que la multiplication de cette graine ne dépend pas des brouillards, qui auroient agi indiftinctement fur toutes les planches, plus ou moins fortement.

M. Tillet ayant vu, dans ces mêmes expériences, que du froment noirci de carie en avoit produit beaucoup; tandis que le même froment, imprégné de chaux & de fel marin, en étoit exempt, ne tarda pas à découvrir que cette maladie étoit contagieufe; & il difpofa, en conféquence de cette idée, un très grand nombre d'expériences intéreffantes & multipliées, qui répandirent le plus grand jour fur cette matiere. J'en offrirai ici les réfultats, puifque j'en ai obtenu la permiffion de M. Tillet.

Des planches enfemencées de froment pur, ou de bled de Mars fans préparation, foit qu'on ne les eût pas fumées, foit qu'on les eût fumées avec des pailles faines hachées, n'ont eu que quelques épis cariés; tandis qu'il y en avoit beaucoup dans des planches enfemencées des mêmes grains, & fumées avec des pailles formées de tiges cariées. Une de ces dernieres (1) planches, fur trois mille deux cens cinquante-fept épis, en avoit huit cens foixante-dix-neuf cariés; une des premieres, fur trois mille cinq cens foixante-neuf épis, en avoit feulement quatre-vingt-quatorze cariés.

Des planches de froment ou de bled de Mars noirci exprès, ou naturellement taché de carie, ou moucheté, barbu ou non barbu; ont produit, les unes un quart, les autres un tiers, d'autres la moitié des épis cariés.

On a compté au plus huit épis cariés dans les planches dont le froment ou bled de Mars, noirci de carie ou moucheté, avoit été imprégné d'eau de chaux mêlée à du fel marin, ou à du nitre; & encore moins dans le produit du froment pur qui a fubi cette préparation.

____

(1) Le nombre d'épis cariés dans ce cas, eft dû à la contagion, communiquée par les pailles des tiges cariées. Il n'en eft pas moins vrai que ce n'eft pas à l'engrais qu'il faut les attribuer; car des pailles de tiges faines, barbouillées de carie, auroient produit le même effet.

Ils

Ils étoient nombreux dans les fillons dont le fond avoit été faupoudré de carie, ou dans lefquels M. Tillet avoit fait une traînée de cette poudre, à fix ou fept lignes du grain femé pur.

Il y a eu feulement quelques épis cariés fur les tiges du froment ou bled de Mars, dont la femence avoit été triée dans des champs infectés de carie.

Des grains fains, tirés d'épis moitié cariés, ont produit quelques épis cariés.

La poudre contagieufe n'eft pas plus funefte, quand le grain qu'on doit femer y féjourne long-temps, que quand on le tache immédiatement avant de le femer.

Toutes chofes étant égales d'ailleurs, plus le grain a été enterré profondément, plus on a récolté de carie.

On ne fait pas contracter la carie à du froment en l'arrofant feulement avec de l'eau chargée de cette poudre.

L'ivraie, qui eft auffi fujette à la carie, la communique au froment avec autant de force, que fi on le tachoit de fa propre carie; mais on ne peut communiquer à l'ivraie la carie de froment.

Le bled de miracle paroît peu fufceptible de carie.

L'ivraie, noircie de fa propre carie, & femée de diverfes manieres, ou avec diverfes préparations, comme le froment ou le bled de Mars, a conftamment préfenté les mêmes phénomenes.

Q

Le fimple expofé des réfultats obtenus par M. Tillet (1), fuffit au Lecteur, qui en tirera facilement
les conféquences. On ne doutera pas que la carie
ne fe propage par communication, & qu'on ne peut
efpérer d'en préferver les grains, qu'en leur faifant
fubir des préparations convenables. Les expériences
que je vais ajouter, feront connoître l'extrême adhérence de la carie au grain qui en eft infecté, & la
facilité avec laquelle on communique cette maladie :
objets dont M. Tillet ne s'eft pas occupé.

Adhérence de la Carie au Grain qui en eft infecté.

Lorfque, par les coups du fléau dans la grange,
la poudre de carie eft chaffée de l'enveloppe qui la
renferme, elle s'attache à toute la furface du grain
fain qui s'y trouve expofé, & particuliérement à
l'extrémité oppofée au germe, où une efpece de
duvet la retient. Le froment ou bled de Mars en
cet état, s'appelle *bled moucheté* ou *bled qui a le
bout*, à caufe de la couleur noire que la poudre de
carie lui donne ; il perd de fa valeur dans les mar-

---

(1) J'ai fait une partie des expériences de M. Tillet. En
comparant mes réfultats avec les fiens, je les ai trouvés prefque
en tout conformes. Le témoignage que je rends ici à ce
favant Phyficien, quoiqu'il n'en ait aucun befoin, eft d'autant moins fufpect, que j'avois déja fait un certain nombre
d'expériences, avant d'avoir lu fon Ouvrage, dont on
trouve peu d'exemplaires.

chés, où il se vend moins que le froment qui n'est pas ainsi noirci. L'industrie humaine, qui sait profiter de tout, a fait imaginer, pour détacher cette sorte de bled, des moyens propres à le rendre clair & net : acheter à bon compte des bleds mouchetés, pour les revendre après les avoir éclairci, est un objet de commerce pour quelques particuliers. Les moyens que j'ai vu employer se réduisent à deux.

Le premier consiste à laver le bled moucheté dans des baquets remplis d'eau, en le remuant, & en renouvellant l'eau jusqu'à ce qu'elle en sorte presque limpide; on peut également le mettre dans des paniers, l'exposer au courant d'une riviere, ayant l'attention de le remuer, & le faire ensuite sécher au soleil, en l'étendant sur des draps.

Le second moyen exige plus de soin & plus de temps que le premier : on passe le bled moucheté à un crible d'archal, disposé en plan incliné, & dont la forme est connue; on le passe plus ou moins de fois, selon qu'il est plus ou moins moucheté ; souvent après vingt criblages, il n'est pas encore suffisamment détaché.

En employant l'un ou l'autre moyen, les marchands ou les fermiers remplissent leur but, celui de rendre le bled qu'ils détachent plus commerçable ; mais ils ne le dépouillent pas entiérement de la poudre de carie, dont il en reste encore assez pour infecter de nouvelles plantes, comme il est facile de le prouver.

J'ai femé dans le même terrain trois parties égales de bled moucheté; l'une, qui n'avoit fubi aucune préparation, a produit la moitié d'épis cariés; une autre, qui avoit été trempée dans une leffive alkaline, légérement cauftique, n'en a pas produit un feul : j'en ai retiré un fixieme de la troifieme partie, qui avoit feulement été lavée dans plufieurs eaux. M. Tillet, dans une planche dont la femence avoit été lavée, n'a pas eu autant de carie : peut-être avoit-il lavé davantage fa femence, ou fon bled étoit-il moins moucheté que le mien ; mais il en a eu; donc ce premier moyen eft infuffifant.

Pour favoir ce qu'on pouvoit efpérer du fecond, c'eft-à-dire, du criblage au crible d'archal, j'ai femé (1), dans une planche de huit pieds fur trois, un demi-litron, ou environ dix onces de froment moucheté, qu'on avoit paffé douze fois à ce crible : il étoit déja éclairci, mais moins que du froment pur. Cette planche a produit vingt-cinq épis cariés. Je n'en ai eu que onze dans une planche contiguë de la même étendue, enfemencée avec une quantité égale de la même efpece de froment, qui avoit été paffé trente fois au crible d'archal. Ce dernier, quand on l'a femé, étoit parfaitement clair, au point de pouvoir être vendu comme pur; il n'y avoit pas lieu d'efpérer que de nouveaux criblages lui enlevaffent encore quelques parties de poudre de carie,

____

(1) En Novembre 1779.

placées vraisemblablement au fond de la rainure, &
inattaquables par les fils du crible.

Il résulte de-là que la poudre de carie adhére fortement au grain, puisque ni les lotions d'eau, ni
les criblages ne peuvent la détacher entiérement. Il
y a plus ; du froment moucheté, que j'avois exposé à l'humidité pour le faire germer, & que j'ai
mis ensuite dans un four assez chaud, pendant dix-
huit heures, a produit une très-grande quantité d'épis
cariés ; preuve que la chaleur du four, en enlevant
rapidement l'eau renfermée dans la substance, n'a
pas enlevé la poudre contagieuse. Cette extrême adhérence de la carie est vraisemblablement due à
l'huile épaisse & tenace qu'elle contient : d'où il suit
que les Cultivateurs ne doivent pas s'en rapporter
aux apparences, mais préparer leurs grains avant de
les semer, sur-tout s'ils àchetent leurs semences dans
les marchés, comme la plupart font dans l'usage de
le faire.

*Facilité avec laquelle on communique au grain la
contagion de la Carie, ou Inoculation de la
Carie.*

Le bled moucheté est entaché de carie dans toute
sa surface, quoiqu'il le soit plus particuliérement
à la houpe, ou extrémité opposée au germe : celui
que M. Tillet a noirci avec cette poudre, étoit dans
le même état. Mais est-il nécessaire, pour qu'il pro-
duise de la carie, qu'il soit infecté totalement : Y

a-t-il dans un grain de bled des parties plus fufceptibles de la contagion, que d'autres? Enfin, de quel
point part ce principe deftructeur, qui corrompt
les tiges nouvelles? J'ai cru devoir me livrer à ces
recherches.

Pour y procéder, j'ai trempé la pointe d'une épingle de tête dans de la poudre de carie humectée,
dont j'ai imprégné feulement le deffus du germe de
cent quarante grains de froment, paffé auparavant
à une leffive capable de lui ôter jufqu'au moindre
veftige de carie; cent quarante grains du même froment ont été tachés dans la rainure, & cent quarante
grains à la houpe. On a femé ces divers grains dans
trois rayons diftincts, à des diftances égales, en pleine
campagne, au milieu d'un grand nombre d'autres
expériences. Les cent quarante grains tachés fur le
germe, ont donné naiffance à quarante épis cariés; les
cent quarante tachés à la rainure, en ont produit
vingt-un; & les cent quarante tachés à la houpe, n'en
ont porté que dix. Je ne puis dire la proportion des
épis malades & des épis fains, parce que j'ai oublié
de compter ceux-ci; mais il eft certain, d'après les
poids du bon grain, que chaque rayon a produits,
que les cent quarante grains tachés à la houpe, ont
donné fept huitiemes (1) d'épis cariés de moins que
les cent quarante grains tachés fur le germe; & que

____

(1) En 1779.

les cent quarante tachés à la rainure, ont eu un huitieme d'épis cariés de moins que ceux qui étoient tachés sur le germe.

J'ai répété cette expérience deux autres années de
suite (1), en différens terrains, semant une plus
grande quantité de grains ainsi inoculés, & ayant
l'attention de compter les épis sains & les épis cariés.
Les résultats n'ont pas été strictement les mêmes chaque fois; ce qui pouvoit dépendre de plusieurs circonstances; mais chaque fois j'ai eu beaucoup d'épis
cariés; & en général, les grains taches sur le germe,
en ont donné plus que ceux qui étoient tachés ou à
la houpe ou à la rainure; & j'ai lieu de penser que
plus la proportion des épis cariés aux épis sains a été
considérable, plus le grain sain a été de mauvaise
qualité.

On observera que l'inoculation de chaque grain
se faisoit au moment où on le semoit; enforte qu'il
n'étoit taché de carie que dans la partie où je de-
sirois qu'il le fût. On éloignoit les grains les uns
des autres; c'étoit du froment choisi & nouvellement
récolté; toutes les précautions étoient prises pour
qu'on ne pût attribuer qu'à l'inoculation les épis
cariés qui se formeroient. A côté, je semois du même
froment passé à la même lessive; il ne produisoit pas
un seul épi de carie. Il n'y a donc plus lieu de douter
de l'activité du virus de la carie, puisqu'une aussi

______

(1) En 1780 & 1781.

Q iv

petite quantité, appliquée à des grains purs, fur quelques points feulement, eft capable de corrompre tant d'épis; car, dans certains rayons de grains inoculés, il y avoit fouvent un tiers ou la moitié d'épis corrompus.

Par l'analyfe chimique de la carie, j'avois obtenu différens produits, particuliérement une huile épaiffe ou efpece de beurre, & un extrait. J'effayai d'inoculer de l'un & de l'autre de ces produits, comme j'avois inoculé de la poudre de carie, qui n'avoit pas fubi l'action du feu.

L'inoculation de l'huile épaiffe a produit jufques à un quart, & même près d'un tiers d'épis cariés; celle de l'extrait en a produit jufqu'à un tiers à-peu-près. Il m'a paru qu'en général ils avoient été moins abondans dans les expériences où j'avois employé l'huile épaiffe, que dans celles où je m'étois fervi de l'extrait. Ces différences font trop peu fenfibles, pour qu'on doive s'y arrêter. Il eft certain que la poudre de carie perd un peu de fon activité, quoique foiblement, en paffant par les opérations chimiques; puifqu'en comparant le nombre des épis cariés que m'a fourni l'inoculation faite avec de la poudre de carie, & celui que j'en ai retiré de l'inoculation faite ou avec de l'huile épaiffe, ou avec l'extrait, il y en avoit bien moins dans le produit total de l'huile & de l'extrait. Cependant ces inoculations avoient été faites d'une maniere conforme.

*Y a - t - il des causes qui produisent la Carie,
indépendamment de la contagion ?*

D'après les expériences de M. Tillet & les miennes,
dont je viens de rendre compte , il n'est pas dou-
teux que la carie se communique par contagion ; que
cette voie la multiplie beaucoup & avec une grande
facilité ; que pour peu que les fermiers soient inat-
tentifs , leurs semences en contracteront le principe , soit parce qu'elles retiendront la poussiere
qui voltige dans les granges ou les greniers, soit
parce que les pailles infectées , converties imparfaitement en fumier , altéreront le germe du grain
pur , qu'on jetera sur les sillons. Mais ne peut-on
pas croire , qu'indépendamment de cette cause ,
la carie ne soit produite par une autre qui la
renouvelle de temps en temps ? C'est ainsi que,
dans les contagions qui attaquent l'espece humaine, on voit quelquefois la maladie d'un seul
individu , devenir une maladie générale , & exercer
les plus grands ravages ; beaucoup de Savans l'ont
pensé ; mais , jusqu'ici , personne n'a encore découvert cette cause primitive. Desirant connoître ,
d'une maniere particuliere , si les brouillards y entroient pour quelque chose , j'ai fait les expériences
qui suivent.

Dans un vallon du Vexin (1), arrosé par une pe-

____

(1) Chez M. le Marquis de Grouchy , au château de
Villette.

tite riviere, & rempli d'eaux ſtagnantes, j'ai ſemé une premiere année, dans trois plate-bandes diſtinctes, chacune environnée d'eau qui n'étoit pas courante, trois ſortes de froment; ſavoir, l'un du pays, beau & pur en apparence; un autre, compoſé de deux ſortes de grains de differente Province, & dont la moitié étoit moucheté; & le troiſieme, du froment de Beauce entiérement moucheté : ces grains furent ſemés à Noël. Je remarquai qu'ils produiſirent tous de la carie; ceux qui avoient été entiérement mouchetés en produiſirent davantage. On ne peut tirer de cette expérience d'autre conſéquence, ſinon que ſi les brouillards qui s'étoient répandus ſur les plate-bandes, avoient cauſé la carie dans celle dont la ſemence paroiſſoit pure, au moins n'avoient-ils pas égalé l'effet de la contagion.

L'année ſuivante, trois demi-litrons de beau froment, légérement moucheté, furent paſſés ſéparément dans une (1) leſſive de chaux. On en lava un enſuite, pour ôter la chaux, & on le frotta, à ſec, de poudre de carie; les deux autres reſterent imprégnés de chaux. Ils furent ſemés le 13 Décembre,

____

(1) Pour chaque demi-litron, j'employai cinq gros de chaux, conſervée en pierre depuis un an dans une bouteille de verre bien bouchée. On les fit diſſoudre dans deux tiers d'eau bouillante, auxquels on ajouta un tiers d'eau froide. Je fis cette préparation à Paris, & j'envoyai les demi-litrons dans des ſacs étiquetés. On ſema les grains à leur arrivée.

dans le même vallon du Vexin. Un des deux demi-
litrons imprégnés de chaux, fut mis dans un terrain
bas, environné de canaux & de bois, & par conféquent expofé aux plus grands brouillards : on plaça
les deux autres demi-litrons, à côté l'un de l'autre,
fur un côteau qui n'en étoit pas loin. Il ne parut
aucun épi carié ni charbonné dans les produits des
demi-litrons imprégnés de chaux, dont l'un étoit
fitué au milieu des canaux, & l'autre fur le côteau;
au lieu qu'on en comptoit la moitié de cariés, &
quelques charbonnés, dans la récolte de celui qui
avoit été frotté de poudre de carie.

Enfin, une troifieme année je préparai avec de
la chaux, quatre litrons de froment du pays (1). On
les fema au mois d'Octobre 1781, auffi entre des
canaux, dans une place où ils devoient éprouver les
effets des brouillards. On fait combien cette année
a été pluvieufe ; circonftance propre à rendre les
brouillards plus fréquens. Je n'ai trouvé aucun épi
carié dans le produit des quatre litrons, prefque
toutes les tiges étoient attaquées de rouille; maladie
à laquelle, comme je l'ai dit, les brouillards donnent
naiffance.

Il me fuffira d'avoir prouvé, d'une maniere pofi-

---

(1) Pour quatre litrons de froment, qui peuvent pefer
environ cinq livres, j'ai employé quatre onces de chaux vive
& récente, qui ont été diffoutes dans deux pintes, ou quatre
livres d'eau bouillante.

fitive, que les brouillards ne font pas la caufe primitive & fpéciale de la carie, & d'avoir détruit par-
là l'opinion de quelques Cultivateurs éclairés, qui,
admettant plufieurs caufes, à la vérité moins actives
les unes que les autres, fe perfuadent que les brouillards en font une. Au lieu de me livrer à des recherches, peut-être inutiles, dont j'avoue même que
je n'ai pas l'idée, pour découvrir cette fource, qui
fe dérobe à l'œil du Phyficien, j'applaudirai, comme
M. Duhamel (1), au travail de M. Tillet, puifqu'en
démontrant que la pouffiere de carie eft contagieufe, il indique des moyens d'en arrêter les effets,
finon entiérement, au moins en grande partie.

On me permettra de rapporter, avant de termi-
ner cet article, une obfervation qui me paroît fondée. Les gens de la campagne ont remarqué que
dans les champs qu'ils enfemencent, le labour étant
frais, ils récoltent une plus grande quantité de carie,
que fi le labour étoit moins récent. M. Le Roi,
Lieutenant des Chaffes à Verfailles, dont le témoignage eft fi refpectable, & auquel les fciences ont
beaucoup d'obligation, m'a affuré qu'il avoit fait,
plufieurs années de fuite, des expériences qui lui
avoient prouvé cette vérité. Il eft facile de rendre
aifon de cette obfervation; M. Tillet lui-même en
fournit le moyen, dans une expérience qui avoit un
autre but. Ayant noirci du froment avec de la carie,

_____

(1) *Élémens d'Agriculture*, liv. 3, chap. premier.

il en enfemença quatre planches, en l'enterrant, dans une, à fleur de terre ; dans une autre, à un ou deux pouces ; dans la troifieme, à trois ou quatre pouces ; & dans la quatrieme, à cinq ou fix pouces. A l'exception de la premiere, qui produifit prefque la moitié d'épis cariés, les trois autres en produifirent d'autant plus, que le grain y étoit plus profondément enterré ; car la feconde en eut un tiers, la troifieme la moitié, & la quatrieme environ les trois quarts. Quand le labour eft frais, la herfe, qui fert à enterrer la femence, y entre plus avant, & y enfonce davantage le grain, qui, fuivant l'expérience de M. Tillet, donne, dans cette circonftance, plus d'épis cariés ; peut-être parce qu'il eft plus à couvert des rigueurs de l'hiver, qui fait périr beaucoup de pieds malades. Le labour frais eft donc une caufe fecondaire &, pour ainfi dire, acceffoire, qui n'a d'effet que lorfque la femence eft infectée : car j'ai examiné attentivement deux champs, formant enfemble environ fix arpens, dont la femence avoit été exprès répandue fur le gueret, & enterrée à la charrue. Ils n'ont produit aucun épi carié ; parce que la femence avoit été préparée convenablement à la chaux, & à l'infufion de fientes de volailles.

Beaucoup de fermiers croient qu'il ne s'agit, pour préferver leurs fromens de carie, que de bien mouiller leurs femences, ou du moins qu'ils en récoltent peu ; d'autres prétendent que quand les femailles font hâleufes, c'eft-à-dire, ont lieu par une féchereffe qui dure depuis quelque temps, la récolte qui fuit eſt abondante en carie. Les uns & les autres peuvent avoir raiſon, puiſqu'en lavant les bleds mouchetés, on diminue les effets de la poudre contagieuſe, que l'eau enleve en grande partie; puiſque quand la ſaiſon eſt humide, la terre eſt abreuvée d'eau capable de détacher des parcelles de la poudre. Mais il ne faut pas être raſſuré ſur ces moyens, & l'on ne parvient à détruire entiérement le virus, qu'en l'attaquant par de bonnes leſſives.

Maniere d'agir de la poudre de Carie ſur le grain qu'elle corrompt.

Il eſt auſſi difficile d'expliquer la maniere dont la poudre de carie agit ſur le grain ſain, que de rendre raiſon des progrès que font ſur les hommes & ſur les animaux bien portans, les maladies contagieuſes auxquelles ils ſont expoſés. Tout indique que ce n'eſt que par un contact immédiat : mais le virus de la poudre deſtructive s'introduit-il dans l'intérieur du grain, ou bien attaque-t-il la jeune tige ou les jeunes racines, lorſqu'elles commencent à ſe développer ? Je ne puis croire, d'après les expériences de M. Tillet & les miennes, que ce ſoit en pénétrant le grain; car, qu'on laiſſe du froment ſain très-long-temps dans de la poudre de carie, il n'en produit pas plus d'épis corrompus, que ſi on le noirciſſoit immédiatement avant de le ſemer; que, pour détacher celui qui eſt naturellement moucheté, on emploie une leſſive alkaline, un peu cauſtique, on enleve toute la poudre, & on rend ſon effet nul, ſans que la leſſive ſe ſoit introduite dans l'intérieur, où elle auroit détruit le germe; qu'en ſemant du froment pur, on applique de la poudre de carie ſur un point ſeulement, il contracte la maladie à un degré d'autant plus conſidérable, que la tache a été faite plus près du germe; enfin que, comme M. Tillet, on mette de la poudre de carie dans le ſillon, à cinq ou ſix lignes des grains, ils produiront des épis cariés: ce qui ne peut ſe faire dans ce dernier cas, que parce que les racines ou les jeunes tiges, dont les pores ſont plus ouverts que ceux du grain, ont touché la poudre contagieuſe dont elles ont abſorbé le virus.

On eſt plus embarraſſé d'expliquer comment cette poudre, en attaquant les tiges & les racines naiſſantes, ne les fait pas périr toutes: on voit même des tiges vigoureuſes & élevées porter des épis cariés. Souvent dans ces épis, toutes les places des fleurs ſont remplies de grains corrompus, tandis que dans chaque calice du froment ſain, il y a toujours quelques bâles vuides. On ne peut diſconvenir cependant, qu'en général les tiges, les feuilles & les épis des pieds cariés, ne ſoient plus foibles & moins hauts que les autres: on ne s'en apperçoit pas dans les champs où il n'y a que quelques épis malades, iſolés, mais dans ceux qui en contiennent un grand nombre, ſur-tout ſi à côté il y en a qui ſoient exempts de

carie , comme nous avons eu occasion de le remarquer, M. Tillet & moi, dans nos expériences.

J'ai même observé que le froment , qui provenoit d'épis sains , formés au milieu d'un grand
nombre d'épis cariés , avoit moins de poids & de
qualité apparente, que celui qu'on récoltoit d'épis
sains formés dans un terrain exempt de carie. Deux
planches contiguës , qui se trouvoient dans ces deux
cas contraires, m'ont donné du froment, dont l'un ,
moins rond que l'autre, pesoit une demi-livre de
moins par boisseau.

Au reste , je me suis convaincu par plusieurs faits,
& particuliérement par le suivant , que la poudre
de carie retardoit la germination & la pousse des
grains qui en étoient entachés ; car après avoir
passé du froment dans une lessive , capable de le
purifier sans altérer le germe , j'en ai enveloppé la
moitié dans de la poudre de carie pendant cinq
jours ; l'autre moitié est restée seulement imprégnée
de la lessive : c'étoit la même espece de froment.
Quatorze grains de l'un & quatorze grains de l'autre,
ont été semés en même-temps dans des pots , qui
contenoient la même espece de terre , & que j'ai
placés au même degré de chaleur : tous les grains
avoient été enfoncés à la même profondeur, moyen-
nant une mesure, pour plus d'exactitude. Les grains
seulement lessivés ont germé & poussé les premiers :
ceux qui avoient été lessivés & tachés de carie,
n'ont paru que quelques jours après ; encore ces

derniers

derniers , dont deux ont péri , n'ont-ils montré leurs germes que fucceſſivement ; au lieu que treize des premiers , le quatorzieme n'ayant pas pouſſé , ont montré leurs germes en même-temps.

Les calices des épis cariés ne font pas privés de toutes les parties de la fructification ; mais ils ils n'ont que les étamines, encore ne contiennent-elles pas de pouſliere fécondante : au lieu de piſtil, c'eſt un embryon particulier , dont j'ai expofé le développement. Pourquoi les étamines , puiſqu'elles exiſtent , font-elles flafques, ridées & vuides ? Pour-quoi ne trouve-t-on que les deux fommets du piſtil? Pourquoi y a-t-il fur un épi des bâles remplies de grains fains , & d'autres remplies de grains cariés ? Pourquoi M. Tillet a-t-il vu des grains compofés de froment & de carie , comme j'ai vu des grains compofés de feigle & d'ergot ? Ceux qui attribuent cette maladie à un défaut de fécondation (1), n'auront pas de peine à prouver fans doute qu'elle ne fe fait point dans les bâles , où fe forment des grains totalement cariés; mais il doit s'en faire une , au moins imparfaite , dans celles qui contiennent des grains à moitié fains. Dailleurs , fi le défaut de fécondation a lieu dans les maladies des grains , ce n'eſt pas comme caufe , mais comme l'effet d'une caufe dont il dépend; car dans toute autre cir-

----

(1) C'eſt particulierement l'opinion de M. Aymen, tome 4 des Savans étrangers.

R

conſtance les bâles, dans leſquelles cette fonction ne s'opére pas, reſtent ſeulement ſans grains.

CONCLUSION

Sur les cauſes de la Carie.

On ne peut que ſoupçonner qu'il exiſte une cauſe particuliere, qui donne naiſſance à la carie dans quelques individus du froment ; car juſqu'ici on ne la connoît pas. Il eſt très-certain que ce ne ſont pas les brouillards, ni les différens engrais, ni la nature du ſol : quelle qu'elle puiſſe être, ſes effets ne ſont pas auſſi actifs que ceux de la contagion. Les fumiers faits de pailles de tiges cariées, ou ſur leſquels on jete les criblures des granges & des greniers, lorſqu'ils ne ſont pas putréfiés, le bled qui eſt entaché de poudre de carie, ſoit ſenſiblement, ſoit d'une maniere inſenſible, & qu'on ſeme ſans lui faire ſubir une préparation convenable ; tels ſont les moyens qui propagent ordinairement cette ma-ladie, la perpétuent, & la rendent plus conſidé-rable ; elle s'accroît encore davantage ſi les ſemailles ſe font par un temps hâleux, ſi les labours ſont nouveaux, ſi le grain eſt enterré trop avant, comme lorſqu'on le recouvre avec la charrue : toutes ces aſſertions paroiſſent tellement prouvées par ce qui précede, qu'il eſt difficile de les révoquer en doute.

DE LA CARIE,

Considérée par rapport à ses effets.

Quoiqu'il ne paroisse pas qu'on ait attribué à la carie quelques-unes des maladies qui régnent dans les campagnes, comme on en a attribué à l'ergot; cependant j'ai cru qu'on ne m'accuseroit pas de prendre un soin inutile, si en en nourrissant des animaux, je cherchois à m'assurer des effets que cette graine peut produire. On sait combien de pauvres gens vivent de pain fait avec du bled entaché de carie, dont on donne la longue paille & les bâles aux chevaux & aux bêtes à cornes. Après avoir examiné ce point, j'exposerai le tort que reçoit le cultivateur qui récolte beaucoup de carie, & les moyens les plus propres à en préserver le froment.

Mal que fait la Carie aux Batteurs.

La poudre de carie, renfermée dans son écorce & retenue dans ses bâles, n'est dispersée dans les champs, ni par le vent, ni par la pluie, ni par la sécheresse; le frottement qu'éprouvent les épis, au temps de la moisson, ne l'en fait pas sortir : ce n'est que quand le fléau écrase les grains cariés que la poudre a une libre issue & s'attache au grain sain, qui est dans l'aire de la grange, ou s'envole plus ou moins haut, en incommodant beaucoup les batteurs; car si la poudre est abondante, comme je l'ai vu quelquefois , ils éprouvent des démangeaisons aux yeux ; ils touffent, font oppreffés , & n'ont pas autant d'appétit qu'à l'ordinaire , parce que vrai-femblablement cette poudre s'introduit dans leurs nez , leur gorge , & dans leur eftomac ; ils ont même le vifage noir & couvert d'une croûte qui y eft très-adhérente. Quelque peu d'épis cariés qu'il y ait dans une gerbe , ils en fentent l'odeur , qui fe développe lorfqu'ils les écrafent avec leur fléau : mais il n'en réfulte pour eux aucune incommodité plus confidérable ; du moins , je n'ai pu le dé-couvrir.

Qualité de la farine , & du pain fait avec le Froment moucheté , ou taché de Carie.

Ce n'eft que dans les moulins où l'on moud à bis, qu'on fait de la farine avec du froment mouche-té ; les meûniers s'en apperçoivent, indépendamment de la couleur , parce que la meule tournante eft ralentie dans fon mouvement à caufe de la tenacité de l'huile de carie ; il s'amaffe de temps en temps fur la meule giffante un cercle épais de matiere graffe, qu'on eft obligé d'enlever avec le marteau : il y a , dans ce cas , une diminution de mouture , & par conféquent une perte pour le meûnier, qui eft forcé de lever plus fouvent fa meule tournante, afin de décraffer l'une & l'autre pour les mettre en état de mordre. Le froment pur, qu'on fait moudre immédiatement après le froment moucheté , en

paſſant entre les meules , ſe charge de carie , enſorte qu'au lieu de rendre de la farine blanche , il
en rend de plus ou moins brune. La farine de froment
moucheté ſe diſtingue à ſon odeur déſagréable , à
ſa couleur terne , à une ſorte de molleſſe & d'onc-
tuoſité qu'on éprouve , lorſqu'on en prend entre deux
doigts.

Le pain qu'on fait avec du froment , dont on a
enlevé la carie , eſt très-bon & même très-blanc ,
ſi on n'a laiſſé ſubſiſter que peu de cette pouſſiere.
Auſſi les boulangers ne refuſent-ils pas d'acheter
des bleds qui ſont ainſi détachés , ſoit par le crible
d'archal , ſoit par des lotions d'eau , pourvu que dans
ce dernier cas ils ſoient bien ſecs , & puiſſent ab-
ſorber beaucoup d'eau dans le pétriſſage ; car la
poudre de carie , qui dans la germination altére la
tige , & corrompt l'embryon , n'attaque point le
corps farineux du grain qu'elle recouvre , quelque
long temps qu'il en ſoit imprégné.

Il n'en eſt pas de même du pain fait avec du
froment moucheté , qu'on ne détache pas : celui
qu'on voit entre les mains des gens de la campagne
paroît plus ou moins noir ; mais comme il s'y
trouve ſouvent de la farine d'autres eſpeces de
graines , qui peuvent influer plus ou moins ſur cette
couleur , j'en ai fait faire exprès avec dix onces de
belle farine de pur froment , une once de levain ,
& une once de poudre de carie tamiſée : la pâte en
étoit graſſe & tenace ; elle exhaloit une odeur de

carie : cependant elle a bien levé, & a fourni un pain du poids d'une livre & cinq gros, qui étoit parfaitement noir, ayant un goût légérement âcre & défagréable, & une odeur particuliere & foible. La fermentation & la coction avoient détruit la plus grande partie de la fétidité de la carie.

EXPÉRIENCES

Propres à faire connoître les effets de la Carie fur des Poules.

Premiere Expérience, Janvier 1779.

Je jetai à deux poules bien portantes, & confervées dans un endroit féparé, quelques grains de carie, qu'elles mangerent : mon intention n'avoit pas été de la leur donner pure; voyant qu'elles n'en laiffoient point, je réfolus de continuer à leur en donner fans mélange.

Elles en prirent de cette maniere fept onces en cinq jours; le fixieme jour, j'en mêlai une once & demie avec un quarteron de mie-de-pain : il n'en refta point.

Une des deux poules en mangeoit plus que l'autre, qui ne paroiffoit pas avoir du goût pour cet aliment; il falloit fouvent leur donner dé l'eau : ce qui prouve que la carie les altéroit.

Celle qui témoignoit le plus d'avidité, dès le fecond jour, eut la crête penchée & moins ver-meille : cette partie, le lendemain, étoit prefque violette ; les trois jours fuivans, on vit la poule maigrir, fes plumes étoient lâches ; néanmoins elle mangeoit toujours bien d'elle-même de la carie, avec moins d'empreffement que les premiers jours.

Les plumes de celle qui mangeoit peu de carie, étoient liffes, & fa crête vermeille : on la trouvoit feulement maigre ; ce qui n'eft point étonnant : les excrémens de l'une & de l'autre étoient noirs.

La carie étant confommée, on leur donna pendant fept jours de l'orge & de l'avoine : la poule incommodée fe rétablit promptement.

Je lui fis donner enfuite pendant fept jours une once de farine d'orge, & deux gros de carie par jour ; elle les a bien mangé d'elle-même fans la moindre incommodité.

Au peu d'empreffement d'une des poules pour la carie, & à l'empreffement de l'autre pour cette graine, fur-tout dans les premiers jours, j'eftime que la premiere n'en a mangé de pure que deux onces en cinq jours, & le fixieme jour une demi-once mêlée avec de la mie-de-pain, au lieu que l'autre en a pris cinq onces pures en cinq jours, & le fixieme jour une once avec de la mie-de-pain ; dans les fept jours, où elle étoit feule en expérience, elle en a mangé une once & fix gros mêlés avec de la farine d'orge ; c'eft-à-dire, en tout fept onces & fix gros de grains cariés en quatorze jours, ou fix onces & trois gros & demi ou environ de poudre, en déduifant l'écorce.

Seconde Expérience, 30 Septembre 1782.

Une poule en bon état fut tenue comme les autres enfermée pendant vingt jours : chacun des trois premiers jours, je lui fis donner un mélange de seize gros de farine d'orge, & de quatre gros de grains cariés qu'on écrasoit, & dont on ne séparoit pas l'écorce. D'abord elle n'en mangea pas d'elle-même ; il fallut lui en faire avaler de force ; les quatre jours suivans, elle prit de cette maniere douze gros de la même farine , & huit gros de grains cariés. Le huitieme jour , pour former la même dose , je me servis de poudre de carie , dont un gros le lendemain fut mêlé à sept gros de grains cariés , aussi avec douze gros de la farine. Le dixieme jour & le onzieme , le mélange étoit de douze gros de farine ; on lui donna, chacun des neuf derniers jours , dix gros de farine de seigle dont on n'avoit pas ôté le son , & dix gros de grains cariés ; elle s'y étoit si bien accoutumée , qu'à la fin elle en mangeoit d'elle-même.

Cette poule , dans l'espace de vingt jours , a vécu d'une livre & deux onces de farine d'orge , de onze onces de farine de seigle , y compris le son ; en tout , d'une livre & demie & cinq onces de farine , & d'une livre cinq onces & six gros de carie , tant en grain qu'en poudre ; ce qui fait , déduction faite du poids de l'écorce , environ une livre une once & quatre gros de poudre de carie.

Elle s'esttrouvée, à la fin de l'expérience, aussi vive,
aussi vermeille & aussi bien en chair qu'auparavant;
elle avoit même pris un peu plus d'embonpoint; elle
n'a pas éprouvé le moindre dérangement de santé.

C O N S É Q U E N C E S.

De trois poules qui ont mangé plus ou moins
de carie, une seule a paru incommodée pendant
qu'elle a vécu seulement de cette graine. Puisque
c'étoit au mois de Janvier que se faisoit l'expérience, ne peut-on pas attribuer l'état momentané
de sa crête & de ses plumes à la rigueur du froid?
car on sait que dans cette saison les poules délicates
ont la crête violette, & les plumes sans soutien.
Je n'ai remarqué aucun changement dans les deux
autres; une d'elles, à la vérité, n'a pas pris plus
de deux onces & demie de grains cariés; mais elle
auroit péri infailliblement, si on lui eût fait manger
une semblable dose d'ergot en substance, même
avec de bons alimens. La derniere poule a vécu en
grande partie de carie pendant vingt jours de suite;
une pareille quantité d'ergot eût suffi pour causer
la mort à dix poules. Ces oiseaux, qui préférent de
mourir de faim plutôt que de manger d'eux-mêmes
de l'ergot, n'ont presque pas de répugnance pour
la carie, dont l'odeur est cependant plus infecte
que celle de l'ergot; car une poule en a cons-
tamment avalé seule en marquant même de l'em-
pressement; une autre, quoiqu'avec peine, s'est dé-

terminée à en manger , sans qu'on fût obligé de joindre cette graine à de bons alimens ; la troisieme, qui d'abord l'avoit refusé, s'est portée ensuite à en prendre d'elle-même. Je ne prétends pas inférer de-là que la carie à des doses plus fortes que celles que j'ai employées, ne seroit pas capable d'incommoder les animaux , ni qu'on pût en donner à des quadrupedes, ou à d'autres especes d'oiseaux avec aussi peu d'inconvéniens qu'à des poules : je n'en ai aucunes preuves , & il faudroit bien du temps & des facilités pour éclaircir ce point ; mais je suis en droit de conclure qu'au moins la carie n'est pas aussi dangereuse que l'ergot. Car, aucune poule ne peut manger deux onces d'ergot en substance sans mourir, au lieu que j'ai fait manger à une seule poule plus de dix-sept onces de poudre de carie, sans que sa santé en ait été altérée.

TORT QUE FAIT LA CARIE AUX CULTIVATEURS.

Quand les cultivateurs, en parcourant leurs pieces de terre , n'apperçoivent que quelques épis cariés, placés de distance en distance, ils ne redoutent pas le tort qu'ils en recevront, parce que dans ce cas il est peu considérable ; mais , s'ils n'ont pris aucunes précautions pour s'en garantir , leurs récoltes en souffrent sensiblement ; & il est aisé d'en juger lorsque les grains sont encore sur pied. On apprécie difficilement la perte qui en résulte , parce qu'elle varie plus ou moins selon la qualité des semences, & les

circonftances dans lefquelles on a femé : on eft
dans l'ufage de l'eftimer par des à-peu-près. Des
expériences de détail, les feules qui doivent fervir
dans cette occafion, faites par M. Tillet & par
moi, mettront en état de calculer à la rigueur le
tort que la carie peut faire. Je n'en rapporterai que
quelques-unes, afin de ne pas fatiguer le lecteur.
Dans une planche de dix-huit pieds fur cinq, dont
la femence, noircie de carie, avoit été enterrée à
cinq ou fix pouces de profondeur, M. Tillet a
compté trois cens trente-un épis fains, & neuf
cens dix-huit épis cariés ; c'eft-à-dire, prefque les
trois quarts : c'eft une des plus fortes proportions
d'épis fains & d'épis cariés qu'il ait obtenus. Un
grand nombre de fes planches lui ont produit la
moitié ou le tiers de tiges corrompues ; il eft à remarquer qu'en général les pieds malades avoient
porté autant d'épis que les pieds fains. A la vérité,
les cultivateurs qui fement du bled entaché de
carie, ne le noirciffent pas exprès, comme a fait
M. Tillet, & l'on peut préfumer qu'ils n'en doivent
jamais récolter une auffi grande quantité. Auffi, ne
feroit-il pas jufte d'établir, d'après ces proportions,
des calculs fur la perte caufée par la carie : mais fi
l'on fait attention que des grains de froment purifié,
fur lefquels j'avois feulement pofé une épingle,
trempée dans de la poudre de carie, ont donné
cent quatre-vingt-dix-neuf épis, dont il y en avoit
quatre-vingt-un, c'eft-à-dire, plus d'un tiers de

cariés (1), on concevra que , quelque foiblement
moucheté que foit une femence , elle eft capable
de produire au moins le quart d'épis malades : c'eft
à cette proportion que je m'arrête. En fuppofant
qu'un fermier ait enfemencé cent arpens de terre
en froment, l'arpent de cent perches , la perche
de vingt-deux pieds ; un arpent de cette mefure,
& d'une qualité au-deffous de la meilleure , peut
produire , année commune , vingt douzaines de
gerbes , dont cinq douzaines font capables de rendre
en grain un fetier , mefure de Paris, pourvu qu'elles
ne contiennent pas d'épis cariés. Dans ce cas, des
cent arpens , on retireroit quatre cens fetiers,
lefquels à vingt livres le fetier , formeroient une
fomme de huit mille livres : mais s'il s'y trouvoit
un quart d'épis cariés , il faudroit d'abord en dé-
duire cent fetiers , ou deux mille livres ; plus,
neuf cens livres , parce que chacun des trois cens
fetiers reftans vaudroit trois livres de moins, étant
moucheté ou entaché de carie (2) : ce feroit donc

---

(1) Pour avoir le compte exact des épis cariés , il faut les
examiner peu de temps après la floraifon des épis fains ; car
plutôt, on les diftingue plus difficilement , & il s'en perd toujours quelques-uns.

(2) Ordinairement, dans les marchés , le fetier de bled
moucheté , fe vend 4 , ou 5 liv. moins que le bled pur.
Je ne crois point avoir exagéré ici aucun produit, ni aucun
prix , & il eft aifé de s'appercevoir que mon intention n'eft
pas de groffir le mal.

une diminution de deux mille neuf cens livres ; &
dans cette suppofition, le fermier, au lieu de huit mille
livres, ne pourroit plus compter que fur cinq mille
cent livres : il perdroit plus d'un quart & demi du
produit de fes terres. Je ne fais point entrer la
paille de bled carié dans ce calcul, parce que les
fouches cariées fourniffent prefque autant que les
fouches faines. Quoique les beftiaux, qui la mangent
avec dégoût, en perdent beaucoup, cette perte eft
comptée pour peu de chofe dans une ferme, ou
elle fert à augmenter les fumiers (1). Je n'ajoute
point à ce déchet la diminution fenfible du poids
du froment, qui croît au milieu d'un grand nombre
d'épis cariés, parce qu'elle doit varier felon que
les champs contiennent plus ou moins d'épis corrompus.

D'après le calcul précédent, on ne peut douter
que les fermiers ne doivent defirer connoître des
moyens certains pour préferver leurs grains de carie.
L'intérêt de cette claffe de citoyens eft tellement
lié à celui de tous les autres, qu'il en réfulte un
mal réel pour la nation entiere & pour fon commerce lorfque les recoltes ne font pas abondantes :

---

(1) Je connois beaucoup de fermes, où l'on eft dans l'ufage
de mêler à la nourriture des chevaux & des bêtes à cornes, des
bâles de froment, que ces animaux refufent, fi elles font le
produit des gerbes, qui contenoient beaucoup d'épis cariés ;
c'eft encore une perte pour les fermiers.

l'État, en encourageant les défrichemens, a augmenté les productions territoriales. Mais n'est-il pas également avantageux de faire rapporter aux terres, déja cultivées, plus de grains, sur-tout du froment, le plus précieux de tous, & qui ne vient pas dans tous les sols ? S'il est facile d'y parvenir, sans qu'il en coûte des labours, ou des engrais de plus, sans rien changer ou presque rien aux usages établis; enfin seulement, avec un peu de soin & d'attention, & à peu de frais, on seroit coupable de ne pas s'en occuper, quand on a la certitude que la semence produira un quart de plus en grain de bonne qualité. Ce sont les avantages qu'on a lieu d'attendre de plusieurs méthodes, pour préparer les grains avant de les semer; méthodes que je vais développer en en prouvant les effets par des expériences comparées.

MANIERES DE PRÉSERVER LES GRAINS DE LA CARIE.

Il n'en est pas de la carie comme de l'ergot & de la rouille; la cause, qui produit ces deux dernieres maladies, n'est pas de nature à pouvoir être attaquée, puisque l'une paroît dépendre en grande partie de l'humidité du sol, & l'autre des brouillards; il n'est en la disposition des hommes que d'en diminuer les effets, en prenant quelques précautions pour les empêcher d'exercer toute leur activité : mais on ne doit pas espérer de s'opposer entiérement à leur naissance. Les cultivateurs sont dans

une position plus heureuse par rapport à la carie ;
car, quoiqu'on ne connoisse pas la cause primitive
qui la produit, on en connoît tellement les causes
secondaires, celles qui la multiplient le plus, qu'on
est assuré de les rendre nulles, lorsqu'on voudra effi-
cacement en adopter les vrais moyens. Les journaux,
les livres d'agriculture ou d'économie rurale, sont
remplis de recettes contre cette maladie, dont l'é-
tendue a de tout temps frappé les esprits. On a
imaginé toutes sortes de mélanges, parmi lesquels
il s'en trouve de bizarres, & quelquefois de dangereux pour les semeurs, la volaille & le gibier,
comme ceux dans lesquels entre l'arsenic, ou le
cobalt, qui contient beaucoup d'arsenic. J'augmen-
terois sans nécessité mon travail, si j'entreprenois
de rapporter ici toutes ces recettes compliquées : on
en sentira l'inutilité par les preuves que je donnerai
des avantages certains des méthodes simples. Qu'on
me permette ici une comparaison qui pourra servir
à prémunir contre le merveilleux des recettes nouvelles qu'on propose de temps en temps pour empêcher les ravages de la carie. Le quinquina est le
spécifique des fievres intermittentes, qui affligent
les hommes ; souvent il manque son effet, soit
parce qu'il est falsifié ou de mauvaise qualité ; soit
parce qu'il est mal administré. Ces circonstances
ont donné lieu de recourir à des remedes vantés
contre ces sortes de fievres, & qui sont composés
& débités d'une maniere mystérieuse : la plupart

font des opiats, dont le quinquina fait la base &
l'ingrédien principal, dans lequel réside la vertu
fébrifuge : il en est de même des recettes contre la
carie. Sans la chaux, elles n'auroient aucun effet,
ou n'en auroient qu'un très-foible : aussi, recommande-
t-on toujours de passer à la chaux les semences, de
quelqu'autre maniere qu'on conseille en outre de
les préparer ; il arrive quelquefois même, qu'avec
les meilleures recettes, on ne réussit pas ; & c'est
vraisemblablement parce que la chaux n'est pas
bonne, qu'on ne l'emploie pas convenablement, &
qu'elle n'est pas fécondée par des soins indispensables.
Quoi qu'il en soit, je réduirai à quatre les bonnes méthodes préservatives de la carie ; savoir, celle dans laquelle la chaux est unie au sel marin & au nitre ; celle
dans laquelle la chaux est unie à l'alkali volatil ; celle
dans laquelle la chaux est unie à l'alkali fixe ; enfin
celle dans laquelle la chaux est employée seule.
Cette diversité est avantageuse, parce qu'un seul
remede ne feroit pas applicable à tous les pays &
dans toutes les circonstances.

Méthode préservative, dans laquelle la chaux est unie
au sel marin & au nitre.

Dans toute la partie de la France où les cultivateurs font à portée de se procurer de l'eau de
mer, ils s'en servent, & y font dissoudre de la chaux,
pour passer leurs semences de froment dans cette
lessive. M. Tulle & d'autres Agriculteurs Anglois,
conseillent

conseillent aussi d'employer la saumure. M. Tillet faisoit usage tantôt du nitre, tantôt du sel marin, unis avec la chaux, pour ses expériences de recherches sur les causes de la carie; & ces moyens lui réussissoient également.

Pour unir le sel marin à la chaux, on fait fondre, dans une quantité suffisante d'eau bouillante, deux livres de sel marin, par muid, ou par huit setiers de froment, mesure de Paris; on fait fondre à part dix-huit à vingt livres de chaux vive, dans cent vingt pintes d'eau, qu'on chauffe fortement auparavant. On réunit les deux dissolutions, & on en impregne la sémence, de la maniere qui sera exposée plus loin. Je ne puis indiquer la quantité de sel de nitre, qu'il faudroit substituer au sel marin, si on le préféroit, parce que ce sel m'ayant paru trop cher pour qu'on puisse s'en servir, je n'ai pas vérifié son efficacité. Aussi, M. Tillet ne l'indique-t-il pas.

La méthode, qui consiste à unir le sel marin à la chaux, s'est introduite depuis l'année 1777, dans un canton de la Beauce, ensorte que les fermiers qui l'habitent n'y récoltent plus de carie. La premiere expérience en a été faite de la maniere suivante : Un fermier, auquel il ne restoit plus que quatre setiers de froment à semer, en préleva quelques boisseaux, qu'il donna à un de ses métiviers (1) pour

____

(1) On appelle *Métivier*, dans certains pays, un homme qui travaille dans les granges, soit pour y entasser les gerbes, soit pour les battre & nettoyer le grain.

S

enfemencer fon champ. Il paffa le refte dans une eau
de chaux, à laquelle il ajouta une livre de fel marin.
Le métivier fema fon grain fans aucune préparation,
il ne récolta prefque que de la carie; tandis que le fermier n'en eut point dans la piece de.terre feulement,
dont la femence avoit été imprégnée de chaux ma-
rinée : car il en récolta beaucoup, ainfi que fes voifins, dans les autres pieces qui avoient reçu une
femence, pour laquelle on n'avoit pas employé le
même procédé. En 1778, cette méthode fut appliquée à la femence de cent arpens; en 1779, à celle
de douze cens; & maintenant, elle l'eft vraifemblablement à celle de plufieurs milles, & toujours avec
le même fuccès.

Dans le voifinage de la mer, & dans les pays où
le fel eft marchand, cette méthode eft d'une exécution facile & peu difpendieufe ; dans les autres pays,
malgré la chereté d'une denrée qu'on peut regarder
comme un des premiers befoins de la vie, il y a
encore de l'avantage à en faire ufage, parce qu'elle
n'exige pas une grande quantité de fel.

Méthode préfervative, dans laquelle la chaux eft unie
à l'alkali volatil.

L'urine & les excrémens putréfiés des animaux,
contiennent, indépendamment des autres fubftances
falines, une certaine quantité d'alkali volatil : il s'en
trouve auffi beaucoup dans la fuie des cheminées,
même de celles où l'on ne brûle que des végétaux.

Plusieurs recettes, données pour préserver de la carie, conseillent d'employer dans les lessives de la suie des cheminées ordinaires. M. Tillet a éprouvé de bons effets de l'urine humaine putréfiée. Parmi un grand nombre de fermiers, les uns dissolvent simplement leur chaux dans de l'eau de mare, où s'égouttent les jus de fumier, produit des urines & d'une partie des excrémens des bestiaux ; d'autres font infuser, dans du jus de fumier, de la fiente de volailles, chargée, comme on fait, d'alkali volatil. C'est cette derniere méthode que je vais décrire, comme la plus sûre.

Pour lessiver huit setiers de froment, mesure de Paris, on met dans deux cens pintes d'eau (1), un boisseau raz de crotin de pigeon, & autant de crotin de poule. On préfére l'eau des mares ou puisards, qui sont dans les cours des fermes, sur-tout celle qui s'amasse dans les colombiers découverts, parce qu'elle contient les sels des excrémens des animaux. On laisse ce mélange infuser, dans un tonneau, pendant douz eou quinze jours, ayant soin de le remuer de temps en temps avec un bâton. Quelques personnes y ajoutent deux livres d'alun ; mais cet ingrédient est inutile. Il se fait un bouillonnement qui exhale une odeur désagréable. Au bout de ce temps, on tire à clair ; on prend une partie

______

(1) Cette dose d'eau doit augmenter ou diminuer, selon que lebled de semence a été récolté plus ou moins sec.

de la liqueur, qu'on fait chauffer & même bouillir ;
on y diſſout deux boiſſeaux raz de chaux vive,
qui peſent de trente à trente-ſix livres : ſi, lors de la
diſſolution, l'efferveſcence eſt trop conſidérable, on
y jette un peu d'eau froide pour l'appaiſer ; on mêle
enſuite cette eau de chaux avec le ſurplus de l'infuſion d'excrémens d'animaux, & on emploie cette
leſſive pour préparer la ſemence.

Cette méthode eſt praticable par-tout, & ne peut
conſtituer les fermiers en dépenſe, puiſqu'à l'exception de la chaux qu'ils ſont obligés d'acheter toujours, ils trouvent les autres ingrédiens avec la plus
grande facilité.

Je connois trois fermiers qui, depuis pluſieurs
années, ſe ſervent, ſous mes yeux, de cette méthode avec ſuccès. Un quatrieme a bien voulu,
l'année derniere, préparer cinquante-cinq ſetiers,
qui formoient toutes ſes ſemences, ſeulement avec
du jus de fumier & de la chaux vive, dont il a
employé en tout cinq minots : il n'a point récolté
de carie. Cette méthode a, pour ceux qui préparent
& ſement les grains, l'inconvénient de leur faire
reſpirer une odeur très-déſagréable.

*Méthode préſervative, dans laquelle la chaux eſt unie
à l'alkali fixe.*

Les cendres du bois qu'on brûle dans les cheminées, contiennent environ dix livres d'alkali par
cent : il y a des eſpeces de bois qui en contiennent

davantage ; d'autres en contiennent moins ; on en
retire une plus grande quantité du bois qui eft neuf
& gros, que du bois petit & floté, ou expofé à
la pluie. M. Tillet a adopté, de préférence, pour
préferver les grains de la carie, l'union de la chaux
vive à l'alkali fixe des cendres de bois ; & c'eft ici
fa méthode, dont je donne l'extrait (1), avec les
changemens que j'ai cru devoir y faire pour me la
rendre plus facile, toutes les fois que je l'ai employée.

On choifit une des cuves deftinées à couler le
linge de leffive ; on bouche l'ouverture à laquelle
on eft dans l'ufage d'adapter un tuyau pour conduire l'eau de la cuve dans la chaudiere ; on met
au fond de la cuve quelques petits morceaux de
bois, qui s'entre-croifent ; on garnit le furplus d'un
drap de toile forte, appellé, dans quelques pays,
charroi, de maniere qu'il déborde par-deffus la cuve,
& à travers lequel il ne puiffe paffer que de l'eau ;
on y met cent foixante livres de cendre de gros bois
neuf, ou deux cens livres de cendre de petit bois,
& davantage, fi le bois qu'on a brûlé a été floté ;
& trois cens vingt pintes d'eau, mefure de Paris.
Cette dofe eft pour huit fetiers ou un muid. On
laiffe la cendre & l'eau enfemble pendant trois jours,
ayant foin de remuer de temps en temps avec un
bâton ; enfuite on débouche le trou qui eft à la

______

(1) Précis des expériences faites à Trianon, 1756.

partie inférieure de la cuve ; on ajuſte à ſa place le tuyau, pour conduire l'eau dans une chaudiere, ſous laquelle on doit faire du feu. Chaque fois que la chaudiere eſt remplie, on en verſe l'eau dans la cuve ſur la cendre, qu'on doit encore remuer pluſieurs fois, juſqu'à ce que tout ſoit chaud, comme pour une leſſive de linge.

Alors, au lieu de verſer l'eau de la chaudiere dans la cuve où eſt la cendre, on la verſe dans une cuve vuide, ou dans des tonneaux ; mais lorſque l'eau qui ſort de la cuve eſt ſur ſa fin, on en réſerve une partie, qu'on fait bouillir dans la chaudiere même, en y jetant vingt livres de chaux vive, pour la faire diſſoudre entiérement ; on mêle cette eau de chaux avec toute l'eau retirée auparavant de la cuve ; la cendre qui reſte dans le drap ne peut plus ſervir ; il en faut de nouvelle, ſi on veut faire une autre leſ-ſive. Quand on a des vaiſſeaux aſſez grands, on peut préparer à la fois une leſſive pour pluſieurs muids de ſemence ; il ne s'agit que d'augmenter à proportion les doſes de cendre, d'eau & de chaux.

Cette méthode, depuis que j'en ai conſtaté l'ef-ficacité ſous les yeux de pluſieurs fermiers, eſt celle qu'ils emploient, & dont ils s'applaudiſſent : les uns forment exprès des leſſives, comme je viens d'en indiquer les moyens ; d'autres réſervent des eaux qui ont ſervi à couler le linge, & qui tiennent, comme on ſait, de l'alkali fixe des cendres en diſſolution.

Cette méthode peut être généralement adoptée dans les pays de bois, où la cendre est abondante & à bon marché; mais ce n'est pas celle qui convient le mieux dans les cantons où, comme en Beauce, il n'y a point de bois. Dans cette Province, dix Paroisses, en y comprenant les fours à tuiles & à chaux, ne fourniroient pas la quantité de cendre nécessaire pour préparer les semences d'une seule Paroisse. On connoît l'immensité des terres cultivées dans la Beauce.

J'ai cru devoir retrancher de cette méthode les lotions d'eau répétées, quoique M. Tillet conseillât d'en faire usage avant la lessive, lorsque le froment qu'on doit semer est moucheté; car je suis assuré qu'elles sont inutiles: en voici les preuves. J'ai partagé en trois parties un terrain d'environ trente perches: une partie a été ensemencée en froment moucheté, sans préparation; une autre en froment moucheté, que j'ai passé à la lessive de M. Tillet, mais sans avoir été lavé auparavant; & la troisieme en froment moucheté, qui a été lavé plusieurs fois, & ensuite trempé dans la lessive de M. Tillet. Le froment semé sans préparation a produit plus de la moitié d'épis cariés, portés sur des tiges frêles : je n'en ai trouvé aucun dans le terrain dont la semence, sans avoir été lavée, a été imprégnée de la lessive de M. Tillet; il en étoit de même de celui qui avoit été ensemencé en froment lavé dans plusieurs eaux, & ensuite trempé aussi dans la lessive de M. Tillet;

d'où il suit que cette méthode a pu être simplifiée,
à l'avantage des pays où l'on est loin des rivieres,
& où il faut, à force de bras, tirer de l'eau de
quinze, seize, vingt, & quelquefois trente toises
de profondeur ; motif qui m'a déterminé à faire cette
expérience.

*Méthode préservative, dans laquelle on emploie la
chaux seule.*

Dans les pays où presque toutes les terres appartiennent à de riches propriétaires, qui les donnent
à ferme, il n'y a qu'un petit nombre de particuliers qui possédent quelques champs, qu'ils font cultiver par des fermiers, & dont la récolte sert à leur
subsistance ; soit négligence, soit défaut de facilité,
ces particuliers ordinairement ne préparent point
leurs bleds de semence ; les fermiers, plus attentifs,
négligent moins cette précaution utile ; il s'en trouve
parmi eux qui passent seulement à la chaux les grains
qu'ils doivent semer, sans faire usage d'aucuns sels,
ni de crotin d'animaux, ni de jus de fumier. On
remarque que, ceux qui en usant de cette méthode,
ne récoltent point de carie, emploient toujours de
bonne chaux à forte dose, & d'une maniere toute
particuliere : ils la font dissoudre dans l'eau bouillante, en y mêlant de nouvelle eau peu-à-peu, &
en remuant. Ces fermiers même achetent, autant
qu'ils le peuvent, pour semences, des bleds mouchetés, sur lesquels ils profitent beaucoup, parce

qu'on les leur vend par fetier quatre livres de moins que le bled pur. Plufieurs fois j'ai femé des fromens entachés de carie, en les paffant feulement dans une diffolution très-épaiffe de chaux vive; & je n'ai prefque pas récolté de carie. Lorfque, dans des expériences comparées, j'ai employé des dofes plus ou moins foibles de chaux, j'ai eu plus ou moins de carie; ce qu'il me feroit facile de conftater par mes journaux.

Il a paru depuis ce temps-là, dans une Gazette d'Agriculture (1), une recette qui contient une maniere de paffer les bleds à la chaux. On y confeille d'employer foixante-quatre pintes d'eau, mefure de Paris, fur huit livres & demie de chaux vive, brifée, fans être réduite en poudre, pour leffiver huit boiffeaux de froment : ce feroit, fuivant cette recette, pour un muid ou huit fetiers, nombre que j'ai adopté, cent deux livres de chaux, & fept cens foixante & huit pintes d'eau. Cette maniere eft propre à préferver le froment de la carie (2), comme je m'en fuis affuré dans les épreuves que j'en ai faites.

---

(1) Du 4 Avril 1780.

(2) Elle étoit annoncée fous le titre de *Poudre pour la végétation des grains & graines*, par le *Sieur Valiere & Compagnie*. Le véritable but de cette annonce, étoit le débit d'une compofition myftérieufe, dont il eft certain que l'arfenic, ou le cobolt étoit le principal ingredient; il n'en réfultoit

Comment on fait ufage des Préparations précédentes.

La premiere attention qu'il faut avoir, eſt de mêler exactement la diſſolution de chaux, ſoit qu'elle ſoit ſeule, ſoit qu'elle contienne quelque ſel, avec l'eau dans laquelle on la doit étendre ; enſuite on jetera la quantité deſtinée de froment dans la cuve ou le tonneau rempli de la préparation ; on remuera avec un bâton, & on écumera les grains légers & nuiſibles qui montent à la ſurface. De petites corbeilles à deux anſes, de huit à dix pouces de profondeur, ſeront plongées dans la cuve ou le tonneau ; on les y remplira de froment, qu'on remuera encore, ou avec une écumoire, ou avec un bâton court, au moment où on les enlevera. Lorſqu'il ſera bien égouté, on l'étendra ſur le plancher, afin qu'il ſeche ; on le retournera au moins une fois par jour, juſqu'à ce qu'on le ſeme. Cette maniere eſt la meilleure (1), parce que tous les grains de froment ſe mouillent & s'impregnent de la leſſive : la plupart des fermiers ne l'adoptent pas, la trouvant d'une exécution trop longue ; ils préférent de jeter leur

---

aucun des avantages promis, comme l'ont prouvé les expériences de M. Duhamel, celles du P. Cotte & les miènnes. Mais les ſemences, préparées à la maniere indiquée dans la recette, ne produiſoient pas de carie ; ce qu'on ne doit pas attribuer à la poudre, puiſque la préparation, ſans poudre, avoit les mêmes effets.

(1) C'eſt preſque entierement celle que conſeille M. Tillet.

leſſive peu-à-peu ſur le froment, & de le remuer
en même temps; mais dans ce cas, ils doivent avoir
l'attention de ne faire les tas qu'ils veulent ainſi préparer, que de deux ſetiers au plus; car autrement
il y auroit une grande quantité de grains qui ne pren-
droient pas la leſſive. Quand on emploie cette maniere, il eſt néceſſaire encore de remuer plus ſouvent le froment les premiers jours, parce qu'il eſt
plus humecté, n'ayant pas été égouté : plus on laiſſe
dans les grains le froment imprégné de chaux, &
plus il eſt retourné de fois, moins la chaux, dont une
partie s'eſt diſſipée, incommode les ſemeurs, qui
marchent contre le vent. On peut ne ſemer le froment, ainſi ſoigné, qu'au bout de ſept à huit
jours.

Comparaiſon des quatre Méthodes préſervatives.

Il ne m'a pas ſuffi d'avoir éprouvé ſéparément
chacune des quatre méthodes précédentes : j'ai cru
devoir encore les comparer toutes enſemble, afin
d'offrir des réſultats plus certains.

Un terrain de douze perches, & qu'on avoit la-
bouré à la charrue, a été partagé en ſix parties
égales : le même jour, j'ai fait ſemer dans chacune
un quart de boiſſeau (1) de bled de Mars, naturellement & foiblement taché de carie : ces ſix quarts

______

(1) Un quart de boiſſeau, ou une meſure, contient cinq
livres de froment.

de boiſſeau, pris dans le même ſac, étoient dans
ſix états différens.

Le premier avoit été trempé exactement dans la
diſſolution chaude de trois onces de chaux vive,
qui n'étoit pas récemment cuite ; diſſolution faite
dans une pinte d'eau de leſſive de linge (1).

On a imprégné le ſecond d'une diſſolution de
trois onces de la même chaux, & d'un gros de
ſel marin dans une pinte d'eau de puits bouillante.

Le troiſieme a été mouillé dans une pinte de jus
de fumier, qui avoit ſervi à infuſer du crotin de
pigeons & de poules pendant quinze jours, & dans
laquelle on avoit également fait diſſoudre trois onces
de chaux.

Je n'ai employé qu'une chopine d'eau de puits
& une once de chaux pour le quatrieme quart de
boiſſeau, parce que mon intention a été d'imiter
la maniere, dont les grains ſont préparés par beaucoup de fermiers qui récoltent de la carie.

Pour humecter le cinquieme, j'ai fait diſſoudre
ſix onces de chaux dans une pinte d'eau de puits
bouillante, afin de m'aſſurer ſi une forte doſe de
chaux ſeule préſerve de la carie.

---

(1) Pour couler le linge dans le pays où a été faite cette
expérience, on emploie quatre-vingt-huit livres de cendre
de bois neuf & deux cens quarante pintes d'eau, qu'on
chauffe fortement pendant vingt-quatre heures. Cette leſſive
peut donc être regardée comme celle de M. Tillet.

Enfin, on a semé le sixieme sans préparation, en le destinant à servir d'objet de comparaison.

Les deux terrains, dont la semence de l'un avoit été trempée dans une lessive de chaux vive, unie à l'alkali de la cendre de bois, & la semence de l'autre dans une dissolution de chaux & de sel marin, n'ont porté qu'un très-petit nombre d'épis cariés.

Il s'en est trouvé encore moins dans le produit de la semence trempée dans une dissolution de chaux, unie à l'eau de fumier, & à l'infusion de crotin de volailles, & dans celui de la semence imprégnée seulement de chaux, mais à forte dose : à peine en pouvoit-on compter quelques-uns dans ces deux derniers produits.

Il n'en étoit pas de même des deux autres terrains; car il y a eu au moins un septieme d'épis cariés dans· le produit de la semence passée à la chaux, à foible dose; & plus d'un quart dans celui dont la semence n'avoit reçu aucune préparation.

J'ai cru remarquer qu'il y avoit d'autant plus d'épis charbonnés dans ces différens terrains, qu'ils portoient plus d'épis cariés.

Au reste, cette expérience ayant été faite sur du bled de Mars, je l'ai répétée de la même maniere (1)

---

(1) Au lieu de faire usage de la lessive de linge, je fis bouillir de la cendre de bois, dans une pinte d'eau, dans la proportion de trois livres de cendre sur deux pintes & demie d'eau ; c'est la lessive de M. Tillet.

& dans le même ordre, l'année fuivante, fur du froment d'automne; au lieu d'en employer de moucheté, j'en ai choifi cette fois de pur, que j'ai noirci avec de la poudre de carie (1). Les réfultats ne différoient pas des précédens dans les deux dernieres planches; dans les quatre premieres il y avoit quelques légeres variations qui méritent d'être comptées pour rien; elles confiftoient en ce que telle préparation, qui avoit été la plus favorable dans l'expérience du bled de Mars, ne l'étoit pas au même degré dans celle du bled d'automne, *& vice verfâ*; ce qui pouvoit dépendre d'une inexactitude dans la maniere de tremper le bled, ou de ce que quelques grains corrompus y avoient été jetés par ceux qui avoient enfemencé les champs d'à-côté.

Ayant fait pefer féparément les produits de tous les terrains en bon grain j'ai remarqué que, celui dont la femence n'avoit pas été préparée, & qui avoit donné un quart d'épis cariés, n'étoit prefque que la fixieme partie du produit de chacun des autres; différence, qui, fans doute, eft due à la corruption de la plupart des grains femés.

Après voir fait connoître l'efficacité des quatre méthodes préfervatives, j'expoferai les prix de chacune, pour éviter au Lecteur la peine de les calculer. Ces prix, fans doute, doivent varier felon les

---

(1) Pour imprégner de carie les fix quarts de boiffeau, j'ai employé deux onces de cette poudre.

pays où les ingrédiens font plus ou moins rares, &
plus ou moins chers. Ce font ceux de la partie de
la Beauce, où j'ai fait mes expériences, qui fervent
de bafe aux calculs fuivans.

PRIX DES INGRÉDIENS,
Qui entrent dans chaque Méthode.

Je fuppofe qu'on ait à enfemencer en froment
cent arpens de terre, à cent perches, & la perche
à vingt-deux pieds, on emploiera communément cent
fetiers, mefure de Paris, du poids chacun de deux
cens quarante à deux cens cinquante livres; ce qui
forme douze muids & demi, le muid étant de huit
fetiers. Cette quantité de femence eft trop confidérable, il eft vrai, pour la quantité des terres à enfemencer; mais en foufcrivant, pour un moment,
à l'ufage, je réglerai les dofes des ingrédiens des diverfes préparations fur douze muids & demi, femence de cent arpens, afin de prendre le terme le
plus fort.

Dans la Méthode où la chaux eft unie au fel marin.

Trois livres (1) de fel marin par muid
de femence, ou trente-fept livres &
demie, à quatorze fols la livre, dans
les pays où le fel n'eft pas marchand,   26 l. 2 f.

---

(1) Bien des gens difent qu'ils n'emploient que deux livres
de fel par muid; cette quantité ne m'a pas paru affez confidérable. J'ai mieux réuffi en augmentant d'un tiers.

De l'autre part, ... 26 l. 2 f.

Quatorze boiſſeaux ou deux cens cinquante livres de chaux, à trois livres le
cent peſant, ... 7 l. 10 f.

33 l. 12 f.

On conſeille d'employer dans cette méthode 1440
pintes d'eau.

Le ſel marin peut être remplacé, avec un égal
avantage, par l'eau de la mer, par celle des puits
ſalés, & même de quelques fontaines minérales,
pourvu qu'on en regle la quantité ſelon qu'elles ſont
plus ou moins chargées de ce ſel, afin de ne pas
excéder la doſe preſcrite. Si c'eſt de l'eau de la mer
dont on veut faire uſage, comme elle contient environ quatre gros (1) de ſel par livre, on n'en emploiera que ſept cens vingt pintes, qu'on unira à la
chaux, & à ſept cens vingt pintes d'eau douce. Il
n'eſt pas auſſi facile de déterminer les proportions
des eaux des puits ſalés, parce que les unes tiennent
plus de ſel en diſſolution, que les autres : à Dieuſe
en Lorraine, on en retire juſqu'à ſeize livres par
cent livres d'eau. Dans ce cas, il ſuffiroit, pour

____

(1) L'eau de la mer, comme on ſait, contient différentes
ſortes de ſels ; mais le ſel marin, à baſe d'alkali minéral, y
eſt le plus abondant : chacun des autres ne s'y trouve qu'en
petite quantité. Il ne s'agit pas ici d'en détailler l'analyſe ; il
ſuffit, pour mon objet, d'indiquer, à peu près, ce qu'elle peut
contenir de ſel marin.

leſſiver,

leffiver les bleds, de joindre deux cens quarante livres, ou cent vingt pintes d'eau de la faline, à mille
trois cens vingt pintes d'eau commune, en ne né-
gligeant pas l'ufage de la chaux ; mais dans d'autres
falines, il en faudroit davantage ; ce qui doit dépendre du produit en fel qu'on obtient de chacune
de ces eaux.

Enfin, on a lieu d'efpérer la même utilité des
eaux minérales dans lefquelles il y a une certaine
quantité de fel marin, telles que celles de Bourbonne-
les-bains, fi les analyfes qu'on en a données font
exactes. C'eft aux Cultivateurs des environs de toutes
ces fources à en faire l'effai.

*Dans la méthode, où la chaux eft unie au jus de fumier,
& à l'infufion de crotin d'animaux.*

Vingt-huit boiffeaux ou cinq cens livres de chaux, ... 15 l.

On emploie vingt-cinq boiffeaux de crotin de
volailles, ou d'autres animaux, qui ont une valeur
que je ne puis apprécier ; & deux mille cinq cens
pintes de jus ou d'eau de fumier.

Au lieu de jus de fumier & de crotin d'animaux (1), on pourroit faire ufage d'urine humaine,

---

(1) Si l'on analyfoit ces produits d'animaux, on retireroit
fans doute d'autres fels que de l'alkali volatil ; mais on ne
peut nier qu'il ne domine dans ces fubftances.

T.

de fuie de cheminées, fur-tout de celles dans lefquelles on brûle des matieres animales, & de fel ammoniac même, s'il n'étoit pas auffi cher.

Dans celle où la chaux eft unie à la cendre de bois.

Quatre-vingt-dix boiffeaux ou deux
mille livres de cendre de gros bois, à
dix fols le boiffeau, ... 45 l.

Si c'eft de la cendre de petit bois,
il en faut cinq cens livres de plus, ou
environ vingt-trois boiffeaux.

Quatorze boiffeaux de chaux, ou deux
cens cinquante livres, ... 7 l. 10 f.

52 l. 10 f.

Plus, quatre mille pintes d'eau.

On peut à la cendre de bois fubftituer, ou les
eaux qui ont fervi à couler le linge de leffive, &
qui m'ont paru ne contenir ordinairement que la
quantité d'alkali convenable pour la préparation des
femences, ou cent quatre-vingt livres de potaffe,
qui équivalent à-peu-près à quatre-vingt dix boiffeaux
de cendre, ou du fiel ou fel de verre, qui eft un
mélange de fels neutres, provenant des foudes, po-
taffes & charrées, qu'on emploie pour fondre le
verre (1), ou des cendres gravelées ou de la foude;

____

(1) On ne peut en fixer la dofe, parce qu'elle dépend de
la quantité d'alkali que contient le fel de verre, qu'on jette
ordinairement avec les débris des verreries.

mais je ne conseille pas l'usage de ces deux derniers
sels, parce qu'ils sont trop chers.

Dans celle où la chaux seule est employée.

Si l'on s'en rapporte aux expériences
que j'ai faites, il faut cinquante boisseaux ou neuf cens livres de chaux, à
trois livres le cent pesant (1), . . . 27 l.
 Et 4560 pintes d'eau.
 Si l'on adopte la recette du sieur Valiere, il faut douze cens soixante &
quinze livres, ou soixante & onze boisseaux de chaux, ... 38 l. 5 s.
 Et 9600 pintes d'eau.

J'OBSERVERAI qu'on peut combiner ces méthodes
les unes avec les autres, comme je l'ai vu faire,
d'une maniere avantageuse, en mêlant ensemble les
différens sels dont il s'agit, soit dans de l'eau pure,
soit dans de l'eau de fumier, & toujours avec des
doses convenables de chaux, mais bien moindres que
si on emploie la chaux seule, qu'il faut au moins
doubler dans ce cas. Une des grandes attentions est
d'avoir de la chaux de bonne qualité, récente &
en pierre ; quoique dans chacune des méthodes j'en
aie déterminé les doses, elles sont susceptibles d'être
augmentées ou diminuées, selon l'activité de la chaux.

---

(1) Il y a des pays où la chaux est plus chere, d'autres où
elle est à meilleur marché.

On affure qu'on préferve le froment de la carie, par l'ufage feul des fels déterfifs, diffous dans l'eau, & qu'il n'eft pas néceffaire d'employer la chaux : je l'ai effayé fans fuccès ; néanmoins je n'en nie pas la poffibilité : d'après ce qui précéde, il eft au moins prouvé qu'on réuffit en employant un mélange de chaux vive, & de différens fels, & même en employant la chaux feule.

Enfin, voilà des bafes certaines ; c'eft aux Cultivateurs éclairés à s'en fervir felon les circonftances.

Maniere d'agir des fubftances, qui compofent les quatre leffives.

On fait que la poudre de carie, qui s'attache à la furface extérieure du grain, eft une matiere graffe, puifqu'elle fournit, par la diftillation, une grande quantité d'huile épaiffe & tenace, puifque fi on en frotte du froment, elle s'y fixe & le corrompt. Cette huile fe manifefte encore, parce qu'elle encraffe les meules de moulin, & donne de l'onctuofité à la farine. Son adhérence au grain eft confidérable ; elle ne peut être enlevée entiérement par les lavages à l'eau, ni par les criblages au crible d'archal ; ce n'eft qu'à l'aide de fubftances capables, ou de s'unir aux huiles, ou de les attaquer, qu'on peut efpérer d'y parvenir : rien n'eft plus propre à produire cet effet, que les alkalis rendus un peu cauftiques par la chaux, tels qu'ils le font dans les trois premieres méthodes indiquées pour préferver les grains de la carie ; car dans celle où l'on confeille l'union de la chaux & du fel marin, ne peut-on pas foupçonner que la chaux décompofe ce fel, & donne de l'activité à l'alkali minéral, qui en fait la bafe? Si, au fel marin on fubftitue le fel de nitre, il y a lieu de croire que ce dernier éprouve la même décompofition. L'alkali végétal eft fufceptible de devenir auffi pénétrant que l'alkali minéral.

Il en eft vraifemblablement de même de l'alkali volatil, auquel la chaux s'unit dans la feconde méthode.

On ne peut douter que dans la troifieme, où l'on emploie l'alkali fixe contenu dans les cendres de bois, la chaux ne le rende cauftique, puifqu'on en eft convaincu par ce qui a lieu dans la leffive des favoniers faite avec l'alkali fixe & la chaux, & dont la concentration forme la pierre à cautere : mais dans la quatrieme méthode, c'eft la chaux feule qui agit & détache la poudre de carie. Auffi eft-il né-ceffaire de l'employer à une dofe au moins double de celle où on l'emploie quand elle eft unie avec un fel à bafe d'alkali.

Il réfulte de ces réflexions, que toute efpece de fubftances qui pourront, ou s'unir aux huiles, ou les attaquer, feront capables de détruire l'adhérence de la carie au grain, & par conféquent de s'oppofer à la contagion. Il faut avoir l'attention de ne fe fervir que de celles qui n'altéreroient pas le germe, ou d'en modérer convenablement l'activité, afin de ne pas tomber dans un mal, en voulant en éviter un autre. Au refte, on peut être affuré de l'efficacité des quatre méthodes indiquées, & on n'a rien à redouter de leur caufticité, d'après les proportions de chaque ingrédient ; puifque je les ai fuffifamment éprouvées.

EXPLICATION
DE LA PLANCHE DE FROMENT CARIÉ.

Figure Premiere.

[A] Épi de froment carié, récemment forti du fourreau.

[B] Grain de carie peu avancé, fur lequel les étamines font collées.

Figure Seconde.

[C] Épi entiérement carié & à maturité.
[D] Grain de carie à maturité & détaché.
[E] Grain de carie mûr, entr'ouvert.
[F] Poudre de carie.

Figure Troifieme.

[G] Épi, dont une moitié eft cariée, & l'autre faine.

Figure Quatrieme.

[H] Épi fain, à maturité.
[I] Grain fain détaché.

Fig. 3.
Fig. 1.
Fig. 2.
Fig. 4.
G
A
C
H
B
D
E
F
I

...sier pinx. Patas Sculp.

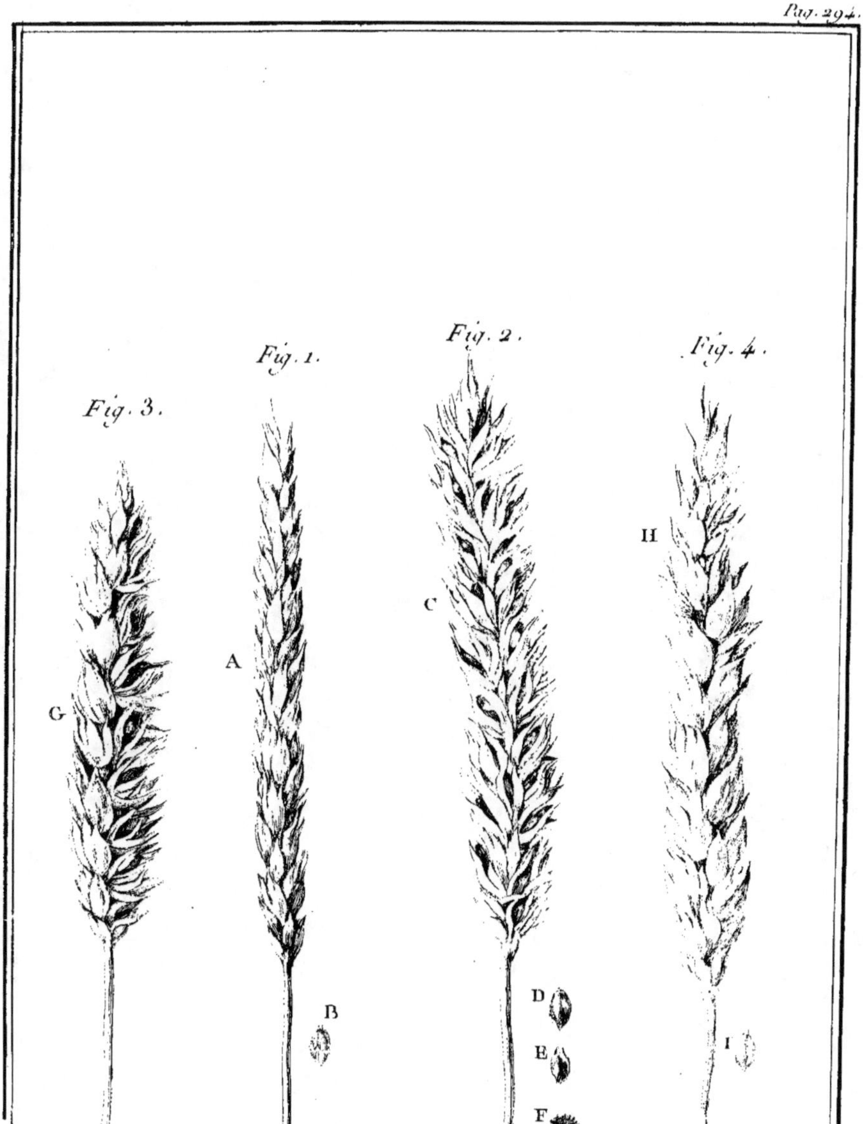

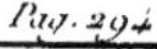

DU CHARBON.

DANS la diverfité des noms adoptés par les Auteurs & par les Cultivateurs, pour défigner les maladies des grains, j'ai cru devoir me conformer à l'Ouvrage de M. Tillet, qui en a affigné de convenables à chacune, & a établi entr'elles la meilleure diftinction. M. Duhamel, dans la derniere édition feulement (1) de fes Elémens d'Agriculture, s'eft fervi de la même nomenclature, qu'il eft à defirer qu'on perpétue, afin que déformais on puiffe s'entendre; car, fi j'ofe le dire, les changemens de noms en botanique ont jeté beaucoup de confufion; ce qui n'a pas peu contribué à retarder les progrès de cette fcience.

Le charbon, appellé vulgairement *nielle (2)*, attaque particulièrement trois efpeces de plantes, le froment, l'orge & l'avoine : les ravages qu'il exerce étant bien moindres dans le froment que dans l'orge & dans l'avoine, ce n'eft que fur ces dernieres plantes que j'ai pu faire des obfervations & des expériences capables de m'éclairer, & peut-être de me rendre utile aux autres. Je tracerai donc rapidement

____

(1) Edition de 1779.

(2) Les habitans de la Beauce, appellent cette maladie *nielle volante*, pour la diftinguer de la Carie, qu'on pourroit appeller *nielle fixe ;* dénominations que j'aurois adoptées, fans les autorités de MM. Tillet & Duhamel, que je devois refpecter.

T iv

tout ce que cette maladie a de particulier dans le froment, me réfervant de m'étendre davantage quand il s'agira des deux autres, & fur-tout de l'avoine, qui y eft plus fujette, dans les cantons où j'ai fait mes obfervations.

Du Charbon dans le Froment.

Lorfque les épis du froment fortent de leurs fourreaux, on en voit qui paroiffent noirs, comme s'ils avoient été brûlés par le feu, & qu'on diftingue à une certaine diftance; ce font des épis charbonnés. Il ne fubfifte de leurs bâles & des arrêtes, que des débris informes, de couleur blanchâtre, qui s'entrelâcent dans des amas de poufliere; quelquefois, mais rarement, les épis font enveloppés d'une pellicule femblable aux fpats des liliacées. La pouffiere infenfiblement fe feche ou fe délaie à la pluie, & fe difperfe; enforte que long-temps avant la moiffon, il ne refte plus que le fupport, ou plutôt que le fquélette de l'épi. Quand la feuille fupérieure d'une tige eft panachée de jaune & de verd, & feche à fon extrémité, on peut prévoir qu'il en fortira un épi charbonné. Ce figne, une fois reconnu, ne m'a jamais trompé.

J'ai toujours penfé que des fouches, qui portoient des tiges charbonnées, n'en portoient pas d'autres; car fouvent j'ai arraché des pieds qui fembloient avoir donné naiffance à des épis fains & à des épis malades, & je me fuis apperçu que c'étoit des pieds différens, dont les racines s'étoient mêlées & réunies par le moyen de la terre. Cependant M. Tillet aſſure qu'un même pied produit des épis ſains & des épis charbonnés, quelquefois même des épis cariés. Cette obſervation peut être plus exacte que la mienne. Ce qu'il y a de certain, c'eſt que les pieds ſains donnent plus de tiges que les pieds charbonnés, ſur leſquels il y en a rarement au-delà de deux ou trois, qui ſont ſeulement les principales ; car les tiges ſecondaires ou tardives, n'ayant pas la force de monter, reſtent au bas des autres dans un état de dépériſſement. Si on ouvre ces dernieres quand elles ſont en fourreaux, on y trouve des épis charbonnés, leſquels, examinés alors, paroiſſent comme couverts de moiſiſſure.

Une tige de froment charbonné, ſi on la tire fortement, ſe ſépare au premier nœud ſupérieur : l'extrémité voiſine du nœud a le goût ſucré, comme les tiges de froment ſain ; ce qui paroîtroit annoncer que la ſeve, en paſſant dans la tige, n'eſt point altérée. Il y a des épis qui ſont en partie charbonnés & en partie ſains, de maniere que la partie charbonnée eſt toujours le plus près de la tige ; quelquefois même on voit des bâles à moitié converties en pouſſiere de charbon ; la partie ſaine renferme des fleurs qui ſe développent, & portent des grains capables de parvenir à maturité, plus petits cependant que ceux des épis ſains. Car dans ce cas, la tige s'eleve & croît encore plus ou moins après que

les épis ont paru; mais à cette époque la végétation
eft prefque finie dans les tiges qui portent des épis
entiérement charbonnés. Ces dernieres ont, en général, moins de groffeur que celles du froment fain;
on remarque même qu'au lieu d'être droites, elles
forment des finuofités dans la partie qui approche
de l'épi. J'ai trouvé des épis attaqués de cette maladie dans différens terrains, à diverfes expofitions,
dans des fromens foibles, & dans des fromens vigoureux, plus particuliérement dans le bled de Mars.
Je foupçonne que le froment barbu y eft moins
fujet que le froment raz, parce qu'il n'y avoit pas
un feul épi charbonné dans fept planches que je culti-
vois en froment barbu de différentes Provinces; tandis
que dans un grand nombre d'autres planches de
froment raz, enfemencées en même temps & de la
même maniere, il y en avoit plus ou moins.

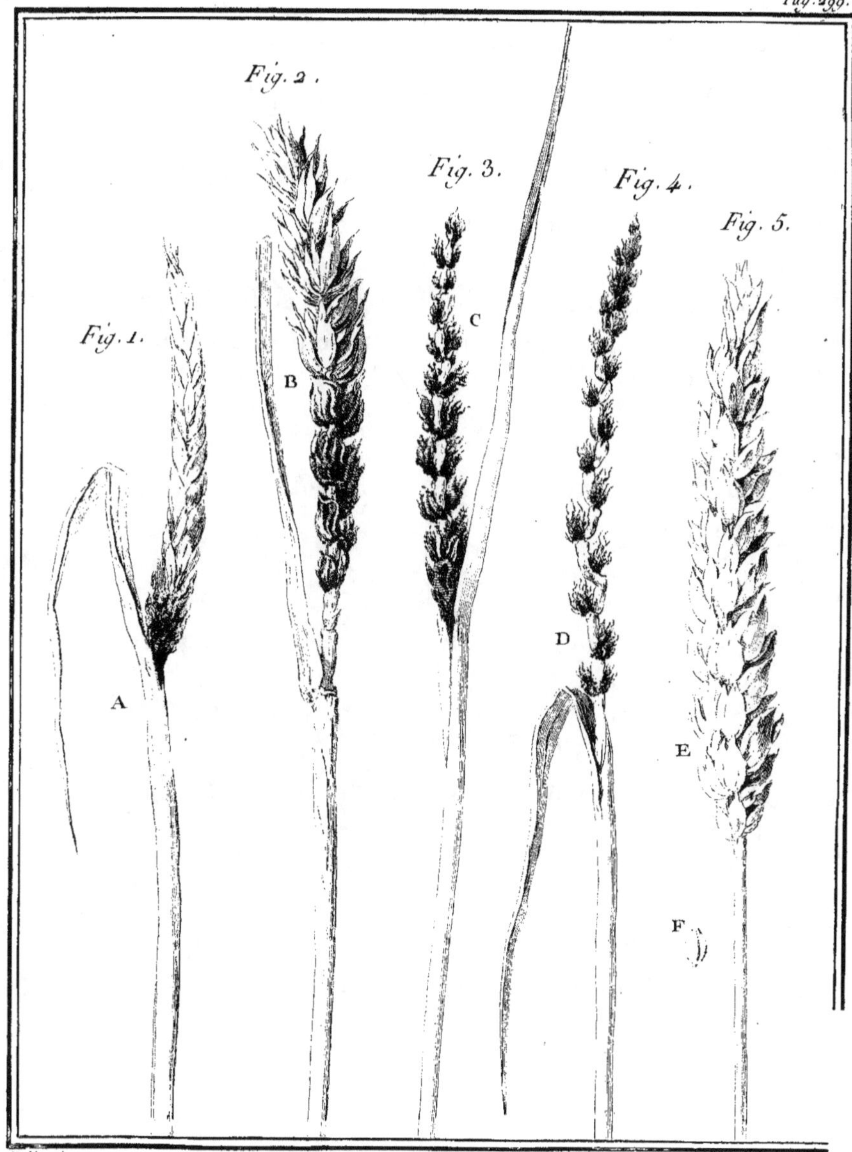
Fig. 1.
Fig. 2.
Fig. 3.
Fig. 4.
Fig. 5.
A
B
C
D
E
F

EXPLICATION

DE LA PLANCHE DE FROMENT CHARBONNÉ.

Figure Premiere.

[A] Épi de froment charbonné, au fortir du fourreau, & recouvert en partie d'une pellicule blanchâtre.

Figure Seconde.

[B] Épi de froment, en partie fain & en partie charbonné.

Figure Troifieme.

[C] Épi de froment, entierement charbonné, nu & peu avancé.

Figure Quatrieme.

[D] Épi de froment entiérement charbonné & déja defféché.

Figure Cinquieme.

[E] Épi fain de froment.
[F] Grain de froment, fain, hors de fes bâles.

DE L'ORGE.

Sous un point de vue Botanique, l'orge eſt une plante graminée, qui, par ſes caracteres, ſe rapproche du froment, dont elle differe cependant eſſentiellement. Si on la conſidére comme grain & ſous un rapport économique, ſa multiplication eſt très-importante; car on en fait du pain pour la nourriture des hommes : on la donne aux beſtiaux ou en grain, ou moulue; on s'en ſert dans beaucoup de Provinces, & dans pluſieurs Royaumes, pour former une boiſſon qui remplace le vin ; enfin l'orge fournit à la Médecine un aliment médicamenteux, dont elle tire de grands avantages.

Il y a pluſieurs ſortes d'orge ; celle qu'on appelle eſcourgeon ou ſucrion d'hiver, ſe ſeme au mois de Septembre ou au commencement d'Octobre : on ſeme les autres à la fin d'Avril ou au commencement de Mai. J'en ai vu proſpérer, quoiqu'on ne les eût ſemé qu'au mois de Juin ; celles-ci ſe diſtinguent en orge ordinaire, *hordeum diſtichum*, & en orge quarrée, *hordeum polyſticum*, dans laquelle il ſe trouve des variétés. L'orge eſt réputée grain de Mars, parce que les printanieres ſont les plus communes : c'eſt la végétation de ces dernieres que je ſuivrai. Peut-être parviendroit-on auſſi, en ſemant en automne l'orge quarrée du printemps, à en faire du

véritable escourgeon , ou du sucrion d'hiver; je suis
occupé à l'essayer.

Dans la saison où l'on seme les orges printanieres ,
la terre étant déja un peu échauffée , elles ne tardent pas à lever, sur-tout si on les seme sur un guéret
frais; elles végétent, avec d'autant plus de rapidité ,
que dans l'espace de sept ou huit semaines , leur maturité se trouve accomplie : c'est des grains que nous
cultivons , celui qui séjourne le moins sur la terre.

Il y a des especes plus hâtives les unes que les
autres ; celle qu'on appelle quarantaine , mûrit plus
promptement que l'orge commune.

Quand l'orge pousse , on la reconnoît facilement
à sa feuille, qui est plus arrondie , & d'un verd
plus clair que celle de l'avoine : les pieds d'orge
talent aussi davantage, & on ne doit pas la semer
aussi dru.

L'orge fleurit aussi-tôt qu'elle sort du fourreau ;
les épis sont, comme on sait , composés de paquets
dont chacun a trois calices & deux valves : il y a
une fleur dans chaque calice. Les grains ne tardent
pas à se former & à prendre de l'accroissement :
l'épi , qui avoit été serré & étroit , s'élargit & se
penche à cause de son poids qui augmente ; les arrêtes , couchées jusques-la sur les grains , s'en détachent , & rendent l'orge , sur-tout celle qui est
quarrée , comme hérissée.

Le moment de la maturité de l'orge dépend de
celui où elle a été semée , & du temps qu'il a fait :

les plus tard femées mûriffent dans le courant du mois de Juillet ; elles font alors plus ou moins hautes, felon le terrain : ordinairement elles n'ont que de douze à quinze pouces. J'en ai fouvent vu qui montoient à plus de dix-huit pouces; c'étoit lorfque la terre, dans laquelle on les avoit femé, étoit neuve, c'eft-à-dire, n'avoit pas rapporté du grain depuis long-temps. S'il fait très-fec dans le temps de la moiffon , l'orge s'égraine aifément, parce qu'elle n'a pour la retenir que les parties du calice.

Les grains & les arrêtes, ou barbes de l'orge mûre, font jaunâtres; la paille eft de la même couleur, fur - tout dans la partie voifine de l'épi. Elle eft plus feche que celle de l'avoine ; on la donne aux vaches , qui la mangent avec moins d'empreffement ; on la préfére pour les chevaux à celle de l'avoine, lorfqu'on manque de paille de froment ; on en rejete les bâles, ou plutôt les parties des calices, parce que fe trouvant mêlées de longues barbes (1) , elles pourroient incommoder les beftiaux, en s'attachant à leur gorge.

On eftime qu'un arpent d'orge peut produire dans les terrains médiocres cinq fetiers, mefure de Paris.

____

(1.) Les barbes, ou arrêtes de l'orge , ont jufqu'à cinq pouces de longueur, & quelquefois davantage.

Du Charbon, dans l'Orge.

On ne diſtingue pas de loin un épi d'orge charbonnée, comme on diſtingue celui du froment; car
il n'eſt pas auſſi noir. La pouſſiere du froment charbonné a une couleur plus ſombre, & n'eſt entre-
mêlée que de quelques débris de bâles & d'arrêtes;
celle de l'orge eſt preſque recouverte de portions d'arrêtes & de bâles, qui dans ce genre de plantes ſont
ſi adhérentes au grain qu'elles en font partie (1):
elle eſt auſſi plus ſerrée, plus réunie en petits amas,
& plus rapprochée du ſupport de l'épi, enforte qu'on
la prendroit pour de la carie, ſi elle en avoit l'odeur,
& ſi chaque petit amas, au lieu de conſerver la
forme des grains, n'étoit applati & irrégulier; il arrive
de-là que le vent & la pluie ne la diſperſent que
très-difficilement : d'ailleurs, depuis que l'orge épie,
époque où le charbon paroît, juſqu'à ſa maturité ,
il s'écoule moins de temps, que depuis que le
froment épie juſqu'à ce qu'on le coupe : auſſi apperçoit-on rarement des ſquéletes d'orge charbonnée, dont
les épis parviennent preſque tous entiers à la grange.

Qu'on développe des fourreaux d'orge charbonnée
avant que les épis en ſoient ſortis , on y trouvera
les arrêtes repliées ſur les petits amas de pouſ-

____

(1) L'orge mondée n'eſt autre choſe que l'orge , dépouillée
à l'aide d'un moulin, de ſa premiere écorce, formée des
bâles mêmes.

fiere, qui occupent la place des parties de la fructification ; cette poufliere eft d'un brun plus verdâtre
à l'extrémité de l'épi, la plus voifine de la tige, &
dans tous les épis, à proportion de ce qu'ils font plus
jeunes & plus éloignés du moment où ils doivent
fe montrer.

Les pieds d'orge charbonnée, plus tardifs & plus
lents dans leur végétation que les pieds fains,
portent rarement plus de deux épis ; ordinairement
ils n'en ont qu'un : je n'ai point vu fur un même
pied des tiges faines & des tiges charbonnées ; il y
a des épis, dont une partie eft faine & l'autre charbonnée, comme il s'en trouve dans le froment; celle-
ci eft inférieure ; celle-là produit des grains, qui
mûriffent & qui font plus petits que ceux des épis
fains : on trouve auffi des bâles à moitié détruites
par le charbon.

On rencontre des épis charbonnés dans toute
efpece de champs d'orge, foit qu'on les ait enfemencés en efcourgeon ou orge d'hiver, foit que
ce foit en orge printaniere, quarrée ou à deux rangs.
J'ai eu occafion de l'obferver en cultivant plufieurs efpeces d'orge, qui m'avoient été envoyées de
différens pays, même très-éloignés les uns des
autres.

Toutes chofes étant égales d'ailleurs, plus la femence a été enterrée profondément, plus il paroît
d'épis d'orge charbonnée. Les habitans de la campagne le prétendent, & leur prétention eft fondée;

car

car ayant été affuré que, par une circonftance inutile à détailler , la femence de la partie d'un champ d'orge avoit été répandue fur le gueret & enterrée à la charrue & par conféquent profondément , j'ai fait ramaffer fous mes yeux, avec exactitude, tous les épis charbonnés qui s'y étoient formés, & féparément ceux d'un efpace égal & contigu , dont la femence avoit été enterrée à la herfe, c'eft-à-dire , fuperficiellement. Le premier terrain a produit cinq cens vingt-huit épis charbonnés, & le fecond feulement cent douze , ou à-peu-près les quatre cinquiemes de moins. Cette différence , confidérable fans doute , ne peut pas être attribuée à la différence d'engrais, de terrain & de femence , puifque c'étoit dans le même champ, fumé de la même maniere, & enfemencé avec la même orge. On trouve auffi une plus grande quantité d'épis d'orge charbonnée autour des fermes ou des villages , où l'on croit devoir prendre la précaution d'enterrer la femence à la charrue , afin que les poules & autres volailles ne la mangent pas.

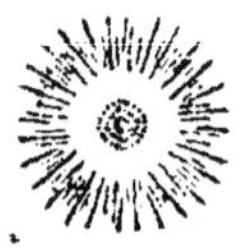

V.

EXPLICATION

DE LA PLANCHE D'ORGE CHARBONNÉE.

Figure Premiere.

[A] Épi sain d'orge, à l'époque où le charbon paroît.

[B] Grain d'orge saine.

Figure Seconde.

[C] Épi d'orge entierement charbonné, & nouvelle-ment sorti du fourreau.

[D] Paquet de charbon séparé de l'épi.

Figure Troisieme.

[E] Épi d'orge, en partie charbonné, & en partie sain.

Figure Quatrieme.

[F] Épi d'orge , entierement charbonné & déja desséché.

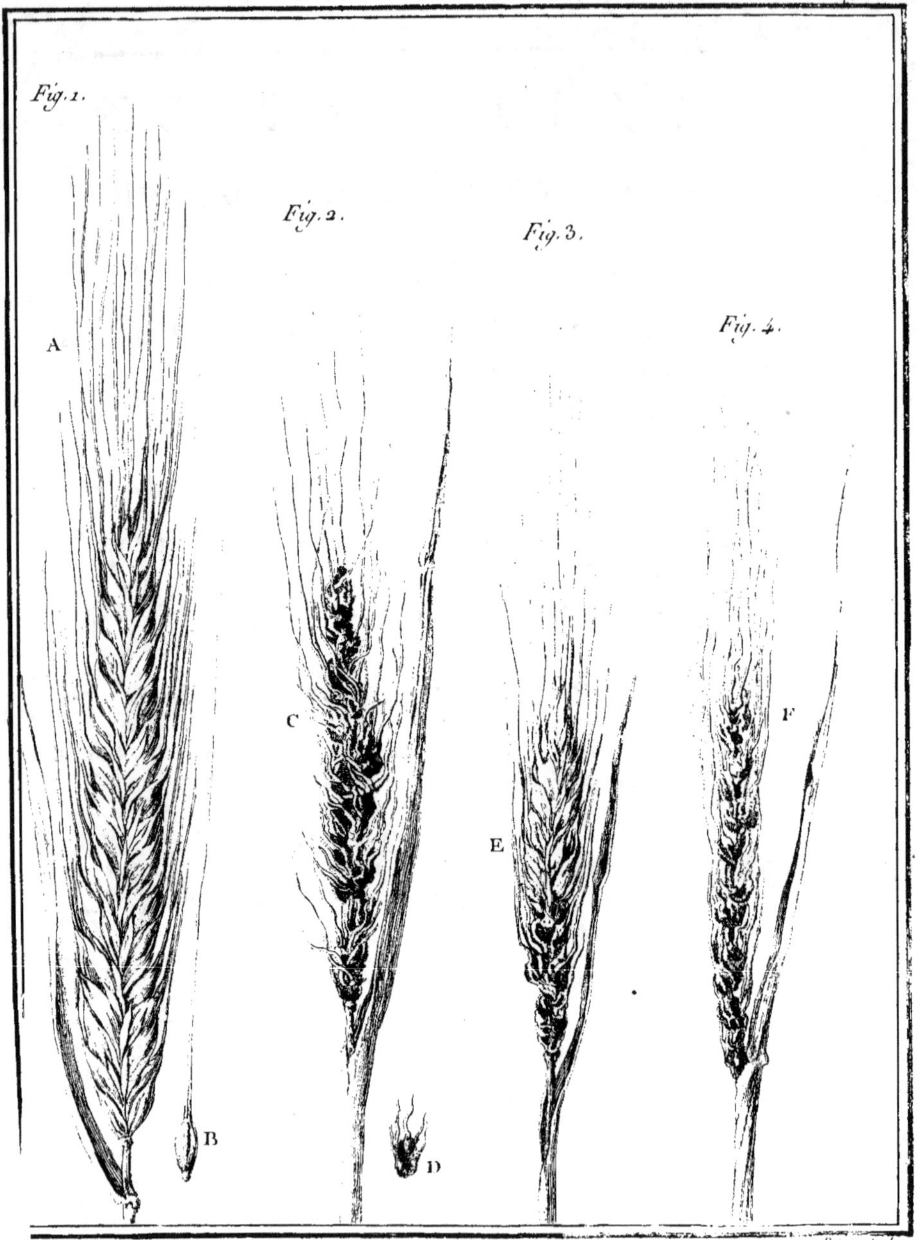

Fig. 1.

Fig. 2.

Fig. 3.

Fig. 4.

A

B

C

D

E

F

DE L'AVOINE.

LE peuple, dans plusieurs Provinces , se nourrit en partie d'avoine ; on en fait aussi une farine , connue sous le nom de gruau , qui sert d'aliment médicamenteux dans certaines circonstances. On cultive en France beaucoup d'avoine , parce que ce grain y forme la principale nourriture des chevaux : cette plante est donc très-importante.

Il y a des avoines de diverses couleurs : les plus communes sont la blanche & la brune. Je ne parle point de la folle avoine dite *averon* , parce qu'elle vient d'elle-même , & est regardée avec raison comme une mauvaise graine. On seme en automne, dans quelques cantons , des avoines qu'on appelle avoines d'hiver , qui se récoltent plutôt que les autres : je soupçonne encore que ces avoines ne different entr'elles que parce qu'elles sont accoutumées à être semées dans des saisons différentes : c'est un point que je cherche encore à éclaircir. Le plus ordinairement on les seme après l'hiver, aussi-tôt que la saison le permet , long-temps avant les orges ; car on commence dès la fin de Février.

La végétation de l'avoine est lente, si on la compare à celle de l'orge ; quoique semée près de trois mois auparavant , elle n'est mûre presque qu'en même-temps : car , indépendamment de ce qu'elle est naturellement plus tardive , la terre & l'air font encore froids quand on la feme : la feuille de l'avoine eft plus pointue & d'un verd plus foncé que celle de l'orge : ce qui la diftingue avant qu'elle foit épiée.

Depuis le temps où elle leve , l'avoine fait peu de progrès jufques au mois de Mai ; alors fon accroiffement devient fenfible , fi le temps eft chaud & la terre humide. On ne la voit s'élever d'une maniere frappante que quand elle épie : à cette époque , à peine a-t-elle huit ou dix pouces de hauteur ; elle en acquierre en très-peu de temps encore dix ou douze , & quelquefois davantage.

C'eft ordinairement dans le mois de Juin que l'avoine femée en Février , ou en Mars , montre fes épis , dont les fleurs font en panicules. De ferrés qu'étoient les épis dans les fourreaux , ils fe développent peu-à-peu en formant une efpece de luftre ; car ils font , comme on fait , compofés de petits paquets, qui , par le moyen de pétioles très-déliés , fe réuniffent ou les uns avec les autres , ou avec le fupport commun.

Les avoines mûriffent plutôt dans les fols légers & expofés au foleil , que dans les terres fortes ou abritées de la chaleur. Vers la mi-Juillet, leurs tiges & leurs bâles jauniffent : on ne tarde pas à les couper quand on a commencé la moiffon des fromens. Dans beaucoup d'endroits on les laiffe quelque temps fur le champ, afin que la rofée renfle les grains faciles à deffécher.

La tige de certaines avoines mûres, eft rougeâtre dans la partie qui avoifine l'épi & dans l'épi même; elle eft fouple, & paroît moins feche que celle de l'orge: on la donne aux vaches, ainfi que les bâles, dont les arrêtes font très-courtes, & ne peuvent pas incommoder ces animaux. Quand la paille de froment manque, on ne donne que rarement aux chevaux de la paille d'avoine; ce dernier grain produit communément plus que l'autre: car un arpent de moyenne qualité, peut rendre fix fetiers d'avoine, qui répondent à trois fetiers de Paris.

Du Charbon, dans l'Avoine.

J'ai déja prévenu que j'infifterois plus fur le charbon dans l'avoine, que fur le charbon dans le froment & dans l'orge: celle-ci y eft plus fujette que le froment; mais ce qu'on en trouve dans ces deux efpeces de grains, n'eft pas comparable à ce que l'avoine en produit, fur-tout dans certains pays: c'eft du charbon d'avoine que j'ai employé dans les expériences, dont je dois rendre compte. Indépendamment de ce que le froment & l'orge ne m'euffent pas fourni tout ce que je defirois m'en procurer, à l'époque où le charbon paroît on peut caufer beaucoup de dégât en marchant au milieu des champs enfemencés de froment & d'orge,

& on n'en caufe pas dans ceux qui le font en avoine.

DU CHARBON, DANS L'AVOINE,

CONSIDÉRÉ INDÉPENDAMMENT DE SES EFFETS.

Defcription du Charbon.

Le charbon, qu'on obferve dans l'avoine, a en quelque forte plus de rapport avec celui du froment qu'avec celui de l'orge : car les arrêtes des deux premiers grains étant courtes, leurs débris, occafionnés par le charbon, ne peuvent pas rendre les épis auffi blanchâtres que ceux de l'orge, dont les arrêtes font longues. On apperçoit facilement les épis d'avoine charbonnée ; la poudre, examinée de près, eft d'un brun verdâtre, quoiqu'elle paroiffe noire : ce qui n'eft dû qu'à l'oppofition du verd de la tige & du blanc des bâles détruites ; elle eft placée confufément fur le fupport de l'épi, comme celle du froment, & non par petits amas diftincts comme celle de l'orge. Dans les épis, qui en font entiérement couverts, elle n'eft que très-peu adhérente, puifqu'elle s'attache aux jambes des perfonnes qui parcourent les champs d'avoine. Quand la poudre d'avoine charbonnée eft récente ou defféchée, elle eft inodore : dans ce dernier état, elle fe conferve longtemps ; mais fi on l'enferme avant de l'expofer à un air fec, elle fe moifit, & contracte une odeur putride. Vue au microfcope, elle ne préfente qu'un amas de molécules irrégulieres , dont la grosseur varie d'un cent quarantieme de ligne à un cinq cent soixantieme.

Les tiges d'avoine charbonnée sont en général grêles ; elles s'élevent moins , & sont plus tardives à donner leurs épis que les tiges d'avoine saine ; car souvent un champ d'avoine paroît presqu'entiérement épié avant qu'on apperçoive les tiges charbonnées : il n'y en a ordinairement que deux ou trois sur un même pied , & souvent moins. Une partie des tiges n'a pas assez de seve pour monter & épier ; mais le charbon y est formé dans le fourreau. Je n'ai point vu sortir d'un même pied des épis sains & des épis charbonnés ; je ne nie point qu'il ne s'en trouve : toutes les especes d'avoines sont sujettes à être charbonnées.

Pesanteur de la poudre d'Avoine , charbonnée.

La poudre d'avoine charbonnée est extrêmement légere ; car un demi-litron ne pese qu'une once quatre gros & demi ; tandis qu'un demi-litron de l'avoine la moins pesante , est du poids de quatre onces six gros & demi. Si l'on fait attention à la petite quantité qu'en porte chaque épi charbonné , on concevra combien il a fallu en cueillir pour en avoir la quantité que j'en ai employée dans les expériences suivantes , expériences que je n'ai pu faire que dans un pays où cette maladie régnoit fortement sur les avoines.

Épis d'Avoine, en partie sains, & en partie charbonnés.

On a vu, à l'article du charbon dans le froment, & à celui du charbon dans l'orge, qu'il se trouvoit des épis, dont une partie étoit saine, & l'autre charbonnée. Le même phénomene a lieu dans l'avoine ; quelquefois c'est la moitié de l'épi qui est corrompue ; le plus souvent ce n'en est qu'une portion, ou quelques grains seulement ; encore ne le font-ils pas toujours entiérement. Dans cette circonstance, très-fréquente dans l'avoine, la poudre charbonnée est retenue & comme enchaînée, en-forte que les épis qui la contiennent de cette maniere, parviennent avec elle à la grange.

ANALYSE CHIMIQUE,

De la poudre d'Avoine charbonnée, comparée avec celle de l'Avoine saine.

On trouve dans l'Encyclopédie les résultats seulement de l'analyse de l'avoine ; personne, que je sache, n'a fait l'analyse de la poudre d'avoine charbonnée. J'ai cru devoir me conduire à l'égard de cette maladie, comme à l'égard de l'ergot & de la carie ; c'est-à-dire, analyser aussi en même-temps le charbon & l'avoine saine (1).

Analyse par la voie humide.

J'ai fait digérer pendant douze heures dans une livre d'eau quatre onces de poudre d'avoine char-

____

(1) Cette analyse a aussi été faite par M. Cornette & moi.

bonnée, & féparément auffi dans une livre d'eau quatre onces d'avoine faine : on a bien de la peine à délayer dans l'eau la poudre d'avoine charbonnée à caufe de fon extrême légéreté.

Les deux vaiffeaux ayant été enfuite expofés fur le même fourneau, à la chaleur d'un bain de fable, avec autant de foin que j'en avois pris pour diftiller la carie & le froment, la poudre d'avoine charbonnée s'eft bourfoufflée; les grains d'avoine ne fe font pas gonflés fenfiblement, & n'ont abforbé que peu d'eau; les liqueurs qui ont paffé dans les récipiens, étoient également limpides & incapables d'altérer la teinture bleue des végétaux.

Les réfidus des deux diftillations après avoir bouilli dans de l'eau, que j'ai filtrée & fait évaporer, ont donné pour produits, favoir, la décoction de poudre d'avoine charbonnée, cinq gros & demi d'une matiere tenace, qui avoit une faveur amere & toutes les qualités des extraits, & la décoction d'avoine, un gros & quelques grains feulement d'un extrait brun. Dans l'analyfe du froment, j'avois retiré fix gros & demi d'une matiere gélatineufe, qui étoit un véritable amidon.

Si l'on abandonne à elle-même une fimple infufion d'avoine charbonnée, au bout de foixante heures, l'eau fe couvre à la furface d'un peu de moififfure, contracte une odeur de putréfaction, & verdit le fyrop de violettes : mais de l'avoine faine;

peut donc comparer les fluides aëriformes , qu'on retire de la poudre d'avoine charbonnée, à l'air inflammable des marais, ou plutôt à celui que fournit un mêlange de craie & de charbon de bois.

Sur foixante & cinq pouces cubes de gas, que j'ai obtenus de l'avoine faine, trente & un pouces n'étoient prefque que de l'air fixe pur. En ayant féparé feize de ces premieres, pour les agiter dans l'eau, ils ont été réduits à huit, qui ont pris feu rapidement : il y avoit donc déja moitié d'air inflammable : les vingt-deux pouces fuivans étoient en grande partie de l'air inflammable, qui a répandu, à l'approche d'une bougie, une flamme bleue, de longue durée, fans détonnation; les douze derniers pouces fe font enflammés, & ont détonné. D'où il fuit que la poudre d'avoine charbonnée contient plus de gas que l'avoine faine, & qu'elle laiffe plus difficilement échapper fon air fixe, puifque les dernieres portions en donnent encore.

La partie colorante de la poudre d'avoine charbonnée eft attaquable par l'acide nitreux, qui, à l'aide d'une douce chaleur, la diffout entiérement avec effervefcence, & en répandant des vapeurs rutilantes. Cette diffolution, qui entraîne celle de toute la poudre, eft d'un jaune orangé.

Ces expériences font connoître, 1º. que la poudre d'avoine charbonnée contient une matiere extractive, en plus grande quantité que l'avoine faine, dont cependant on en retire auffi, au lieu de cette fubftance amidonnée, que fournit l'évaporation de la décoction du froment; 2°. que dans la diftillation à feu nu, l'avoine donne moins d'eau, plus d'huile empyreumatique, un efprit plus roux, & un charbon plus pefant, que n'en donne l'avoine faine. Au refte, le charbon de l'une & l'autre fubftance eft alkalin, & les efprits font acides.

DES CAUSES DU CHARBON.

On s'eft moins occupé de la recherche des caufes du charbon, quede celles de l'ergot, de la rouille & de la carie, parce que ces trois maladies dernieres ont été regardées comme plus préjudiciables, foit à la fanté des hommes ou des beftiaux, foit à la fortune des Cultivateurs. Cependant, par les calculs qui fuivront, on verra que le charbon, qui attaque trois efpeces de grains, favoir, le froment, l'orge & l'avoine, méritoit qu'on y fît un peu plus d'attention. Lorfqu'on a voulu en expliquer les caufes, les opinions adoptées fur les autres maladies des grains fe font reproduites, & le charbon a auffi été attribué aux engrais, ou aux brouillards, ou à l'humidité du fol, ou à des infectes, ou à un défaut de fécondation.

Pour répondre à ces diverfes opinions, il fuffiroit de renvoyer à ce qui a été dit à l'article des caufes de la carie. Mais je crois devoir rapporter ici quelques faits, qui remettront aifément le Lecteur fur la voie, & fixeront fa maniere de penfer. J'ai vu des traitée de la même maniere, ne s'altére pas du tout dans un pareil efpace de temps ; il lui faut deux jours de plus pour qu'elle paffe fenfiblement à la fermentation putride : le froment ne fe corrompt pas auffi promptement.

Analyfe par la voie feche, ou à feu nu.

Quatre onces de poudre d'avoine charbonnée, & quatre onces d'avoine faine, ont été mifes féparément dans des cornues, & expofées fur le même fourneau à la chaleur d'un feu de réverbere.

La liqueur, que la poudre d'avoine charbonnée a fournie dans les premiers inftans de la diftillation, étoit limpide ; celle qui lui a fuccédé, a pris par degrés une couleur rougeâtre ; elle étoit âcre & acide, puifqu'elle rougiffoit la teinture des végétaux : j'en ai retiré une once & trois gros.

Enfuite il a paffé deux gros d'une huile empyreumatique de confiftance moyenne, d'une odeur défagréable, que je compare à celle de l'huile empyreumatique du tartre ; il reftoit dans la cornue une matiere charbonneufe, du poids d'une once & deux gros & demi : c'étoit une fubftance alkaline, fans éclat, très-fine, fpongieufe, & formant un très-beau noir de fumée.

De la poudre d'avoine charbonnée, mife dans un creufet expofé à un grand feu, y brûloit en jetant une flamme blanche qui s'élevoit très-haut. Le creufet étant retiré, la matiere qu'il contenoit continua à être en ignition pendant plus de cinq heures, à la maniere du pyrophore, chaque fois qu'on l'agitoit.

La diftillation de l'avoine faine a donné une liqueur acide & piquante, qui bientôt a paru d'un rouge foncé, du poids d'une once, deux gros & demi ; elle a été fuivie d'une once d'huile empyreumatique, à-peu-près de la confiftance de celle du froment. Le charbon avoit confervé la forme des grains ; ils étoient moins brillans cependant que ceux du froment & de la carie : l'intérieur de la cornue avoit auffi moins d'éclat. Ce charbon, qui étoit alkalin, pefoit une once & un demi-gros. Les réfultats de l'analyfe de l'avoine faine à feu nu, qu'on trouve dans l'Encyclopédie, ne different pas de ceuxci ; il n'y eft pas queftion d'analyfe faite par la voie humide.

A l'aide des moyens dont j'ai parlé lorfque j'ai expofé l'analyfe de l'ergot & de la carie, j'ai retiré les gas contenus dans une demi-once de poudre d'avoine charbonnée, & dans une demi-once d'avoine faine. L'avoine en a laiffé échapper quatre-vingt pouces cubes, dont les premieres portions étoient de l'air fixe, qui a été, en grande partie, abforbé par l'eau, dans laquelle je l'ai agité. Toutes les portions fubféquentes contenoient un peu d'air inflammable, mêlé de beaucoup d'air fixe ; car en ayant agité dans l'eau fept pouces, pris dans la derniere portion, ils fe font réduits à cinq. On

épis charbonnés dans des champs fumés avec des fumiers de vaches, de chevaux, de moutons, avec du
crotin de volailles, avec des décombres de bâtimens,
avec des terres, ou enlevées de la surface des jar-
dins, ou des berges de fossés. Il y a eu moins d'épis
charbonnés, dans quelques cantons, en 1782, année
pluvieuse, qu'en 1777, 1778, 1779, 1780, 1781,
années seches. Du froment, que j'ai semé plusieurs
fois de suite, dans un vallon marécageux, & exposé
aux plus grands brouillards, n'a pas produit d'épis
charbonnés. M. Tillet & M. Duhamel pensent qu'on
ne peut attribuer le charbon à des piquures d'insectes, quoiqu'on en trouve sur les épis charbonnés
quand ils sont jeunes; mais il y en a aussi des mêmes
especes sur des épis sains; & *je puis assurer que le
nombre des insectes qu'on découvre sur les grains,
est considérable.* La carie me paroîtroit plutôt due
à un défaut de fécondation, que le charbon, parce
que les étamines des grains cariés ne contiennent pas
de poussiere fécondante, & le pistil n'est pas orga-
nisé convenablement. Mais est-il nécessaire que les
bâles soient détruites, comme elles le font dans le
charbon, pour que la fécondation manque? M. Aymen assure qu'on voit dans certains genres de plantes,
des fleurs mâles attaquées du charbon. On ne peut
donc admettre ces causes pour expliquer ce qui
donne lieu au charbon. M. Aymen croit que cette
maladie provient d'un ulcere (1), imperceptible à

____

(1) Savans étrangers, tome 3.

l'œil, mais vifible à la loupe, lequel fe forme fur les femences, & fe communique aux différentes parties de la fleur. Des grains fur lefquels il avoit obfervé ce petit ulcere, qui reffemble à un peu de moififfure, produifirent des épis charbonnés. En fuppofant qu'on conçût comment cette moififfure peut détruire le principe des bâles & des parties de la fructification, à un point fi confidérable, fans attaquer la tige, on defirera favoir encore quelle eft la caufe qui altére la femence de cette maniere. M. Hales, imaginant que les grains écrafés par le fléau donnoient, lorfqu'on les femoit, naiffance au charbon, s'eft convaincu lui-même, par l'expérience, que fon opinion n'étoit pas fondée. J'ai auffi femé des grains mutilés, en mauvais état, & abandonnés ordinairement par les fermiers à leurs volailles, fans qu'ils aient produit du charbon.

Touché du tort que faifoit fous mes yeux aux Cultivateurs le charbon qui attaquoit leurs grains, je me fuis rendu attentif à en étudier les caufes, & les moyens d'en arrêter les effets. J'avois remarqué que, dans un canton qui m'environnoit (1), cette maladie, confidérable en 1777, l'étoit devenue davantage en 1778, & plus encore en 1779; affuré en outre que les fermiers avoient femé ces trois années de l'orge & de l'avoine de leur récolte, je préfumai que cette progreffion fenfible pourroit

____

(1) Dans la Beauce.

être un indice de contagion ; non pas que cette cause fût la seule & la primitive, mais peut-être la plus active, quoique secondaire. Il m'étoit, à la vérité, difficile de penser que la poudre du froment charbonné, qui paroît toute se dissiper dans les champs, infectât les grains sains : mais savoit-on s'il ne s'en déroboit pas à la vue des épis qui conservassent une partie de leur poussiere ? Que devenoit celle des épis charbonnés tardifs, qui languissent faute de seve, & qui ne sortent pas de leurs fourreaux ? La cause qui produit, dans le froment, la carie, ne pouvoit-elle pas, avec une modification différente, produire aussi le charbon ? Ces réflexions m'ont conduit à examiner les choses de plus près, & faire les observations suivantes.

La poudre charbonnée de l'orge & de l'avoine, est en partie portée à la grange (1) ; la premiere, parce qu'elle est serrée & engagée dans les bâles ; la seconde, parce qu'elle ne se dissipe que dans les épis entiérement charbonnés, le nombre de ceux qui ne le font pas tout-à-fait étant considérable : il arrive encore que dans les années où, par l'inconstance du temps, on n'a pu semer l'orge & l'avoine que tard, ces grains, du moment où ils épient, s'il survient de la chaleur & de la séchcresse, passent rapidement à la maturité ; ensorte qu'on les coupe avant que la plus grande partie de la poudre charbonnée soit dispersée. Enfin, j'avois cru remarquer qu'il se formoit

____

(1) On l'apperçoit lorsqu'on bat l'orge & l'avoine.

moins d'épis de froment charbonné dans des champs où j'employois des préservatifs contre la carie, que dans ceux où je n'en employois point. Je résolus d'examiner si l'expérience justifieroit mes conjectures.

Je fis ensemencer un demi-arpent ou cinquante perches de terre avec de l'avoine, récoltée dans des champs qui avoient produit beaucoup d'épis charbonnés l'année d'auparavant. La semence de quarante perches ne reçut aucune préparation; on passa celle des dix autres perches dans une lessive de cendres de bois & de chaux vive. Je ne trouvai que cinq épis charbonnés dans le produit des dix perches ; tandis que dans le produit des quarante, il y en avoit au moins un sixieme, ainsi que dans tous les champs des environs.

L'année suivante, un fermier se prêta à répéter cette expérience : au lieu d'employer la lessive de M. Tillet, il se contenta d'employer la chaux vive à dose foible (1), dont il imprégna la moitié de la semence d'un champ de quarante perches ; l'autre moitié fut semée sans préparation. Il eut un sixieme du produit de celle-ci en épis charbonnés, & un douzieme seulement du produit de la semence passée à la chaux.

Dans le même temps, je disposai, dans un même

____

(1) Lorsqu'on emploie la chaux seule, sans y joindre quelques sels, il faut, comme je l'ai dit, en doubler au moins la dose. Ce fermier n'avoit pas eu cette attention.

X

champ, six planches de grandeur égale; trois pour être ensemencées en orge, & trois pour l'être en avoine. C'étoit la même orge & la même avoine, l'une & l'autre récoltées dans des pieces de terre où il y avoit eu beaucoup d'épis charbonnés. L'orge & l'avoine destinées chacune pour une planche, furent trempées dans une dissolution de chaux à forte dose (1), & semées en cet état. L'orge & l'avoine, destinées chacune pour une autre planche, après avoir été imprégnées de chaux, comme celles des précédentes planches, furent lavées dans l'eau, & ensuite noircies, à sec, de poudre d'avoine charbonnée : elles ont été semées en cet état. Enfin, l'orge & l'avoine qui devoient servir pour les deux autres planches, n'ont eu aucune préparation avant d'être semées. Dans les deux premieres planches, il n'y a pas eu un seul épi charbonné; celles dont la semence a été noircie, en ont produit, savoir, la planche d'orge quinze épis, & la planche d'avoine vingt : l'orge, qui n'avoit pas été préparée, a donné cinquante-trois épis charbonnés, & l'avoine, aussi non préparée, quarante épis.

D'après ces trois expériences & les observations qui les précedent, il semble qu'on est en droit de tirer les conséquences suivantes, relativement aux causes du charbon. Cette maladie se propage d'au-

____

(1) C'est la dose de chaux de la quatrieme méthode préservative de la Carie. *Voyez*, page 280.

tant plus, que les femences proviennent de champs où il y a eu un plus grand nombre d'épis charbonnés. Il n'eft queftion ici que de l'orge & de l'avoine; car le charbon, dans le froment, fuit le fort de la carie, avec laquelle il a de grands rapports; & il n'eft jamais affez abondant dans ce dernier genre de plantes, pour faire feul un tort confidérable aux Cultivateurs. On préferve l'orge & l'avoine du charbon, en faifant fubir aux femences des préparations qui les purifient, comme on préferve le froment de la carie. Il y a lieu de croire que, fi l'on noircit de l'orge & de l'avoine faines avec de la poudre d'épis charbonnés, on leur communique la maladie; mais ce fait n'eft pas encore fuffifamment prouvé. Il faut convenir que cette inoculation eft plus difficile que celle de la carie, parce que la poudre de charbon eft plus feche. Je fuis affuré qu'en noirciffant du feigle & du froment avec cette poudre, on ne produit aucun effet.

Puifque la plus ou moins grande multiplication du charbon, fur-tout dans l'orge, dépend auffi de la profondeur à laquelle on enterre la femence, cette caufe acceffoire, qui peut-être n'auroit pas lieu feule, doit être comptée pour quelque chofe, comme on l'a vu à l'occafion des caufes de la carie.

Du Charbon, considéré par rapport a ses effets.

Les hommes semblent (1) n'avoir jamais rien à redouter de la poudre de froment charbonné, puisqu'il paroît qu'elle se dissipe presque entiérement avant la moisson; mais ils se nourrissent, dans beaucoup de pays, de pain fait avec l'orge, & même avec l'avoine, dont la poudre charbonnée subsiste en partie, & est portée à la grange. Ces grains d'ailleurs servent pour differens usages utiles, & on en donne à manger aux bestiaux. Ces considerations m'ont déterminé à faire quelques essais, pour connoître les effets de la poudre d'avoine charbonnée sur les animaux. C'étoit la seule que je pusse me procurer en assez grande quantité.

Mal que fait aux Batteurs, la poudre d'Orge ou d'Avoine charbonnée.

Lorsqu'on bat dans une grange de l'orge ou de l'avoine récoltées dans un champ où il y a eu beaucoup d'épis charbonnés, la poudre, qui s'envole, entre dans le nez & dans la bouche des batteurs, & s'attache à leur visage, qu'elle noircit comme celle de la carie, mais ne les incommode pas autant; ils toussent, à la vérité; cette toux n'est pas si opiniâtre;

---

(1) On se rappellera que les épis bas & tardifs, attaqués de charbon, restent dans leurs fourreaux, & sont portés à la grange avec la paille.

ils ne perdent pas l'appétit, & la croûte noire, qui couvre leur visage, est moins adherente.

Qualité de la farine & du pain, dans lequel entreroit la poudre d'Avoine charbonnée.

La farine dans laquelle on fait entrer la poudre d'avoine charbonnée, n'a ni la mollesse, ni l'onctuosire dela farine mêlée à de la poudre de carie, parce que celle-ci contient une huile plusabondante & plus tenace. J'ai fait faire un pain avec dix onces de belle farine de froment, une once de poudre d'avoine charbonnée, & une once de levain. La pâte en étoit brune, sans odeur, & douce au toucher; elle a bien levé, à cause du mélange de farine & de levain, car la poudre de charbon seule ne leve pas; le pain qu'elle a fourni pesoit une livre & trois gros, c'est-à-dire, deux gros moins que le pain dans lequel entroit la carie; cette derniere poudre est moins légere que celle du charbon. Ce pain étoit d'un brun noir, au lieu d'être d'un noir parfait; il n'avoit ni odeur, ni saveur particuliere, & la mie ne paroissoit point grasse au toucher. Au reste, cette expérience étoit plus curieuse qu'utile; car dans l'usage ordinaire de la vie, la poudre d'avoine charbonnee ne peut influer(1) que difficilement sur la qualité du pain fait de froment, ou d'orge, ou d'avoine. Je m'en suis occupé parce qu'en même temps je faisois faire un pain dans lequel entroit la carie.

____

(1) Peut-être y influe-t-elle dans quelques Provinces.

EXPÉRIENCES,

Propres à faire connoître les effets de l'Avoine charbonnée, fur des poules.

Premiere Expérience, 30 Juin 1779.

Je fis mettre enfemble deux poules de même âge, jeunes & bien portantes, en prenant les précautions convenables. L'une devoit fervir d'objet de comparaifon pour l'autre. Celle que je voulois nourrir de poudre d'avoine charbonnée, mêlée avec de la farine d'orge, ayant refufé d'en prendre feule, on lui en fit avaler de force chaque jour; tandis qu'on donnoit à l'autre la même dofe d'alimens en farine d'orge.

Lorfque la premiere eut mangé environ un quarteron de poudre d'avoine charbonnée, elle parut incommodée & trifte; fa crête n'étoit plus fi vermeille ni fi droite; elle fit quelques difficultés d'avaler; fes excrémens étoient noirs, comme ils devoient l'être à caufe de la couleur du charbon.

On continua les mêmes alimens, & bientôt l'incommodité, dont j'avois été frappé, difparut; la poule redevint gaie & vive; cependant elle n'avaloit pas avec avidité.

Enfin, au bout de quinze jours, la jugeant en auffi bon état que celle qui n'avoit vécu que de farine, & n'ayant plus de poudre d'avoine charbonnée, je la fis mettre en liberté. Elle avoit mangé

deux livres & un quarteron de farine d'orge, &
douze onces de poudre d'avoine charbonnée.

Seconde Expérience, 18 *Juillet* 1782.

Deux poules furent deſtinées à manger de la poudre d'avoine charbonnée, mélée à de la farine de
meteil (1).

Elles eurent d'abord un peu de peine à ſe déterminer à manger d'elles-mêmes du mélange ; cependant elles s'y accoutumerent très-bien, & on ne fut
jamais obligé de leur en donner de force : tous les
jours elles prenoient chacune, le plus ſouvent, vingt
gros de nourriture, dans laquelle la poudre d'avoine
charbonnée entroit en différentes proportions.

D'abord elles n'en mangerent qu'un gros ; les trois
jours ſuivans, elles en prirent graduellement un gros
de plus ; enforte qu'au quatrieme jour, la poudre
d'avoine charbonnée formoit le cinquieme de leur
nourriture.

Pendant ſept jours, je m'en tins encore à cette
proportion ; les trois jours ſuivans, le mélange pour
chacune fut compoſé de deux onces de farine, &
d'une once de poudre charbonnée. Juſques-là cette
poudre étoit mêlée de débris de bâles, & c'étoit de
la poudre d'un an. Je n'employai plus que de la
poudre récemment récoltée, que je fis tamiſer pour
l'avoir plus pure. Dans cet état, on en donna à cha-

---

(1) Mélange de farine de froment & de ſeigle.

que poule, pendant trois jours de fuite, dix gros avec dix gros de farine : jamais elles n'en laiffoient dans le vaiffeau. Enfin, on leur préfenta de la poudre d'avoine charbonnée fans farine ; elles en mangerent un peu ; mais je n'infiftai pas davantage, parce que cette poudre étant une fubftance feche, ne pouvoit fervir d'aliment.

Pendant l'efpace de onze jours, chaque poule a mangé d'elle-même une livre cinq onces & fept gros de farine, & quatre onces & fix gros d'avoine charbonnée, de la récolte de l'année d'auparavant, & mêlée de débris de bâles. Pendant trois autres jours, elles ont vécu de fix onces de farine & de trois onces d'avoine charbonnée ; enfin dans les trois derniers jours, elles ont pris trois onces & fix gros de farine, & la même dofe d'avoine charbonnée, récemment récoltée & purifiée de bâles.

Les deux poules, après l'expérience, parurent en auffi bon état qu'avant d'y être foumifes ; elles n'avoient éprouvé aucune incommodité : cependant l'une d'elles, dont je m'étois fervi peu de temps auparavant pour lui donner de l'ergot (1), étoit à peine rétablie de la gangrene dont elle avoit eu des fymptômes manifeftes, qui s'étoient diffipés par l'ufage d'un peu de camphre, & par le retranchement de l'ergot, qui faifoit partie de fa nourriture ; elle

____

(1) Voyez la quatrieme Expérience du troifieme ordre, page 140.

devoit donc être plus fusceptible de contracter une maladie, fi la poudre d'avoine charbonnée eût été capable d'en caufer. Pour m'affurer cependant s'il n'y avoit pas dans fes vifceres quelque lefion commençante, quoiqu'il n'en parût point à l'extérieur, je la fis tuer; fa chair étoit belle & blanche, garnie même de graiffe, fes vifceres vermeils, & il n'y avoit nulle part la moindre trace de gangrene, ni aucun autre indice de mal : on l'a mangée, fans qu'il en ait réfulté d'inconvénient.

Conséquences.

Cette expérience, jointe à la précédente, m'a paru fuffire pour que j'en concluffe que la poudre d'avoine charbonnée n'eft pas nuifible, fur-tout aux oifeaux auxquels j'en ai donné, & à la dofe où je l'ai employée, puifque les deux poules de la deuxieme expérience étoient en bon état après en avoir pris chacune douze onces : celle de la premiere expérience, à la vérité, n'a pas voulu en manger feule ; mais les deux autres en ont mangé d'elles-mêmes, quoiqu'avec un peu de dégoût les premiers jours, vraifemblablement parce qu'elles n'étoient pas accoutumées à faire ufage de cette fubftance. L'état dans lequel s'étoit trouvée l'une d'elles lorfqu'elle mangeoit de l'ergot, loin de reparoître, s'eft diffipé de plus en plus pendant qu'elle a vécu en partie de poudre charbonnée; car on l'a jugé dans un tel embonpoint, qu'on n'a pas fait difficulté d'en manger la chair. Ces effets, ainsi que ceux de la carie, font bien différens des effets de l'ergot.

TORT QUE LE CHARBON
fait aux Cultivateurs.

Puisque le charbon attaque trois especes de grains utiles, quelque peu considérable qu'on suppose le dommage qu'il cause à chaque espece, il en résulte un tort notable pour le Cultivateur qui éprouve ce fléau. Pour le calculer convenablement, il faudroit non-seulement faire attention au nombre des épis charbonnés qui paroissent, mais à ceux qui, trop foibles, ne montent pas & restent enfermés dans leurs fourreaux ; car les grains de froment, d'orge & d'avoine, semés à la volée & à la maniere ordinaire, produisent communément trois épis ; au lieu que le plus souvent un pied ne porte qu'un épi charbonné. Je ne puis estimer la quantité d'épis charbonnés qu'on peut trouver sur le froment, parce que je n'ai pas d'observations qui le constatent. Dans la seule circonstance où j'aie compté les épis d'orge charbonnée d'un terrain, j'ai recueilli, dans un espace de quatre cens pieds de longueur sur huit de largeur, cinq cens vingt-huit épis attaqués de cette maladie : ce n'est pas certainement la plus forte production que j'aie vu en épis d'orge charbonnée, mais je n'ai point d'autre fait à alléguer ; j'en puis citer un plus positif relativement à l'avoine. Deux rayons enfemencés de ce grain, ont produit deux mille deux cens trente-trois épis fains, & cinq cens onze épis charbonnés, c'eft-à-dire, un peu plus d'un cinquieme. Si à cette quantité on ajoutoit les épis charbonnés qui ne montent pas, on verroit que la perte caufée par cette maladie, peut aller au-delà de ce qu'on avoit penfé ; & que, fi tout étoit examiné de très-près, le charbon eft auffi nuifible à la fortune des Cultivateurs que la carie.

La paille de froment, d'orge & d'avoine charbonnées déplaît aux beftiaux ; car ils ne la mangent qu'avec dégoût : on ne fait pas fi elle les incommode, parce qu'il n'y en a pas de preuves ; ce font des expériences qu'il feroit très-important de tenter.

M**anieres**
de préferver les Grains du Charbon.

En expofant les recherches que j'ai faites fur les caufes du charbon, j'ai prouvé qu'il étoit facile d'en préferver les grains. Les moyens qui réufliflent pour empêcher la carie de fe former dans le froment, s'oppofent en même-temps à la production du charbon : ce n'eft donc pas un double travail que j'ai à propofer pour préferver le froment tout-à-la-fois de ces deux maladies : il ne s'agit que d'en paffer convenablement les femences dans une des quatre leffives précédentes (1).

____

(1) Voyez la page 272 & fuivantes.

Les Cultivateurs ne font pas dans l'ufage de donner une préparation à l'orge & à l'avoine qu'ils fement. Cependant ce n'eft qu'en employant pour ces grains les leffives indiquées pour le froment, qu'ils parviendront à les garantir du charbon : indépendamment des exemples que j'en ai donnés, en voici d'autres qui doivent les confirmer.

Au mois de Mars dernier, je n'eus pas de peine à engager un fermier, qui avoit été témoin de mes expériences, à employer la feconde methode préfervative pour préparer deux fetiers d'avoine de femence (1) ; il laiffa, par oubli, cette avoine imprégnée de chaux diffoute dans l'infufion de crotin de volailles, l'efpace de huit jours, fans la remuer ; néanmoins elle leva très-bien, & fervit pour enfemencer une partie d'une piece de terre, dans le furplus de laquelle on mit de la même avoine, qui n'avoit pas été préparée.

Nous n'apperçûmes dans le produit de l'avoine préparée, que quelques epis charbonnés ; il falloit faire plus de vingt pas pour en trouver un ; au lieu que, dans le produit de l'avoine qui n'avoit pas été préparée, l'œil ne ceffoit pas d'en decouvrir.

Un autre fermier en même-temps voulut bien faire la même expérience, en fe fervant de la troifieme méthode prefervative, c'eft-à-dire, de celle

______

(1) Ces deux fetiers enfemencerent environ trois arpens, grande mefure.

où la chaux eft unie à l'alkali des cendres de bois;
il prépara ainfi la femence de trois arpens & un
quartier ; les réfultats furent femblables à ceux de
l'expérience précédente : j'employai moi - même la
chaux feule de la maniere fuivante :

Une partie d'un champ fut partagée en huit planches (1) , de trente-fept pieds fur douze ; quatre
furent deftinées à être enfemencées en orge , &
quatre en avoine ; chacune reçut trois livres de
grain de même qualité, mais dans des états différens : car la femence d'une des quatre planches
d'orge fut trempée dans la diffolution de fix onces
de chaux ; celle de la feconde dans la diffolution
de trois onces ; celle de la troifieme dans la diffolution d'une once & demie ; & celle de la quatrieme fut femée fans preparation : la femence des
quatre planches d'avoine fut traitée de la même
maniere.

Il en eft réfulté, 1°. que les trois livres d'orge
paffées dans fix onces de chaux , ont produit trente-
fix épis charbonnés ; les trois livres d'avoine correfpondantes , en ont donné cent un epi.

2°. Que les trois livres d'orge paffées dans trois
onces de chaux , ont produit foixante-douze épis

---

(1) Il y en avoit quatre de plus pour du bled de mars,
difpofées conformément à celles qu'on a enfemencées en orge
& en avoine. Ce bled n'a pas porté de tiges : voilà pourquoi
cette expérience n'eft pas rapportée.

charbonnés , & les trois livres d'avoine correfpondantes , en ont donné deux cens trente-trois.

3°. Que les trois livres d'orge paffées dans une
once & demie de chaux , ont produit quatre vingt
dix-huit épis charbonnés , & les trois livres d'a-
voine correfpondantes , deux cens quatre-vingt-quatorze épis.

4°. Enfin que les trois livres d'orge femées fans
péparation , ont produit trois cens huit épis charbonnés , & les trois livres d'avoine correfpondantes ,
quatorze cens trente-fept épis.

Si l'on fait attention à la progreffion des épis
charbonnés , foit dans l'orge , foit dans l'avoine ,
à proportion de ce que la femence a été imprégnée
de moins de chaux , on fera convaincu de l'utilité
de cette quatrieme méthode , pourvu qu'on emploie
cet ingrédient à dofe convenable. Les fuccès de la
feconde & de la troifieme méthode , font prouvés
par les deux précédentes expériences. On a lieu d'efpérer que la premiere procureroit les mêmes avantages : je fuis donc autorifé à confeiller ces quatre
méthodes , pour préferver du charbon l'orge & l'a-
voine , comme elles fervent à préferver le froment
de la carie & du charbon.

Defirant connoître ce qu'on pouvoit efpérer de fimples diffolutions de fel marin , ou d'alkali de la cendre
de bois, pour préferver l'orge & l'avoine du charbon
fans aucun mélange de chaux , j'ai trempé trois
livres d'orge dans cinq demi-fetiers d'eau , qui

avoient diſſout ſeulement cinq gros de ſel marin, & trois livres d'orge dans une pareille diſſolution, pour les ſemer dans des planches de trente-ſept pieds ſur douze. Trois livres d'orge & trois livres d'avoine, ont auſſi été trempées ſéparément dans cinq demi-ſetiers d'une leſſive faite de deux livres de cendre de bois neuf & de deux pintes d'eau; les réſultats en ont été tels, qu'en général il y a eu moins d'épis charbonnés dans ces planches, que ſi je n'euſſe fait ſubir aux ſemences aucune préparation: c'eſt la leſſive de cendre qui a le mieux réuſſi pour l'avoine ; c'eſt la diſſolution de ſel marin qui a été plus avantageuſe à l'orge (1) : differences qui ont pu dépendre du plus ou du moins de ſoins; mais ni l'un ni l'autre de ces moyens, n'a eu des ſuccès auſſi marqués que quand j'ai employé ou la chaux ſeule à forte doſe , ou la chaux à moindre doſe , mais unie ſoit avec le ſel marin , ſoit avec les alkalis fixes & volatils, auxquels elle donne de l'activité.

---

(1) On obſervera que , de ſimples lotions d'eau ayant diminué les effets de la poudre de carie ſur les ſemences, (*voyez page* 244) on peut croire avec fondement, que la diminution d'épis charbonnés , dans le cas préſent , eſt autant due à l'eau, qu'aux ſels déterſifs, qui y étoient diſſous.

EXPLICATION

DE LA PLANCHE D'AVOINE CHARBONNÉE.

Figure Premiere.

[A] Épi fain d'avoine, dite *avoine blanche*.
[B] Grain d'avoine faine, féparé de fa bâle.

Figure Seconde.

[C] Épi d'avoine entierement charbonné, & récemment forti du fourreau.

Figure Troifieme.

[D] Épi d'avoine, en partie fain, & en partie charbonné.

Figure Quatrieme.

[E] Épi d'avoine, entiérement charbonné & déja defféché.

COMPARAISON

Fossier pinx.   Patas Sculp.

COMPARAISON

DES DIFFÉRENTES MALADIES DES GRAINS,

Dont il a été queſtion dans cet Ouvrage.

JE vais eſſayer de préſenter en raccourci les rapports & les différences qui ſe trouvent entre les quatre maladies des grains, qui ſont l'objet de ce Traité; elles ſeront comparées dans tous les points eſſentiels autant qu'il ſera poſſible.

L'ergot, la premiere de toutes, attaque ſpécialement le ſeigle (1), qui n'eſt ſujet ni à la carie, ni au charbon & rarement à la rouille. La carie eſt une maladie particuliere au froment, lequel eſt ſuſceptible auſſi du charbon, bien moins que de la rouille. L'orge & l'avoine ne ſont pas toujours à l'abri de cette derniere, qui ne les attaque pas ſouvent; mais le charbon exerce ſur ces deux eſpeces de grains des ravages conſidérables, enſorte qu'il peut en être regardé comme la maladie propre.

L'ergot eſt une graine plus ou moins groſſe & plus ou moins longue, d'un violet brun, ayant une odeur vireuſe; elle ſe forme dans les épis, entre les bâles, ſans les altérer ſenſiblement. Le produit de la rouille eſt une pouſſiere de couleur jaune-orangé

(1) Je fais ici abſtraction des diverſes plantes qui portent des ergots, parce qu'elles ne peuvent entrer en comparaiſon avec ce que le ſeigle en produit.

Y

qu'on trouve fur les tiges & fur les feuilles; les épis & les grains en fouffrent & ceffent de groffir fi la rouille eft confidérable. La carie eft un grain gris-cendré, de forme ovale, affez femblable au grain de froment, rempli d'une poudre noire & infecte; ce grain fe forme dans les bâles qui reftent intactes. Le charbon eft une pouffiere inodore, d'un brun-verdâtre, placée fur le fupport des épis, & entrelâcée de bâles détruites.

On voit rarement des épis de feigle entiérement ergotés; la plupart de ceux, qui contiennent des ergots, contiennent auffi des grains fains : il fe trouve même des grains qui font compofés de feigle & d'ergot; au contraire, la plupart des épis cariés ou charbonnés le font entiérement, & on ne rencontre que rarement des épis en partie fains & en partie cariés ou charbonnés, & moins fréquemment encore des grains compofés de froment & de carie, ou des bâles feulement en partie charbonnées : la rouille a une action plus générale; cependant elle paroît fouvent fur quelques parties des tiges & des feuilles fans paroître fur les autres.

La pefanteur de l'ergot, de la carie & du charbon, n'eft pas la même; car un demi-litron, qui tient environ huit onces & fept gros de feigle, ou dix onces de froment, ou quatre onces & fix gros & demi d'avoine faine, ne contient que cinq onces & quatre gros d'ergot en poudre, ou quatre onces & un gros de carie, ou une once & quatre gros

& demi de poudre d'avoine charbonnée : on ne peut ramasser assez de rouille pour qu'elle entre dans cette comparaison.

Dans la poudre d'ergot on n'apperçoit, à l'aide du microscope, que des corpuscules informes; celle de la rouille offre des globules, dont les uns font ovoïdes, & les autres semblables à des têtards; celle de la carie paroît aussi composée de globules, mais ils font réguliers & transparens ; au lieu que dans celle du charbon, ils ont une forme irrégulière, quoiqu'ils foient très tenus & les plus tenus de tous.

C'est ordinairement dans le mois de Juin qu'on découvre les premiers ergots, peu de temps après la floraison des seigles. La rouille se manifeste dans plusieurs saisons, plus particuliérement dans les mois de Mai, Juin & Juillet. La carie se distingue aussi-tôt que le froment est épié ; mais elle est formée auparavant, puisqu'elle existe dans le fourreau. Le charbon est dans le même cas, soit celui du froment, soit celui de l'orge, soit celui de l'avoine.

Quand on examine la marche de la nature, on voit qu'il se forme des ergots dans les bâles recouvertes & imbibées d'un suc luisant & mielleux. La substance blanchâtre qu'elles contiennent, jaunit & se colore par degrés en brun-violet ; ce changement commence par la partie renfermée dans les bâles, & sur-tout par un point qui semble être le germe du grain : il n'y a pas de traces des organes

de la fructification. La rouille s'annonce par de
petites taches d'un blanc fale, formées fur les feuilles
& fur les tiges ; elles s'étendent peu-à-peu, prennent
une couleur jaune, & fe couvrent d'une pouffiere
jaune-orangé, qui n'a prefque point d'adhérence;
le jeu des étamines & des piftils n'en eft empêché
que quand la rouille furvient avant le temps de la
floraifon, & feulement lorfqu'elle eft d'une certaine
force. Les grains cariés, dont les différens états ne
s'obfervent que lorfqu'on développe des fourreaux
qui en renferment, font d'abord compofés d'une
écorce verte & d'une pulpe blanchâtre, ayant l'odeur
infecte; quand les épis font fortis, l'écorce devient
grife : la pulpe prend auffi cette couleur, & fe convertit en une poudre noire. *Les organes de la fructification y font dans un état imparfait; car les étamines*
ne contiennent pas de pouffiere fécondante, & il
ne fubfifte du piftil que les extrémités des ftigmates.
La pouffiere des épis charbonnés eft verdâtre & couverte de moififfure, tant qu'ils font renfermés dans
les fourreaux; elle fe brunit quand ils en font fortis:
on ne voit pas le moindre veftige d'étamines ni de
piftil.

L'analyfe chimique fait connoître que l'ergot
contient un principe odorant très-fétide, beaucoup
d'air fixe mêlé à de l'air inflammable, une grande
quantité d'huile douce, une petite portion de matiere extractive gommeufe, fufceptible de s'altérer
& de donner de l'alkali volatil, très-peu de terre,

ainſi qu'on en retire des ſemences émulſives, &
deux ſortes de matieres colorantes qui réſident dans
l'écorce; l'une eſt diſſoluble dans l'eau, & l'autre
eſt une réſine d'une nature particuliere, que l'eſprit-
de-vin n'attaque pas, mais à laquelle ſe combinent
les alkalis, & dont ils peuvent être ſéparés par les
acides. La carie a un principe odorant, plus fétide
que celui de l'ergot; il dépend de la poudre renfermée dans l'écorce : ces grains fourniſſent moins
de gas que l'ergot; mais il y a à proportion plus
d'air inflammable que d'air fixe. Ils contiennent auſſi
une matiere extractive, qui eſt en plus grande
quantité dans la poudre que dans l'écorce, une
huile graſſe, épaiſſe & abondante, très-peu d'une
terre de la nature de la terre calcaire, une petite
portion d'alkali fixe, produit ordinaire des huiles
graſſes, & une matiere colorante, inſoluble dans
l'eau & dans l'éther vitriolique; l'eſprit-de-vin n'en
diſſout que très-peu; l'acide nitreux la diſſout en
entier & à froid. La poudre d'avoine charbonnée
eſt ſans principe odorant : on en retire moins de gas
que de l'ergot, mais plus que de la carie, & il y
a plus d'air fixe que d'air inflammable; elle donne
une matiere extractive plus abondante, une moindre
quantité d'huile que la carie, un charbon également
alkalin, & plus peſant, d'une nature particuliere,
puiſque c'eſt un vrai noir de fumée, une partie colorante diſſoluble auſſi entiérement dans l'acide nitreux, mais à l'aide de la chaleur : enfin, la cendre

d'avoine charbonnée, brûlée dans un creuset, fournit du pyrophore pendant cinq heures ; tandis que celle de la carie n'en fournit que pendant une heure : on ne peut se procurer assez de rouille pour en faire l'analyse chimique.

L'ergot n'est point occasionné par les brouillards, ni par les pluies qui mouillent les épis du seigle ; il n'est pas prouvé que les insectes y aient quelque part, ni que ce soit un défaut de fécondation. On trouve une plus grande quantité d'ergot dans les pays & dans les années humides, & dans les terres nouvellement défrichées, que dans les pays secs ou lorsqu'il a peu tombé de pluie, ou dans les terres habituellement cultivées : il faut bien que la cause dépende en partie de la nature du sol. Physiciens & cultivateurs, tous pensent que la rouille est l'effet de certains brouillards. La carie ne doit pas sa naissance aux différens engrais, au sol, ni aux brouillards ; il est démontré qu'elle se perpétue, au moins en très-grande partie, par contagion. Se reproduit-elle aussi par une cause primitive ? On le soupçonne ; mais cette cause est inconnue. La carie est plus abondante dans les champs, dont la semence a été plus enfoncée en terre : la maniere de cultiver contribue donc à la multiplier ou à la rendre plus rare. On récolte une très-grande quantité d'épis charbonnés, si on a semé des grains récoltés dans des pieces de terre qui en ont produit beaucoup, ou si les semences ont été plus profondément en-

terrées. On peut donc préfumer que le charbon fe
perpétue par contagion , & qu'une culture vicieufe
en augmente la quantité.

L'ergot a été regardé comme caufe de la gangrene feche , dont les hommes fe font trouvés
attaqués dans differentes Provinces en certaines
années ; quelques Phyficiens ont effayé de détruire
cette opinion : ce qu'il y a de certain , c'eft. que
l'ergot donné fous différente forme à des quadrupedes & a des volatils en grand nombre , leur a
occafionné la gangrene & la mort : le pain dans
lequel entre la poudre d'ergot eft violet , & fans
odeur fenfible , s'il n'y en a pas environ la moitié:
ce n'eft qu'en faifant manger à des beftiaux des
pailles de grains rouillés qu'on pourroit favoir s'il
en refulteroit des inconvéniens ; expériences qui
n'ont pas encore été faites. La poudre de carie incommode les batteurs dans les granges en s'introduifant dans leur eftomac & dans leur gorge; elle
rend le pain noir , & ne paroît pas faire de mal
aux animaux , auxquels on en donne en fubftance.
Le charbon eft moins defagréable aux batteurs ,
parce qu'il eft fans odeur ; il colore le pain en noir,
moins foncé que la carie : les animaux en mangent
fans en être affectés.

Ces quatre maladies font un très-grand tort aux
cultivateurs : l'ergot eft celle qui en fait le moins,
parce qu'elle n'a pas lieu dans tous les pays: la carie
& le charbon font plus répandus , & caufent une

grande diminution dans le produit des grains : la rouille, qui heureufement eft la plus rare, quand elle eft confidérable, détruit des moiffons entieres.

On ne connoit point encore de moyen de s'op-pofer entiérement à la naiffance de l'ergot ; on peut feulement le rendre moins abondant, fi après avoir défriché un terrain on y feme la premiere année d'autre grain que du feigle ; il n'eft pas au pouvoir des hommes de prévenir la rouille, puifqu'elle dépend de l'état de l'air ; ils en diminueront feulement les effets en femant de bonne heure dans les endroits frais, & en ne fumant que convenable-ment les terres fortes : mais on préferve aifément de la carie & du charbon le froment, l'orge & l'avoine, fi on a l'attention de ne pas trop enterrer les femences & fi on les paffe auparavant à des leffives.

Je pourrois m'être trompé en quelques-unes des parties qui compofent cet écrit, ou pour avoir mal obfervé, ou pour avoir tiré d'autres conféquences que celles que je devois tirer des expériences. On me pardonneroit fans doute cette faute, qui ne fup-poferoit pas des intentions blâmables. Je n'ai rap-porté que des faits exacts, perfuadé qu'on doit tou-jours attendre fans prévention les réfultats des expé-riences qu'on tente, & les publier avec fincérité, tels qu'ils puiffent être.

F I N.

TABLE
DES ARTICLES

Contenus dans ce Volume.

F I N D E L A T A B L E.

Faute à corriger.

PAGE 164, *ligne 17, au lieu de* bouilli dans quatre livres d'eau, réduites à deux, *lisez* : dissout dans une pinte, ou deux livres d'eau.